全方位养殖技术丛书

蛋鸡生产技术指南

郝庆成　主编

中国农业大学出版社

主　编　郝庆成

副主编　郝　鹏　朱成河

编　者　魏中强　张小卉　于振洋　张荣花

　　　　万丙亮　赵承云　李升阳

畜禽全方位养殖技术丛书编委会

总　序

　　畜牧业是以植物性和动物性产品为原料,通过动物生产获得人类必需动物产品的产业,其主体是养殖业。在发达国家,畜牧产值占农业总产值的比例多在60%以上,个别人多地少的国家甚至超过80%。畜牧产品作为国民经济支柱产业的食品加工业的原料供应已占到80%,人均年消费的食物中,肉、蛋、奶分别达到100 kg、15 kg和300 kg,占总量的80%。这说明,现代畜牧业已成为农业乃至国民经济的重要组成部分,其发展水平也成为一个国家或地区发展水平的重要标志。

　　我国畜牧业的发展大致经过家庭副业、专业饲养和规模化饲养三个阶段,目前正在更广泛的区域向现代集约型方向转变,特别是改革开放以来的20多年,我国畜牧业得到迅速发展。主要表现在:①畜牧生产总量稳定增长,如2002年肉、蛋、奶总产量比1978年提高6~11倍,人均占有量和年均消费量也都有大幅度提高;②畜牧业科技含量明显提高,如主要畜禽的良种覆盖率、饲料转化率和发病死亡率等生产指标得到有益的改变,科技进步对畜牧经济增长的贡献率超过45%;③畜牧业在农业生产体系中的主导地位已基本确定,如畜牧业产值占农业总产值的比例由1949年的12.4%、1978年的15.0%上升到2000年的30%以上;④畜牧产业化格局初具雏形,如社会化服务体系日趋完善、规模化经营不断提高和多渠道开拓市场初见成效等。

　　但是与发达国家相比,我国畜牧业也面临着生产结构失调、草原资源严重退化、饲料资源不足(尤其是蛋白质饲料资源缺乏)、畜(禽)种资源被无控制地杂交化、科技推广工作薄弱、疫病损失严重等问题,既影响到当前畜牧生产的产业化经营,也影响到我国畜牧业的可持续发展。实践证明,只有通过推广和实行标准化、规范化生产技术,不断提高畜牧业的科技含量才能切实解决这些问题,使我国的畜牧业跨上一个新的台阶,大大缩短与发达国家的差距。

根据我国国情,并借鉴发达国家的经验,笔者认为我国未来畜牧业发展的策略应是:①改变以粮为主的传统观念,建立种草养畜、以牧为主的农业生产体系,提高资源利用效率;②改变以猪、鸡为主的畜(禽)种结构,建立以食草畜禽为主、稳定食粮畜禽的畜牧生产体系,提高市场适应能力;③改变以品种改良为主的单一增产措施,建立良种良法配套的实用技术推广体系,提高整体科技含量,力争用 10～15 年的时间,使我国畜牧业基本实现良种化、产业化,生产水平跨入世界先进行列。

为了适应农村产业结构调整的需要和提高当前畜牧业从业人员的技术水平,中国农业大学出版社策划出版了这套畜禽全方位养殖技术丛书。本丛书畜(禽)种涉及到猪、鸡、鸭、鹅、羊、兔等,并以各畜(禽)种的关键生产环节为主题单独成册,内容上坚持以技术操作性强、文字简明易懂和学以能致用为原则,注重吸收现代畜牧科学的新技术和新方法,并与生产中的传统常规技术相结合使之综合配套。

相信这套丛书能够全方位、多层次地满足读者需要,为广大畜牧业从业人员规范生产技术、提高养殖效益提供帮助。

王建民

2003 年 3 月 18 日于泰安

前　言

　　我国的养鸡业在改革开放后迅速发展起来,已成为世界第一养鸡大国。然而,随着优良品种的引进和大面积推广,规模化、集约化、工厂化养鸡生产的程度日益提高,对饲养管理和疫病防治工作提出了更高的要求。随着国内外贸易渠道的增多、范围的扩大和日益频繁,出现了许多新的疫病和疾病的蔓延,疾病的表现也日益复杂,因饲养的数量增多,饲养环境污染日益严重,因此对疾病的防治提出了更高的要求。疾病仍持续地威胁着养鸡业。因养鸡业的集约化、工厂化生产,鸡完全依赖人工提供的环境和饲料,以管理和饲料配制提出了更高的要求。养鸡要获得良好的经济效益,必须掌握好饲养管理和疫病防治技术。针对目前养鸡业所面临的问题,编写了这本书,希望能满足养殖者对技术的需求。本书着重介绍了鸡的日常管理和疾病防治技术。

　　由于时间仓促,水平有限,难免有不当之处,欢迎大家批评指正。参考文献并未完全列出,对作者在此表示感谢。

编者

2003 年 3 月

目　录

第一章 鸡的品种与育种

由于地方品种鸡肉味鲜美、肉质细嫩,皮薄,肌间脂肪适量,味香诱人,这些特点是大型肉鸡所不能比拟的,而且地方品种鸡多为蛋肉兼用型的,所提供的蛋的味道鲜美,深受人们的喜爱,因此其肉和蛋的价格远远高于品种鸡的肉和蛋价格。发展我国特有的地方品种鸡具有良好的前景。本书只介绍地方品种和适于笼养的蛋鸡品种,而不介绍标准品种和国内培育品种。

第一节 地 方 品 种

1989 年出版的《中国家禽品种志》编有我国鸡的地方品种27 个。长期以来,地方品种是我国养禽业的主要生产资料,且对世界家禽品种的改良和发展有较大的贡献和影响。在我国养禽业现代化进程中,从国外引入的大量鸡种,对我国鸡的品种组成和质量产生了很大影响。现有生产性能较低的地方品种,已逐渐被高产的现代商用品系鸡所代替。但应看到,多种多样的地方鸡种所具有的遗传基础,将是鸡育种的宝贵素材,也是当前世界各国家禽科学工作者十分关心和羡慕的巨大基因库。我国地方良种鸡很多:蛋用型品种有江西白耳黄鸡,兼用型品种有辽宁的大骨鸡、山东的寿光鸡、浙江的萧山鸡、江苏的鹿苑鸡、河南的固始鸡、内蒙古的边鸡、四川的峨眉黑鸡、黑龙江的林甸鸡和甘肃宁夏的静原鸡等,著名的肉用型品种有江苏溧阳鸡、云南武定鸡、湖南桃源鸡、广西霞烟鸡和福建河田鸡。

(一)仙居鸡 原产于浙江省台州地区,重点产区是仙居县。

属蛋用型。体型较小,结实紧凑而匀称,动作灵敏,易受惊吓,属神经质型。单冠,眼大而突出,颈长,尾翘,骨细,其体型和体态与来航鸡相似。羽色有黄、白、黑、麻雀斑色等多种。胫色有黄、青及肉色等。有抱性,性成熟早,年产蛋量在农村散养状态下为180～299枚。浙江省畜牧研究所于1963年测定,平均为183枚,江苏家禽研究所测定的是180枚左右。1977年选出的一部分鸡群,在良好的饲养条件下,年平均产蛋量达218枚,最高269枚。在蛋重方面,由于该鸡个体小(成年体重,公鸡1.5 kg,母鸡1.0 kg左右),蛋重也小。据江苏家禽研究所的资料,平均为42 g左右,浙江省畜牧研究所测定为45.6 g。蛋壳褐色,繁殖性能强,公母配偶比例1:(16～20)的情况下,受精率94.12%,入孵蛋(1 054个)的孵化率72.7%。

仙居鸡是我国较有希望培育为我国商用蛋鸡的地方品种,已由科研单位在产区设专场进行选育。

(二)浦东鸡 原产于上海市的黄浦江以东的广大地区,故名浦东鸡。该鸡体大,外貌多为黄羽、黄喙、黄脚,故群众又称它为"九斤黄"。19世纪中叶(1847年),曾有一种被称为"上海鸡"的鸡从上海输往美国,选育后被定名为"九斤鸡"载入标准品种志,其血缘可能与浦东鸡有关。

浦东鸡体型较大,呈三角形,偏重产肉。公鸡羽色有黄胸黄背、红胸红背和黑胸红背三种。母鸡全身黄色,有深浅之分,羽片端部或边缘常有黑色斑点,因而形成深麻色或浅麻色。公鸡单冠直立,冠齿多为7个;母鸡有的冠齿不清。耳叶红色,胫趾黄色。有胫羽和趾羽。早期生长速度不快,羽毛的生长速度也比较缓慢,特别是公鸡,通常到3～4月龄时全身羽毛发育完全。成年体重,公鸡4.0 kg,母鸡3.0 kg左右。皮肤黄色,皮下脂肪多,肉质优良。公鸡阉割后饲养10个月,体重可达5～7 kg。年产蛋量100～130枚,蛋重58 g,蛋壳褐色,壳质致密,结构良好。

　　浦东鸡是我国较大的黄羽鸡,肉质也较优良,但生长速度较慢,产蛋量不高,极需加强选育工作。上海市农业科学院畜牧研究所经多年研究已育成新浦东鸡,其生长速度等肉用性能已有较大提高。

　　(三)北京油鸡　产于北京郊区。以肉味鲜美、蛋质优良著称,是一个优秀的地方鸡种。根据体型和羽色可分为两个类型。

　　1.黄色油鸡　羽毛黄色,主、副羽颜色较深,尾羽黑色。单冠,冠多皱褶,呈"S"形,头小,冠羽或有或无(也叫凤头)。冠、肉垂、耳叶红色。胫、趾有羽毛。体重较大,公鸡为 2.5~3.0 kg,成熟期晚,年产蛋 120 枚左右,蛋重 60 g。

　　2.红褐色油鸡　羽毛呈红褐色,俗称紫红毛,公鸡尤为美丽,羽毛灿烂有光泽,母鸡羽色发暗。冠羽特发达,常将眼的视线遮住,胫羽、趾羽亦很发达,不少个体的颌下或颊部生有髯须,因此常将此"三羽"(凤头、毛腿、胡子嘴)性状看做是北京油鸡的主要外貌特征。体重较黄色油鸡小,公鸡 2.0~2.5 kg,母鸡 1.5~2.0 kg。

　　北京油鸡虽生长缓慢,就巢性强,但蛋的品质很好,肉质优良,肌间脂肪分布良好,肉质细致,肉味鲜美,适于多种烹调方法,为鸡肉中的上品。北京油鸡生活力较强,遗传性稳定,是我国的一个珍贵地方品种,可作为生产优质肉鸡配套杂交的良好母本。

　　(四)惠阳胡须鸡　惠阳胡须鸡又名三黄胡须鸡、龙岗鸡、惠州鸡,原产于广东省惠阳地区。它以种群大、分布广、胸肌发达、早熟易肥、肉质良好而成为我国活鸡出口量大、经济价值较高的传统商品。与杏花鸡、清远麻鸡一起,被誉为广东省三大出口名鸡。惠阳胡须鸡是我国比较突出的优良地方肉用鸡种。由于产区地处广州、香港两大消费城市之间,对活鸡的需求量大,且优质优价,刺激了产区的养鸡育肥技术的发展。

　　惠阳胡须鸡属中型肉用品种,其标准特征为颌下发达而展开的胡须状髯羽,无肉垂或仅有一些痕迹。而总的特点可概括为

10项:黄羽、黄喙、黄脚、胡须、短身、矮脚、易肥、软骨、白皮和玉肉（又称玻璃肉）。公鸡分为有、无主尾羽两种。主翼羽和尾羽有紫黑色，尾羽不发达。成年体重，公鸡 2.1～2.3 kg，母鸡 1.5～1.8 kg。在农家放牧饲养条件下的仔母鸡，开产体重可达 1 000～1 200 g，如经过笼养肥育 12～15 天，可净增重 350～400 g，此时皮薄骨软、脂丰肉满，即可上市。惠阳胡须鸡的产蛋性能不高，因受就巢性很强和腹脂多的影响，年产蛋量在良好饲养管理条件下平均为 108 枚，蛋重平均 46 g，蛋壳浅褐色。

第二节　笼养蛋鸡的适宜品种

（一）白壳蛋鸡　产白壳蛋的鸡种都是以来航鸡为主育成的。来航鸡作为世界上著名的标准型蛋用鸡种，在现代蛋鸡育种中做出了重要贡献。现代白壳蛋鸡的共同特点是体型小，耗料少，开产早，产蛋数量多，饲料报酬高，发育整齐，适于高密度笼养。但蛋重略小于褐壳蛋鸡类型，神经质，啄癖也较多。

1.海赛克斯白鸡　海赛克斯白鸡又译为希赛克斯白鸡，由荷兰汉德克家禽育种有限公司培育而成。该鸡体型小而紧凑，羽毛白色，生产性能良好，属来航鸡型。

（1）父母代生产性能。0～20 周龄成活率为 95%，20 周龄平均体重 1 360 g，每只耗料 7.6 kg，产蛋期月淘汰率 0.5%～1%，日耗料 114 g，68 周龄产蛋量 258 枚，入孵蛋孵化率 84%，每只入舍母鸡可提供雏鸡 158 只。

（2）商品代生产性能。0～17 周龄死淘率 4.5%，17 周龄体重 1 120 g，0～17 周龄每只鸡饲料消耗 5.1 kg，18～20 周龄每只鸡消耗饲料 1.81 kg，产蛋率达 50% 的日龄 145 天，21～78 周龄每只鸡日耗料量 108 g，每 4 周死淘率 0.6%，78 周龄体重 1 700 g，只日产蛋数 351 枚，平均蛋重 62.5 g，入舍鸡总产蛋量 21.1 kg，饲料转化率 2.07:1,每产一枚蛋耗料 124 g,累计死亡率 8.2%。

2.罗曼来航蛋鸡　罗曼来航蛋鸡亦称罗曼白壳蛋鸡,是由德国罗曼动物育种公司培育而成的。

(1)父母代生产性能。生长期成活率 96%~98%,产蛋期存活率 94%~96%,72 周龄产蛋总数 254~264 枚,每只母鸡可提供母雏 91~95 只。

(2)商品代生产性能。0~20 周龄成活率为 96%~98%,耗料量 7~7.4 kg/只,20 周龄体重 1 300~1 350 g,鸡群开产日龄 150~155 天,高峰期产蛋率 92%~95%,72 周龄产蛋量 290~300 枚,平均蛋重 62~63 g,产蛋期存活率 94%~96%,每产 1 kg 蛋消耗饲料 2.1~2.3 kg。

3.迪卡 XL 白壳蛋鸡　迪卡 XL 白壳蛋鸡是美国迪卡布家禽研究公司培育的四系配套轻型高产蛋鸡。它具有开产早、产蛋多、饲料报酬高、抗病力强等特点。

(1)父母代生产性能。育雏、育成期成活率 96%,产蛋期存活率 92%,19~72 周龄入舍母鸡产蛋数 281 枚,可提供合格母雏 101 只。

(2)商品代生产性能。育雏、育成期成活率为 94%~96%,产蛋期成活率 90%~94%,19~20 周龄开始见蛋,鸡群开产(达 50%产蛋率)日龄为 146 天,体重 1 320 g,绝对产蛋高峰为 28~29 周龄,产蛋高峰时产蛋率可达 95%,每羽入舍母鸡 19~72 周龄产蛋 295~305 枚,平均蛋重 61.7 g,蛋壳白色而坚硬,总蛋重 18.5 kg 左右,产蛋期料蛋比为 2.25:1,36 周龄体重 1 700 g。

4.海兰 W-36 白壳蛋鸡　海兰 W-36 白壳蛋鸡是由美国海兰国际公司培育而成的。该鸡体型小,羽毛白色,性情温顺,耗料少,抵抗力强,适应性好,产蛋多,饲料转化率高,脱肛、啄癖发生率低。

(1)父母代生产性能。入舍母鸡 20~75 周龄产蛋 274 枚,

27~75周龄产种蛋215枚,可产母雏90只,母鸡20周龄和60周龄体重分别为1.5 kg和2.18 kg。

(2)商品代生产性能。0~18周龄成活率为94%~97%,饲料消耗5.7 kg,18周龄体重1 280 g,鸡群的开产日龄159天,高峰期产蛋率92%~95%,19~72周龄产蛋278~294枚,存活率93%~96%。32周龄平均体重1 600 g,蛋重56.7 g,72周龄平均体重1.68 kg,蛋重63 g,产蛋期料蛋比(2.1~2.3):1。商品代雏鸡以快慢羽鉴别雌雄。

(二)褐壳蛋鸡 褐壳蛋鸡是以一些兼用品种选育而成的,大多数引进品种的父系主要为洛岛红和新汉县鸡,母鸡主要为洛岛白和白洛克等。由于应用现代育种方法和新技术,褐壳蛋鸡的产蛋性能有了较大的提高,与白壳蛋鸡的差距逐渐缩小。褐壳蛋鸡的优点是性情温顺,生长发育快,蛋个大,抗应激能力强,对某些疾病的抵抗力高于白壳蛋鸡,配套系可用羽毛颜色自别雌雄,缺点是体型大,耗料多,蛋的血斑率、肉斑率较高。

1.海赛克斯褐壳蛋鸡 是由荷兰汉德克家禽育种有限公司培育而成的高产蛋鸡。该鸡以适应性强、成活率高、开产早、产蛋多、饲料报酬高而著称。

(1)父母代生产性能。0~20周龄成活率为95%,20周龄母鸡体重1 630 g。0~20周龄耗料8.1 kg,入舍母鸡68周龄产蛋数为254枚,入舍母鸡所得蛋数217枚,入孵蛋的平均孵化率为81%,平均受精率90%,入舍母鸡可得母雏89只,平均蛋重60.4 g,累计死淘率为9.0%。68周龄,母鸡体重2 050 g,公鸡体重2 660 g,平均日耗料量120 g。

(2)商品代生产性能。0~17周龄的成活率97%,17周龄体重1 400 g,17周龄时消耗饲料5.60 kg,18~20周龄消耗饲料2.00 kg。开产日龄为145天,每只鸡每天耗料113 g,每4周死淘率0.5%,78周龄平均体重2 060 g,入舍鸡产蛋329枚,入舍鸡总产蛋量 20.5 kg,饲料转化率 2.17:1。累计死亡率 6.6%。

2. **罗曼褐蛋鸡**　罗曼褐蛋鸡是由德国罗曼动物育种公司培育而成的四系配套褐壳蛋鸡。该鸡适应性好,抗病力强,产蛋量多,饲料转化率高,蛋重适度,蛋的品质好。

(1)父母代种鸡生产性能。0~18 周龄成活率 96%~98%,20 周龄体重 1 600~1 700 g,21~22 周龄鸡群见蛋,开产周龄为 23~24 周,入舍母鸡 72 周龄产蛋 265~275 枚,其中种蛋数 237~248 枚,平均孵化率 81%~83%,每只入舍母鸡可提供母雏 95~100 只,产蛋期存活率 94%~96%,末期体重 2.2~2.4 kg。

(2)商品代生产性能。0~18 周龄成活率为 97%~98%,20 周龄体重 1 500~1 600 g,鸡群开产日龄 152~158 天,入舍母鸡 72 周龄产蛋 285~295 枚,平均蛋重 63.5~64.5 g,总蛋重 18.2~18.8 kg,产蛋期存活率 94%~96%,料蛋比(2.3~2.4):1,72 周龄体重 2.2~2.4 kg。商品代雏鸡可通过羽色自别雌雄。

3. **海兰褐蛋鸡**　海兰褐蛋鸡是由美国海兰国际公司培育而成的高产蛋鸡。该鸡适应性广,产蛋多,饲料转化率高,生产性能优异,商品代可通过羽色自别雌雄。

(1)父母代生产性能。0~18 周龄成活率为 95%,鸡群开产日龄为 161 天,入舍母鸡 18~70 周龄产蛋 244 枚(可孵化蛋 211 枚),可提供母雏 86 只,18~70 周龄成活率 91%,入舍鸡平均每只每天耗料 112 g。母鸡 18 周龄和 60 周龄体重分别为 1 620 g 和 2 310 g,公鸡 18 周龄和 60 周龄体重分别为 2 410 g 和 3 580 g。

(2)商品代生产性能。0~18 周龄成活率为 96%~98%,饲料消耗(限饲)5.9~6.8 kg,18 周龄体重 1 550 g。开产日龄 153 天,高峰期产蛋率 92%~96%。至 72 周龄,每只母鸡饲养日产蛋量 312 枚,每只入舍母鸡平均产蛋量 298 枚,平均蛋重 63.1 g,总蛋重 19.3 kg,产蛋期存活率 95%~98%,料蛋比(2.2~2.4):1,72 周龄体重 2.25 kg。成年母鸡羽毛棕红色,性情温顺,易于饲养。

(三)浅粉壳蛋鸡　浅粉壳蛋鸡是近年来新推出的蛋鸡品种,它在集约化笼养中的使用时间晚于白壳蛋鸡和褐壳蛋鸡。这类鸡体型介于白壳蛋鸡和褐壳蛋鸡之间,蛋壳颜色浅。其父系和母系的一方是来航型白壳蛋鸡品种,另一方为洛岛红、新汉县、横斑洛克等兼用型褐壳蛋鸡品种。育种者试图通过综合白壳蛋鸡和褐壳蛋鸡的优点,培育出体型偏轻、产蛋量高、蛋重大、耗料较少的高效品种。

1. 海赛克斯粉蛋鸡　0~17 周龄成活率 96%,17 周龄体重 1 350 g,0~17 周龄消耗饲料 5.6 kg,18~20 周龄消耗饲料 1.95 kg。开产日龄为 142 天,每只鸡日耗料量(21~78 周龄) 110 g,每 4 周死淘率 0.5%,78 周龄体重 1 980 g,入舍鸡产蛋数 330 枚,平均蛋重 62.5 g,入舍鸡总产蛋量 20.6 kg。饲料转化率 2.08:1。产蛋期累计死亡率 6.6%。海赛克斯粉蛋鸡分为两型:Ⅰ型父母代产白壳蛋,Ⅱ型父母代产褐壳蛋,其商品代雏鸡均能通过羽速自别雌雄。

2. 京白 939 蛋鸡　京白 939 蛋鸡是北京市种禽公司培育而成的浅粉壳蛋鸡高效配套系。该鸡体型介于白来航鸡和褐壳蛋鸡两者之间,商品代鸡羽色红白相间,其特点是产蛋量高、存活率高、淘汰鸡残值高。京白 939 现有两个配套系,其中一个配套系的商品代雏鸡能够自别雌雄。

京白 939 蛋鸡商品代 0~20 周龄成活率为 95%~98%,20 周龄体重 1 450~1 455 g,21~72 周龄存活率 92%~94%,72 周饲养日产蛋数 290~300 枚,总蛋重 18~18.9 kg,平均蛋重 61~63 g,料蛋比(2.3~2.35):1。

3. 雅康蛋鸡　雅康蛋鸡是由以色列 P.B.U 家禽育种培育而成的高产浅粉壳蛋鸡。该鸡现已在许多省、市推广,其父系为来航鸡型白鸡,母系为洛岛红型红鸡,商品代雏鸡可通过羽色自别雌雄。

(1)父母代生产性能。0～20周龄成活率94%～96%。20周龄体重1 500 g,24周龄体重1 650 g,入舍母鸡26～74周龄产合格种蛋220枚,每只鸡可提供母雏86只,产蛋期存活率92%～94%。

(2)商品代生产性能。0～20周龄成活率96%～97%,18周龄体重1 350 g,20周龄体重1 500 g,开产日龄为160天,入舍母鸡至72周龄产蛋270～285枚,平均蛋重61～63 g,平均每只鸡日耗料99～105 g。

第三节　遗传与雏鸡的雌雄鉴别

应用伴性遗传规律,培育自别雌雄品系,通过不同品种或品系之间的杂交,就可以根据初生雏的某些伴性遗传性状准确地辨别雌雄。因为鸡有一些性状基因,存在于性染色体上,如果母鸡具有的性状对公鸡的性状呈显性,则它们的下一代公雏都具有母鸡的性状,而母雏均呈公鸡的性状。鸡的伴性遗传有以下几种:慢羽对快羽,芦花羽对非芦花羽,银色羽对金色羽等,最常见的是羽速自别雌雄和羽色自别雌雄。由于翻肛鉴别易使雏鸡卵黄破裂,并造成疾病的水平传播,因此自别雌雄配套系很受欢迎,现在已经广泛的应用在生产实践中。

一、羽速自别雌雄

根据遗传学原理,决定初生雏鸡翼羽生长快慢的慢羽基因(K)和快羽基因(k)都位于性染色体上,而且慢羽基因(K)对快羽基因(k)为显性基因,具有伴性现象,利用此遗传原理可对初生雏进行雌雄鉴别。自从1990年聊城金鸡种禽有限公司(原山东省茌平县种禽场)首家在星杂288商品代雏鸡中实行快慢羽自别雌雄后,自别雌雄迅速在全国各地的养鸡生产中得以普及推广。现以海赛克斯白鸡为例说明,见图1-1。

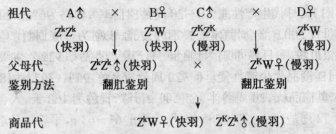

祖代　　　A♂　　×　　B♀　　　C♂　　×　　　D♀

Z^kZ^k　　　　　Z^kW　　　Z^KZ^K　　　　　Z^KW
（快羽）　↓　（快羽）　（慢羽）　↓　（慢羽）

父母代　　　　Z^kZ^k♂（快羽）　　×　　　Z^KW♀（慢羽）

鉴别方法　　　　翻肛鉴别　　　　　　　翻肛鉴别

商品代　　　　　　Z^kW♀（快羽）　Z^KZ^k♂（慢羽）

图1-1　海赛克斯白鸡的羽速自别雌雄

父母代的父系公雏母雏都是快羽，母系公雏母雏都是慢羽，只有通过翻肛才能鉴别雌雄。商品代使用羽速鉴别，区别快慢羽主要由初生雏翅膀上的主翼羽与覆主翼羽的长短来决定。快羽母雏为主翼羽长于覆主翼羽。慢羽雏有4种类型：主翼羽短于覆主翼羽；主翼羽与覆主翼羽等长；主翼羽未长出，仅有覆主翼羽；主翼羽与覆主翼羽等长，但主翼羽的羽干毛梢略长于覆主翼羽。

二、褐壳蛋鸡的羽速和金银羽色双自别雌雄

在褐壳蛋鸡配套系中，对利用羽色和羽速基因自别雌雄比较重视，因而纯系在配套组合中的位置是固定的。所以纯系选育时必须按各自在配套系中的位置确定合理的选育方向，进行选择。由于银色和金色基因都仅位于性染色体上，且银色（S）对金色（s）为显性，所以金色羽公鸡与银色羽母鸡交配时，其子一代母雏为金色，公雏为银色。现以海赛克斯褐壳蛋鸡为例说明，见图1-2。

祖代　　　A♂　　　　　B♀　　　　C♂　　　　D♀

$Z^{ks}Z^{ks}$　　×　　$Z^{KS}W$　　　$Z^{kS}Z^{kS}$　　×　　$Z^{KS}W$
（金色、快羽）↓（金色、慢羽）（银色、快羽）↓（银色、慢羽）

父母代　$Z^{ks}W$（淘）　$Z^{Ks}Z^{ks}$♂　×　$Z^{kS}W$♀　$Z^{ks}Z^{kS}$（淘）

羽速自别　（金色、快羽）（金色、慢羽）　↓　（银色、快羽）（银色、慢羽）

商品代　　　$Z^{kS}Z^{ks}$　　$Z^{ks}Z^{ks}$　　　$Z^{kS}W$　　　$Z^{ks}W$

羽色自别　（银色、慢羽）（银色、快羽）　（金色、慢羽）（金色、快羽）

公雏、淘汰　　　　　　　　　　　母雏

图1-2　羽速和金银羽色双自别雌雄

图 1-2 中:祖代 A 系公鸡是金色快羽,B 系母鸡为金色慢羽,其父母代为 AB 雏全为金色,慢羽为公雏,快羽为母雏;祖代 C 系公鸡银色快羽,D 系母鸡为银色慢羽,其父母代 CD 雏全为银色羽,同样慢羽为公雏。父母代鸡 AB 公为金色慢羽,CD 母为银色快羽,其商品代快慢羽各半,金色羽为母雏,银色羽为公雏。

三、芦花与非芦花

芦花母鸡与非芦花公鸡(除白色来航鸡、白考尼什鸡和白洛克鸡等显性上位的鸡除外)交配,其子一代母雏全部为非芦花羽色,其公雏为芦花羽色,呈现交叉遗传现象。

例如,芦花母鸡与洛岛红公鸡交配,则子一代公雏为芦花羽色(黑色绒毛,头顶上有不规则的白色斑点),母雏全身黑色绒毛或背部有条斑。

四、横斑洛克(芦花鸡)羽色

横斑洛克鸡是中外闻名的品种,产蛋量较高。横斑洛克羽色由性染色体上显性基因"B"控制。公鸡两条性染色体上各有一个"B",比母鸡只在一条性染色体上有一"B"影响大,所以纯合型芦花公鸡中白横斑比母鸡宽。"B"基因对初生雏鸡的影响是:芦花鸡的初生羽为黑色,头顶部有一白色小块(呈卵圆形),公鸡大而不规则,母鸡比公鸡要小得多且集中;腹部有不同程度的灰白色羽毛,母鸡身体上的黑色比公鸡深;初生母雏脚色也比公鸡深,脚趾部的黑色在脚的末端突然为黄色显著分开,而公鸡胫部色淡,黄黑无明显分界线。纯芦花鸡,根据以上 3 项特征区别初生雏鸡雌雄准确率达 96%以上。此例也属伴性遗传,同一品种有这种现象是少见的。由于现代养鸡生产广泛应用杂交生产商品鸡,所以商品化生产中不能广泛应用。

第二章 蛋鸡的营养

第一节 饲料的各种营养成分及其作用

营养是动物维持生长、繁殖和生产的物质基础。在现代化的养鸡技术中,鸡的所有营养物质都是从配合日粮中获得,只有充分了解鸡的营养需要和各种饲料原料的营养成分含量,才能配制出质优价廉的全价饲料,使鸡最大限度发挥出潜在的生产性能。饲料中含有水、粗蛋白质、碳水化合物、粗脂肪、维生素和矿物质六大类营养物质,它们在机体内相互作用,缺一不可。

一、水

各种饲料中均含有水分,但因饲料的种类不同,其含水量差异很大,一般植物性饲料含水量在5%～95%。在同一种植物性饲料中,由于收割期不同,水分含量也不尽相同,随其成熟而逐渐减少。

饲料中含水量的多少与其营养价值、储存密切相关。含水量高的饲料,单位重量含干物质较少,其中营养物质含量也相对较少,故其营养价值也低,且容易腐败变质,不利于储存与运输。适于储存的饲料,要求含水量在14%以下。

鸡体含水量50%～60%,主要分布于体液(如血液、淋巴液)、肌肉等组织中。水是鸡生长、生产所必需的营养物质,对鸡体内新陈代谢有着特殊的作用。它是各种营养物质的溶剂,鸡体内各种营养物质的消化、吸收,代谢产物的排出,血液循环,体温调节都离不开水。严重缺水时,饲料转化率和鸡群产蛋率会大幅度下降,甚至会引起死亡。试验证明：产蛋母鸡停水 24 h，可使产蛋率下降 30%，需要 25～30 天才能恢复正常；如果雏鸡停水 10～12 h，会使其采食量减少，而且增重也会受到影响。对鸡来说，缺水的危害远远大于食物的缺乏。

鸡的饮水量因季节、年龄、产蛋水平而异，一般每只鸡每天饮水 150～250 mL，当气温高、产蛋率高时饮水量增加。成鸡的饮水量约为采食量的 1.5 倍，雏鸡的比例更大些。在环境因素中，温度对饮水量影响最大，当气温高于 20 ℃时，饮水量开始增加，35 ℃时饮水量约为 20 ℃时 1.5 倍，0～20 ℃饮水量变化不大。

在夏季高温时，笼养鸡往往由于超量饮水使粪便过稀，此时可以在水中加入适当的碳酸氢钠，补充体内钠离子，缓解热应激，不宜限制饮水，否则会增加热应激引起的损害。

二、粗蛋白质

粗蛋白质是饲料中含氮物质的总称，包括蛋白质和氨化物。氨化物主要包括未结合成蛋白质分子的游离的氨基酸、植物体内合成蛋白质的中间产物和蛋白质分解的产物。

各种饲料的粗蛋白质的含量和质量差别很大。就其含量而言，动物性饲料中最高（40%～80%），油饼类次之（30%～40%），禾本科植物子实类较低（7%～13%）。就其质量而言，动物性饲料、豆科及油饼类饲料的蛋白质质量较好。评定蛋白质的优劣主要看各种氨基酸的含量和比例，在纯蛋白质中有 20 多种氨基酸，这些氨基酸可以分为两大类：一类是必需氨基酸，是指在鸡体内不能合成或合成的速度不能满足鸡生长生产的需要，必须由饲料供给的氨基酸。鸡的必需氨基酸有蛋氨酸、赖氨酸、胱氨酸、色氨酸、精氨酸、亮氨酸、异亮氨酸、苯丙氨酸、酪氨酸、苏氨酸、缬氨酸、组氨酸和甘氨酸共 13 种。另一类是非必需氨基酸，是指在鸡体内需要量少且能够合成的氨基酸，如丝氨酸、丙氨酸、天冬氨酸、脯氨酸等。

蛋氨酸、赖氨酸、色氨酸在一般谷物中含量较少,往往会产生缺乏,而且这3种氨基酸又会影响其他氨基酸的吸收利用,因此称之为限制性氨基酸。在配合鸡的日粮时,除了供给足够的蛋白质,还要注意各种氨基酸的比例,这样才能满足鸡的营养需要。

在鸡的生命活动中,蛋白质具有重要的营养作用。它是形成鸡肉、鸡蛋、内脏、羽毛、血液的主要成分,是维持鸡的生命、保证生产生长的重要的营养物质。缺乏蛋白质,雏鸡生长缓慢,蛋鸡的产蛋率下降、蛋重减小,严重时体重下降,甚至死亡。相反,日粮中蛋白质过多,不仅增加饲料的成本,造成浪费,而且会引起代谢障碍,体内有大量尿酸盐沉积,导致痛风病的发生。

鸡对蛋白质的需要量主要取决于产蛋水平、气温和体重三个因素。一般来说,鸡产蛋率愈高,体重愈大,蛋白质需要量愈多;同一产蛋水平的母鸡群,夏季对蛋白质的需要量高于冬季。此外,年龄、饲料的组成影响蛋白质的利用率,尤其是日粮中氨基酸比例不平衡,会降低蛋白质的利用率。实践证明,日粮中含粗蛋白质14%～17%,即可满足大多数品系蛋鸡的需要。

三、碳水化合物

碳水化合物都是由碳、氢、氧三种元素组成的,其中氢原子和氧原子的比例是2:1,与水的组成相同,故称为碳水化合物。

碳水化合物是植物性饲料的主要成分,因为它价格便宜,是鸡体内最经济的能量来源,是鸡饲料中最多的营养物质,在蛋鸡饲料中占50%～80%。碳水化合物主要包括淀粉、纤维素、半纤维素、木质素及一些可溶性糖。

碳水化合物在鸡体内分解后(主要是淀粉和糖)产生热量,用以维持体温,供给体内各器官活动时所需的能量。饲料中碳水化合物不足时,会影响鸡的生长和产蛋,但过多时,剩余的部分会转变为脂肪沉积于体内,导致机体过肥。粗纤维可以促进胃肠蠕动,帮助消化,饲料中缺乏粗纤维可引起鸡便秘,并降低其他营养物质的利用率。由于饲料在鸡的消化道内停留时间短,且鸡肠道内微生物少,粗纤维几乎不被消化,如果过多,也会影响其他营养物质的吸收利用。

四、粗脂肪

饲料中所有能够被乙醚浸出的物质统称为粗脂肪,包括真脂肪和类脂肪。真脂肪在体内脂肪酶的作用下,可分解为甘油和脂肪酸;类脂肪除了分解为甘油和脂肪酸以外,还有含有氮、磷等元素的化合物。各种饲料中都含有脂肪,豆科饲料含脂量最高,禾本科饲料含脂量最低。

脂肪和碳水化合物一样,在鸡体内分解后产生热量,而且它含水量少,是供给机体能量和体内储存能量的最好形式,其热能值是碳水化合物或蛋白质的 2.25 倍;脂肪既是鸡体细胞的重要组成部分,如神经、血液、肌肉、骨骼、皮肤等都含有脂肪,又是鸡蛋的组成部分,约占鸡蛋重量的 10%;脂肪是脂溶性维生素和激素的溶剂,这些维生素和激素只有溶解在脂肪中,才能够被机体吸收和利用。脂肪不足时,会妨碍脂溶性维生素和激素的输送和吸收,造成脂溶性维生素的缺乏,引起生长迟缓、性成熟延迟、产蛋量下降等。相反,脂肪过多会引起食欲不振,消化不良,下痢,脂肪肝等。在饲料中加入 1%~3% 的脂肪,能够充分满足鸡的能量的需要,提高产蛋量和饲料利用率。

五、维生素

维生素是一种特殊的营养物质。鸡对维生素的需要量虽然很少,但它是鸡体内辅酶或辅基的组成成分,对保持鸡体健康,促进生长发育,提高产蛋率和饲料利用率的作用很大。维生素的种类很多,它们的性能和作用各不相同,但归纳起来分为两大类:一类是脂溶性维生素,包括维生素 A、维生素 D、维生素 E、维生素 K 等。另一类是水溶性维生素,包括 B 族维生素和维生素 C 等。鸡的饲料中需要 10 多种维生素,可添加现有的十几种人工合成的多种维生素用于饲料生产。如条件许可,还可以饲喂青饲料,不仅补充了维生素,而且可以促进鸡的消化。

1. 脂溶性维生素

(1) 维生素 A。它在体内可以维持呼吸道、消化道、生殖道上皮细胞或黏膜的结构完整与健全,促进雏鸡的生长发育及其对环境的适应能力和疾病的抵抗力,提高鸡的产蛋量和种蛋的孵化率。当维生素 A 缺乏时,易引起鸡上皮组织干燥和角质化,使分泌机能减弱,眼角膜上皮变性,发生干眼病,严重时造成失明,雏鸡生长缓慢,羽毛蓬乱无光泽,消化不良,成鸡产蛋量减少,种蛋受精率低,孵化率也下降。

维生素 A 只存在于动物性饲料中,以鱼肝油的维生素 A 最为丰富。植物性饲料中不含有维生素 A,但含有胡萝卜素,黄玉米中含有玉米黄素,它们在动物体内都可转化为维生素 A。胡萝卜素在青绿饲料中含量比较多,而在谷物、油饼、糠麸中含量很少。一般每千克混合饲料中胡萝卜素及玉米黄素,大约相当于 1 000 IU 的维生素 A,不能满足鸡的需要,所以对于不喂青绿饲料的笼养鸡来说,维生素 A 主要依靠多种维生素添加剂来提供。

维生素 A、胡萝卜素和玉米黄素均是不稳定物质,在饲料的加工、调制和储存等过程中易被破坏,而且环境温度愈高,破坏程度愈大。因此,要改善饲料的加工方法,加强对饲料的保管,防止饲料中维生素 A、胡萝卜素和玉米黄素的流失。

鸡对维生素 A 的需要量,与日龄、生产能力及健康情况有很大关系。在正常情况下,每千克饲料的最低添加量为:雏鸡和青年鸡 1 500 IU,产蛋鸡 4 000 IU。由于疾病等因素的影响,产蛋鸡饲料维生素 A 的实际添加量达到每千克 8 000～10 000 IU。

(2)维生素 D。它参与骨骼、蛋壳形成等钙、磷代谢过程,能够促进肠道对钙、磷吸收,调节机体的钙、磷平衡。缺乏时,雏鸡生长发育不良,羽毛松散,喙和爪变软、弯曲,胸骨弯曲,腿骨变形;产蛋鸡产软壳蛋或薄壳蛋,产蛋率和孵化率低。

维生素 D 主要有维生素 D_2 和维生素 D_3 两种,维生素 D_3 是由动物皮肤内的 7-脱氢胆固醇经阳光紫外线照射而生成的,主要储存于肝脏、脂肪和蛋白中。维生素 D_2 是由植物中的麦角固醇经阳光紫外线照射而生成的,主要存在于青绿饲料和晒制的青干草中。对鸡来说,维生素 D_3 的作用要比维生素 D_2 的作用强 30～40倍。鱼粉、肉粉、血粉等常用动物性饲料含维生素 D_3 较少,谷物、饼粕及糠麸中维生素 D_2 的含量也微不足道,鸡从这些饲料中得到的维生素 D 远远不能满足需要。散养鸡可以从青绿饲料中获取维生素 D_2,通过日光浴合成维生素 D_3,以满足自身需要,而舍内笼养鸡日光浴受到限制,要注意维生素 D 的添加。

在正常情况下,0～20 周龄的生长鸡要求每千克饲料添加维生素 D_3 200 IU;20 周龄以后进入产蛋期,要增至 500 IU。当饲料中钙、磷不足或比例不当时,添加量要适当增加。

如果鸡摄入的维生素 D 太多,超过需要量的几十倍乃至上百倍,就会造成钙在肾脏中沉积,损害肾脏,不过这种情况一般很少发生。

(3)维生素 E。维生素 E 是一组具有活性的酚类化合物,以 α-生育酚的活性最高,为油状液体,极易氧化。它是一种生物催化剂,调节三大有机物的代谢,促进性腺的发育成熟和生殖功能,有利于雏鸡的生长发育和提高种鸡的繁殖力;它是一种强大的抗氧化剂,防止消化道和体组织中的维生素 A、维生素 D 及一些不饱和脂肪酸被氧化破坏,对富含脂质的细胞膜起到保护作用。另外,它还参与调节鸡体内分泌机能,是产生免疫力不可缺少的因素。

维生素 E 充足,可以减轻缺硒的不良影响。

饲料中缺乏维生素 E 时,鸡群产蛋率下降,种蛋受精率和孵化率降低,严重时易出现白肌病、渗出性素质、脑软化等病症。

维生素 E 在植物油、谷物胚芽及青绿饲料中含量丰富。相对来说,米糠、大麦、小麦、棉子饼中含量稍多,豆饼、鱼粉次之,玉米、高粱及小麦麸较贫乏。虽然维生素 E 具有抗氧化作用,但其本身很不稳定,在酸败脂肪、碱性物质中以及在光线下易被破坏。鸡对维生素 E 的需要量与饲料组成、饲料品质及饲料中不饱和脂肪酸或天然抗氧化物含量有关。在正常情况下,0～14 周龄的幼鸡和产蛋种鸡要求每千克饲料添加维生素 E 10 IU,15～20 周龄的青年鸡和蛋鸡要求添加 5 IU。

(4)维生素 K。维生素 K 的主要作用为催化肝脏中凝血酶原与凝血素的合成,凝血活素促使凝血酶原转变为凝血酶,维持血液的正常凝血功能。雏鸡维生素 K 不足造成皮下出血而呈现紫斑,种鸡饲料中维生素 K 不足时,孵化率降低。

鸡所需要的维生素 K 有三个来源:肠道微生物能少量合成;鸡粪与垫料中的微生物能合成一些维生素 K,当鸡啄食垫料鸡粪时可以获取;从饲料中获取,这是主要来源。青绿饲料中含有丰富的维生素 K,鱼粉等动物性饲料中也有一定的含量,其他饲料中比较贫乏。鸡处于逆境如患球虫病,会降低维生素 K 的摄取量,肝脏疾病会影响维生素 K 的吸收,服用抗生素、磺胺类药物等抑菌药物,会影响维生素 K 在肠道内合成,这些均可导致维生素 K 的缺乏。

2. 水溶性维生素

(1)维生素 B_1。也叫硫胺素,参与体内碳水化合物的代谢,维生素 B_1 在保护神经组织及心肌的正常功能方面有重要作用;维持胃肠的正常蠕动,有利于内容物的消化。雏鸡对维生素 B_1 的缺乏比较敏感,当用缺乏维生素 B_1 的饲料饲喂时,10 天后就可出现多发性神经炎——头向后仰,羽毛蓬乱,运动器官和肌胃平滑肌衰弱或变性,两腿无力等。成鸡缺乏时,出现食欲减退,消化不良,冠髯发紫,生殖器官萎缩等症状。

维生素 B_1 在自然界分布广泛,多数饲料中都有,在糠麸、酵母中含量丰富,在豆类饲料、青绿饲料中的含量也比较多,但在根茎类饲料中含量较少。

鸡对维生素 B_1 需要量与饲料组成有关,在饲料中主要能量来源是碳水化合物时,维生素 B_1 的需要量增加。在一般情况下,鸡每千克饲料中应含维生素 B_1:0～14 周龄雏鸡 1.8 mg,15～20 周龄的青年鸡 1.3 mg,产蛋鸡、种母鸡 2.8 mg。

(2)维生素 B_2。又叫核黄素。它是鸡体内许多重要辅酶的组成成分,参与碳水化合物、脂肪和蛋白质的代谢,是鸡体较易缺乏的一种维生素。维生素 B_2 缺乏,雏鸡生长缓慢,下痢,足趾弯曲,用踝部行走;成鸡产蛋量下降,种蛋孵化率降低。

维生素 B_2 在青绿饲料、苜蓿粉、酵母粉、蚕蛹粉中含量丰富,鱼粉、油饼类饲料及糠麸次之,子实饲料如玉米、高粱、小米等含量较少。在一般情况下,用常规饲料原料配合的全价饲料,往往维生素 B_2 含量不足,需注意添加维生素 B_2 制剂。在生产中,饲喂高脂肪低蛋白的饲料时,鸡对维生素的需要量增加,雏鸡及种鸡对维生素 B_2 的需要量比一般鸡高 1 倍。

在一般情况下,鸡每千克饲料应含维生素 B_2:0～14 周龄雏鸡 3.6 mg,商品蛋鸡 2.2 mg,种母鸡 3.8 mg。

(3)维生素 B_3。也叫泛酸。它是辅酶 A 的组成成分,参与体内碳水化合物、脂肪及蛋白质的代谢,能起到维持皮肤和黏膜正常功能的作用。对增强羽毛色泽和提高对疾病的抵抗力有重要作用。雏鸡缺乏泛酸时,生长受阻,羽毛粗糙,眼内有黏性分泌物流出,眼睑上的粒状物把上下眼睑粘在一起,喙角和肛门有硬痂,脚爪有炎症;成鸡缺乏泛酸时,虽然没有明显的症状,产蛋率下降幅度不大,但孵化率低,育雏成活率低。

泛酸在各种饲料中均有一定含量,在苜蓿粉、糠麸、酵母及动物性饲料中含量丰富,根茎类饲料中含量较少。

在一般情况下,每千克饲料中应含有泛酸:0～20周龄的生长鸡和种母鸡10 mg,商品蛋鸡2.2 mg。

(4)维生素B_4。也叫胆碱。它是卵磷脂和乙酰胆碱的组成成分。卵磷脂参与脂肪代谢,对脂肪的吸收、转化起一定的作用,可防止脂肪在肝脏中沉积。乙酰胆碱可维持神经的传导功能。胆碱还是促进雏鸡生长的维生素。饲料中胆碱充足可以降低蛋氨酸的需要量,因为胆碱结构中的甲基可供机体合成蛋氨酸,而蛋氨酸中的甲基也可供机体合成胆碱。甲基的转移过程需要维生素B_{12}和叶酸参与,所以鸡对胆碱的需要量与饲料中蛋氨酸、维生素B_{12}和叶酸的含量有关。胆碱缺乏时,雏鸡生长缓慢,发育不良;成鸡尤其是笼养鸡,易患脂肪肝。

胆碱在动物性饲料、干酵母、油饼类饲料中含量较多,大多数蛋白质饲料每千克含胆碱2～4 g,而谷物饲料中含量很少,每千克谷物饲料中仅含0.5～1 g。因此,在以玉米为主的高能饲料中,要注意添加氯化胆碱。

在一般情况下,每千克饲料应含胆碱:0～14周龄的雏鸡1 300 mg,15～20周龄的青年鸡、商品产蛋鸡和种母鸡500 mg。

(5)维生素B_5。也叫烟酸、尼克酸或维生素PP。它在鸡体内转化为烟酰胺,是辅酶Ⅰ和辅酶Ⅱ的组成成分。这两种酶参与碳水化合物、脂肪和蛋白质的代谢,对维持皮肤和消化器官的正常功能起重要的作用。雏鸡对烟酸需要量高,缺乏时食欲减退,生长缓慢,羽毛发育不良,跗关节肿大,腿骨弯曲;成鸡缺乏时,种蛋孵化率降低。

烟酸在青绿饲料、糠麸、酵母及花生饼中含量丰富,在鱼粉、肉骨粉中含量也较多,但鸡对植物性饲料中的烟酸利用率低。因此,在鸡饲料中应考虑补加酵母或烟酸制剂。色氨酸在体内能转化为烟酰胺,大约 60 mg 色氨酸可以合成 1 mg 烟酰胺。

在一般情况下,每千克饲料中应含烟酸的量为:0~14 周龄的雏鸡 27 mg,15~20 周龄的青年鸡 11 mg,商品产蛋鸡、种母鸡10 mg。

(6)维生素 B_6。也叫吡哆素(吡哆醇)。它是转氨酶的重要组成成分,参与蛋白质的代谢。鸡缺乏吡哆醇时发生神经障碍,从兴奋而至痉挛,雏鸡生长缓慢,成年鸡体重减轻,产蛋率及孵化率降低。

吡哆醇主要存在于酵母、糠麸及植物性蛋白质饲料中,动物性饲料及根茎类饲料相对贫乏,子实类饲料中每千克约含 3 mg。在一般情况下,每千克饲料应含吡哆醇:雏鸡、青年鸡、商品蛋鸡 3 mg,种母鸡 4.5 mg。

(7)维生素 B_7。也叫生物素或维生素 H。它是脂肪代谢和羧化过程的辅酶的组成成分,参与氨基酸的脱氨基化作用。生物素缺乏时,会破坏鸡体内分泌功能,雏鸡常发生眼睑、嘴、头部及脚部表皮胶质化;成鸡产蛋率受影响,种蛋孵化率降低。

生物素在蛋白质饲料中含量丰富,在青绿饲料、苜蓿粉和糠麸中也比较多,但鸡对禾谷类子实中的生物素吸收利用率不同,有些子实饲料中的生物素,鸡只能利用 1/3 左右,雏鸡对饲料中生物素的利用率明显低于成鸡。

在一般情况下,每千克饲料应含生物素:0~14 周龄的雏鸡 0.15 mg,15~20 周龄的青年鸡、商品产蛋鸡 0.1 mg,种母鸡 0.15 mg。

(8)维生素 B_{11}。也叫叶酸或维生素 M。它在鸡体内还原为四氢叶酸,参与蛋白质与核酸等的代谢过程,与维生素 C 和维生素 B_{12} 共同促进红细胞和血红蛋白的生成,并有利于抗体的生成,对防止恶性贫血和肌肉、羽毛的生成有重要作用。缺乏时鸡生长发育不良,羽毛不正常,贫血,种蛋孵化率低。

叶酸在酵母、苜蓿粉中含量丰富,在麦麸、青绿饲料中的含量也比较多,但在玉米中比较贫乏。一般常规饲料中叶酸含量能够满足青年鸡和商品蛋鸡的需要,在雏鸡和种鸡的饲料中应考虑添加叶酸制剂。

在一般情况下,每千克饲料中应含叶酸:0～14周龄的雏鸡0.55 mg,15～20周龄的青年鸡、商品蛋鸡 0.25 mg,种母鸡0.35 mg。

(9)维生素 B_{12}。它是加速血细胞成熟、维持营养物质代谢过程,特别是蛋白质代谢不可缺少的因子,曾被称为"动物蛋白因子"。它和叶酸一样,参与核酸的合成,但不能相互代替,并能保持中枢和外周神经的有髓鞘神经纤维功能的完整性。此外,它还能提高植物性蛋白质的利用,促进雏鸡的生长发育。缺乏时,雏鸡生长发育停滞,羽毛蓬乱;成鸡产蛋率下降,种蛋孵化率降低。

维生素 B_{12} 只存在于动物性饲料中,鸡的肠道内能合成一些维生素 B_{12},但合成后吸收利用率低,在含有鸡粪的垫草中以及牛、羊粪、淤泥中,含有大量由微生物繁殖所产生的维生素 B_{12}。因此,如果配合饲料中鱼粉等动物性饲料成分少,多种维生素添加剂用量不足,又采取笼养或网上饲养方式,就容易引起维生素 B_{12} 缺乏症。

在一般情况下,每千克饲料应含维生素 B_{12}:0～14周龄的雏鸡0.009 mg,15～20周龄的青年鸡、商品蛋鸡、种母鸡0.003 mg。

(10)维生素 C。又叫抗坏血酸。它参与鸡体内氧化还原反应,保护酶系统中活性巯基,起到体内解毒作用;参与细胞间质的合成,降低毛细血管通透性,促进伤口愈合;促进叶酸形成四氢叶酸,保护亚铁离子,起到防止贫血的作用;增强机体免疫力,缓解应激反应。缺乏时,鸡易患败血症,生长停滞,体重减轻,关节变软,身体各部位出血、贫血。

由于大部分饲料中均含有维生素 C,青绿饲料中含量丰富,且鸡体内又能合成,所以在一般情况下,鸡很少出现维生素 C 缺乏症。在高温和疾病等应激条件下,适量补充维生素 C 对消除应激、提高产蛋率和蛋壳厚度均有良好作用,可酌情在每千克饲料中添加 50~200 mg 维生素 C。

3.维生素的衡量单位 大多数维生素的衡量单位是以每千克饲料中含有的量(毫克和微克数)表示。但是,有些脂溶性维生素的测定方法是采用生物学方法测定的,是以相对的单位——国际单位表示的,用符号"IU"来表示。

1 IU 维生素 A＝0.344 μg 维生素 A 醋酸酯盐

＝0.3 μg 维生素 A 醇

＝0.6 μg β-胡萝卜素

1 IU 维生素 D_3＝0.25 mg 维生素 D_3

1 IU 维生素 E＝1 mg DL-α-生育酚醋酸酯

＝0.671 mg D-α-生育酚

六、矿物质

矿物质元素在鸡体内约占 4%,有些是构成骨骼、蛋壳的重要成分,有些分布于羽毛、肌肉、血液和其他软组织中,还有些是维生素、激素、酶的组成成分。矿物质元素虽不能供给机体能量,但它参与机体内新陈代谢,调节渗透压,维持酸碱平衡,是维持机体正常功能和生产所必需的。据研究,鸡需要的矿物质元素有 14 种,根据其在鸡体内含量的多少,可分为常量元素和微量元素两大类。占体重 0.01%以上的元素称为常量元素,包括钙、磷、钠、钾、氯、镁、硫;占体重 0.01%以下的元素称为微量元素,包括铁、铜、钴、碘、锰、锌、硒。在配合饲料时,舍内笼养鸡要考虑添加这些矿物质元素。

1.常量元素

(1)钙、磷。钙、磷是鸡需要量最多的两种矿物质元素,两者约占体内矿物质元素总量的 70%。

钙不仅是骨骼、蛋壳的主要成分,而且在维持神经、肌肉的正常生理机能、调节酸碱平衡和促进血液凝固等方面起重要作用。缺钙时,鸡出现佝偻病和软骨病,生长停滞,产蛋率下降,产薄壳蛋或软壳蛋。不同种类的鸡对钙的需要量不同,一般生长鸡饲料中的需要量为0.8%~1%,成年鸡开产后对钙的需要量随产蛋率增加而增加,一般产蛋鸡饲料中钙的含量为3.0%~4.0%。

钙与饲料中能量浓度有一定关系,一般饲料中能量高时,含钙量也要适当增加,但也不是含钙量越多越好。钙如超过需要量,则影响鸡对镁、锰、锌等元素的吸收,对鸡的生长发育和生产不利。

钙在贝壳粉、石粉、骨粉、磷酸氢钙等矿物质饲料中含量丰富,而在一般谷物、糠麸中含量很少。因此,在配合饲料时,要注意添加含钙量多的矿物质饲料。

磷作为骨骼的组成元素,其含量仅次于钙,是构成蛋壳和蛋黄的原料。磷在碳水化合物与脂肪的代谢、钙的吸收利用以及酸碱平衡的维持中,也有重要作用。缺磷时,鸡食欲减退,出现异嗜癖,生长缓慢,严重时关节硬化,骨脆易折。蛋鸡产蛋率明显下降,甚至停产。

磷的主要来源是矿物质饲料、鱼粉、饼粕类和糠麸。饲料中全部的磷称为总磷,其中鸡可以吸收利用的称为有效磷。鱼粉等动物性饲料和骨粉等矿物质饲料中的磷,鸡容易吸收利用,可全部视为有效磷;植物性饲料中的磷,鸡只能利用其30%左右。因此,在配合饲料中,应以有效磷作为指标。配合饲料中的有效磷=动物磷+矿物磷+植物磷×30%。

在一般情况下,饲料中的有效磷的含量应为:雏鸡0.55%,青年鸡0.5%,产蛋鸡0.4%。

钙和磷两种元素有着密切的关系,饲料中一种元素的含量不足或过量都会影响另一种元素的吸收和利用。在一般情况下,钙、磷的正常比例应为1.2:1,范围不超过(1.1~1.5):1,产蛋鸡4:1

或更宽些。

另外,配合饲料中,还要注意维生素 D 对钙、磷吸收和利用的影响。如果饲料中维生素 D 含量充足,可以缓解钙、磷比例不当带来的危害;反之,若饲料中维生素 D 缺乏,即使饲料中钙、磷充足且比例适当,其吸收和利用还是要受到限制,鸡也会出现一系列缺钙、缺磷的症状。

(2)钠、氯。钠、氯是鸡的血液、体液的重要成分。它们在维持体内渗透压、调节酸碱平衡及保持机体组织水分方面起重要的作用,同时与心脏肌肉的活动调节、蛋白质的代谢也有密切的关系。饲料中缺乏这两种元素时,鸡食欲减退,生长迟缓,出现啄癖和异嗜癖,产蛋率下降。

在一般情况下,鸡饲料中钠的含量为 0.1%～0.2%,氯的含量为 0.1%～0.15%。饲料中一般钠和氯的含量很少,生产上常在饲料中添加食盐来补充,一般雏鸡的用量为 0.2%～0.3%,成年鸡 0.3%～0.5%。

(3)钾。鸡体内各组织细胞中均含有钾,它在维持细胞内液渗透压的稳定和调节酸碱平衡方面起重要作用。此外,钾还参与蛋白质和糖的代谢,并具有促进神经和肌肉兴奋性的作用。缺钾时,鸡食欲减退,精神委靡,甚至出现弛缓性瘫痪。

在一般情况下,饲料中钾的含量为 0.2%～0.4%。植物性饲料中含有丰富的钾,一般饲料中的含钾量可以满足鸡的需要,但饲料中有些拮抗物如镁、磷等可以影响钾的吸收利用,拮抗物含量过多,会导致钾缺乏。

(4)镁。镁在鸡体内含量较少,主要存在于骨骼中,余者分布于软组织和细胞外液中。它既具有抑制神经和肌肉兴奋性的作用,又是一些酶类的活化剂,与碳水化合物、脂肪、蛋白质和钙、磷代谢有着密切关系。缺乏时,鸡生长发育不良。但镁过多扰乱钙、磷平衡,导致下痢。

在一般情况下,鸡每千克饲料应含镁 $200 \sim 600$ mg。植物性饲料中镁的含量丰富,尤其是麦麸、棉子中含量更多,一般饲料中的含镁量可以满足鸡的需要。

(5)硫。鸡体内含硫量约为 0.15%,大部分的硫与含硫氨基酸——胱氨酸、蛋氨酸一起存在。同时,它也是硫胺素、生物素的组成成分。它以含硫氨基酸的形式参与羽毛、喙、爪等角质蛋白的合成,以硫胺素的形式参与碳水化合物的合成与代谢,它还作为粘多糖的成分参与胶原蛋白和结缔组织的代谢。

饲料中一般都含有丰富的硫,不需要另外补饲。但在鸡的换羽期间,补饲硫有利于换羽。

2. 微量元素

(1)铁。铁是构成血红蛋白、肌红蛋白、细胞色素和多种氧化酶的重要成分,与鸡体造血机能、羽毛色素的形成及生长发育有着密切关系。此外,在肝、脾、肾中也含有少量的铁,鸡体内含铁量约0.04%。如果鸡体内铁量不足,就会发生营养性贫血,引起消化不良,生长缓慢,产蛋率下降。

在一般情况下,每千克饲料应含铁:$0 \sim 14$ 周龄的雏鸡 80 mg,$5 \sim 20$ 周龄的青年鸡 40 mg,商品蛋鸡 50 mg,种母鸡 80 mg。

铁在血粉、鱼粉、骨粉中含量丰富,植物性饲料铁的含量与土壤有关,差别较大。一般来说,配合饲料的含铁量可以满足鸡的需要,但不是很可靠,应按鸡的实际需要量的 $1/3 \sim 1/2$ 添加硫酸亚铁,即每千克饲料添加纯铁 $27 \sim 40$ mg。若饲料中缺铜或维生素 B_6,可影响铁的吸收利用,易发生铁缺乏症。

(2)铜。铜在鸡体内的作用是很广泛的。虽然铜本身不是血红素的成分,但它能促进铁进入血液以合成血红素。铜是红细胞的组成成分,能促进红细胞的成熟。缺铜影响了铁的吸收,而红细胞的生成及成熟受到限制,结果导致贫血。铜是某些酶类的组成成分和活化剂,对维持血管弹性起重要作用,缺铜时易导致动脉血管破裂。铜还与神经机能、骨骼发育和羽毛色素有着密切有关系，缺铜时可导致佝偻病、心力衰竭、有色羽毛退色等。

鸡对铜的需要量很少，每千克饲料应含铜 4 mg 左右。铜在饲料中分布比较广泛，尤其是豆科牧草、大豆饼、禾本科子实及其副产品中含量丰富。因此，一般饲料中铜的含量能满足鸡的需要，不会发生铜缺乏问题。只是为保险起见，微量元素添加剂中应含有硫酸铜。另外，当饲料中锌、钼和无机硫酸盐过多时，会影响铜的吸收，可导致出现缺铜症。

(3)钴。钴是维生素 B_{12} 的组成成分，在蛋白质代谢中起重要作用，是鸡生长发育和维持健康不可缺少的。饲料中缺钴会影响鸡消化道内微生物对维生素 B_{12} 的合成，引起贫血症。大多数饲料中均含微量的钴，一般可以满足鸡的需要。当饲料中含有足够的维生素 B_{12} 时可不需要在饲料中再添加钴。若饲料中维生素 B_{12} 含量不足，添加钴是有益的。

(4)碘。碘是构成甲状腺的重要成分，参与体内各种营养物质的代谢过程，对能量代谢、生长发育和繁殖等多种生理功能具有促进作用。缺碘时鸡易患甲状腺肿大病，雏鸡和青年鸡生长缓慢，羽毛不丰满，成年鸡产蛋量减少，种蛋孵化率低。

在正常情况下，每千克鸡饲料应含碘 0.35 mg。海鱼粉和海产贝壳中含有丰富的碘，但为可靠地满足鸡对碘的需要，每千克饲料中添加碘化钾 0.46 mg。

在饲料中添加较多的碘化钾或喂给大量的海藻，能使母鸡产出含碘量很高的鸡蛋，即所谓的"碘蛋"，在内陆缺碘地区是一种有益的保健食品，但每千克饲料中含碘量超过 300 mg，会使鸡群产蛋减少甚至停产，种蛋的孵化率也显著降低。

(5)锰。锰在鸡体内主要存在于血液和肝脏中，其他器官及皮肤、肌肉、骨骼中含量极少。锰是精氨酸酶的成分，又是肠肽酶、羧化酶、ATP 酶等的激活剂，参与碳水化合物、蛋白质和脂肪的代谢。此外,锰也是鸡体骨骼发育所必需的。缺锰时,雏鸡患"滑腱症",即腿骨稍粗短,胫骨与跖骨接头处肿胀,使腓肠肌肌腱从踝状突滑出,病雏不能站立;成年鸡产蛋量减少,蛋壳变薄,种蛋孵化率也显著降低。

在正常情况下,每千克饲料应含锰 55 mg。鸡的常用饲料如谷物、饼粕、糠麸、鱼粉等,由于产地不同,含锰量差别很大。总的来说,配合饲料中锰的含量不能满足鸡的需要,通常在每千克饲料中含 242 mg 硫酸锰即可满足鸡的需要,饲料中所有的锰作为安全用量。

鸡对过量的锰有较强的耐受性,据试验,成年鸡饲料中含 0.1% 的纯锰,比需要量高出近 20 倍,短时期无明显中毒现象。因此,鸡很少发生锰中毒,不过饲料中含锰过多对维生素 A 有一定的破坏作用。

(6)锌。锌是机体内多种酶类、激素和胰岛素的组成成分,参与碳水化合物、蛋白质和脂肪的代谢,与羽毛的生长、皮肤健康密切相关。缺锌时,生长鸡生长发育缓慢,羽毛生长不良,诱发皮炎;成年鸡产蛋量减少,蛋壳变薄,种蛋孵化率降低,胚胎出现畸形。

在正常情况下,鸡每千克饲料应含锌 35~65 mg。在鱼粉、肉骨粉和糠麸中锌较多,但植物性饲料含锌量与土壤有关,差别比较大。虽然一般配合饲料的含锌量能满足鸡的需要,但不是很可靠,需要添加适量的锌制剂。如果饲料本身含锌不足,微量元素添加剂质量又差,或饲料中含钙过多(超过正常指标),或喂给生黄豆粉,影响锌的吸收利用,则易造成锌缺乏症。

饲料中含锌过多会影响铁和铜的吸收利用,如每千克饲料含锌超过 800 mg 时,即超过需要量的 10 倍以上,则引起中毒反应,表现为厌食,生长受到抑制。

(7)硒。硒是谷胱甘肽过氧化酶的组成成分,与维生素 E 协同阻止体内某些代谢产物对细胞膜的氧化,保护细胞膜不受损害。

在这一点上,硒与维生素 E 如果一方缺乏,另一方充足,引起的症状就比较轻,双方都缺乏则症状加重,所以两者有一定的互补作用。但维生素 E 在生殖机能方面的功能,硒是不能补偿的。鸡缺硒时,出现渗出性素质病,表现为皮肤呈淡绿色至淡蓝色,皮下水肿、出血,肌肉萎缩,产蛋率、孵化率、雏鸡成活率下降。

在一般情况下,每千克饲料应含硒 0.1~0.3 mg。植物性饲料的含硒量与土壤有很大关系,我国大部分地区(尤其是在东北一些山区)土壤含硒较少,因此大部分配合饲料含硒量不足。所以,每千克饲料中应添加亚硒酸钠 0.22 mg,以满足鸡的需要。

如果饲料本身含硒不足,微量元素添加剂不含硒或含硒量未达到标准,可引起硒缺乏症,伴有维生素 E 缺乏的更易发病。

过量的硒会引起毒性反应。生长鸡饲料中含硒量超过 5 mg/kg,生长鸡生长受阻,羽毛蓬乱,神经过敏,性成熟延迟。种鸡饲料中含硒量超过 5 mg/kg 时,种蛋孵化率降到零。

七、能量

饲料中的有机物——蛋白质、脂肪和碳水化合物都含有能量。营养学中所采用的能量单位是热化学上的焦耳,过去曾经用大卡(千卡),为了和国际接轨,现在采用焦耳。能量单位的一些换算关系如下:

1 kcal = 1 000 cal

1 Mcal = 1 000 kcal

1 cal = 4.184 J

1 kJ = 1 000 J

1 MJ = 1 000 kJ

鸡的一切生理活动,如呼吸、循环、吸收、排泄、繁殖和体温调节等都需要能量,而能量来源主要是饲料中的碳水化合物、脂肪、蛋白质等营养物质。其中,脂肪的能值为 39.7 MJ/kg,蛋白质的能值为 23.7 MJ/kg,碳水化合物的能值为 17.4 MJ/kg。饲料中各营养物质的热能总值称为饲料总能,饲料中的营养物质在鸡的消化道内不能完全被消化的物质随粪便排出,粪中也含有能量,饲料总能减去粪能为消化能。

鸡是恒温动物,有维持体温恒定的能力。当外界温度低时,机体代谢加速,产热量增加,以维持正常体温,维持能量消耗也就增多。因此,冬季日粮中能量水平应适当提高。

鸡还有自身调节采食量的本能,饲料能量水平低时就多采食,使一部分蛋白质转化为能量,造成蛋白质的浪费;饲料能量过高,则相对减少采食量,影响了蛋白质和其他营养物质的摄取量,从而造成体内能量相对剩余,使鸡体过肥,对鸡产蛋不利。因此,在配合饲料时必须首先确定适宜的能量标准,然后在此基础上确定其他营养物质的需要量。在我国的饲养标准,为了平衡饲料的能量和蛋白质,用蛋白能量比来确定蛋白质与能量的比例关系。

第二节 蛋鸡的常用饲料

凡是含有鸡所需要的营养成分而不含有害成分的物质均称为饲料。鸡的常用饲料有数十种,各具特点,按其营养成分大致可分为能量饲料、蛋白质饲料、青饲料、粗饲料、矿物质饲料和饲料添加剂。

一、能量饲料

饲料中的有机物都含有能量,而这里所谓能量饲料是指那些富含碳水化合物和脂肪的饲料,其干物质中粗纤维含量在 18% 以下,粗蛋白含量在 20% 以下。这类饲料的消化率高,每千克饲料干物质代谢能为 7.14~14.7 MJ,粗蛋白含量少,仅为 7.8%~13%,特别是缺乏赖氨酸和蛋氨酸,含钙量少、磷多。因此,这类饲料必须和蛋白质饲料等其他饲料配合使用。

1.玉米 玉米含能量高、纤维少,适口性好,消化率高,是养鸡生产中用得最多的一种饲料,素有饲料之王的称号。中等质地的玉米含代谢能 13.2～14.7 MJ/kg,而黄玉米中含有较多的胡萝卜素,用黄玉米喂鸡可提供一定数量的维生素 A,可促进鸡的生长发育、产蛋及卵黄着色。玉米的缺点是蛋白质含量低、质量较差,缺乏赖氨酸、蛋氨酸和色氨酸,钙、磷含量也较低。在鸡的饲粮中,玉米可占 50%～70%。

2.高粱 高粱中含能量与玉米相近,但含有较多的单宁(鞣酸),味道发涩,适口性差,饲喂过量还会引起便秘。一般在饲料中用量不超过 10%～15%。

3.粟 俗称谷子,去壳后称小米。小米能量含量与玉米相近,粗蛋白质含量高于玉米 10%左右,核黄素含量高,而且适口性好,一般在饲料中可占 15%～20%。

4.碎米 是加工大米筛下的碎粒。能量、粗蛋白质、蛋氨酸、赖氨酸等含量与玉米相近,而且适口性好,是鸡良好的能量饲料,一般在饲料中可占 30%～50%或更多一些。

5.小麦 小麦能量含量与玉米相近,粗蛋白质含量高,氨基酸比其他谷实类完全,B 族维生素丰富。其缺点是适口性稍差些,而且含维生素 A 较少,用量超过 20%以后,不利于卵黄着色。

6.大麦、燕麦 大麦、燕麦能量含量比小麦低,但 B 族维生素含量丰富。少量应用可增加饲料的种类,调剂营养物质的平衡。但其皮壳粗硬,不易消化,应破碎或发芽后使用(大麦发芽可提高消化率,增加核黄素)。在产蛋鸡饲料中含量不宜超过 15%,雏鸡应控制在全饲料量的 5%以下。

7.小麦麸 小麦麸粗蛋白质含量较高,可达 13%～18%,B 族维生素含量也较丰富,质地松软,适口性好,有轻泻作用,适合喂育成鸡和蛋鸡。缺点是粗纤维含量较高,能量含量相对较低,钙、磷含量比例不平衡,喂鸡不宜用量过多。一般可占雏鸡和成鸡饲料的5%～15%,育成鸡饲料的10%～20%。

8.米糠　米糠是稻谷加工的副产物,其成分随加工大米精白的程度而有显著差异。米糠能量含量低,粗蛋白质含量高,富含B族维生素,含磷、镁和锰多,含钙少,粗纤维含量高。由于米糠含油脂较多,故不宜久存。一般在饲料中米糠用量可占5%～10%。

9.油脂饲料　油脂能量高,产热量为碳水化合物或蛋白质的2.25倍。油脂可分为植物油和动物油两类,植物油吸收率高于动物油。为提高饲料的能量水平,可添加一定量的油脂。据试验,在产蛋鸡饲料中添加1%～3%的油脂,对提高鸡群产蛋率和饲料转化率都有较好的效果。

10.糟渣类饲料　主要包括粉渣、糖渣、玉米淀粉渣、酒糟、醋糟、豆腐渣、酱油渣等。这些糟渣类经风干和适当加工也可作为养鸡的饲料,如豆腐渣、玉米淀粉渣、粉渣中含B族维生素较多,还含有未知促生长因子。试验证明,用以上糟渣类饲料加入鸡饲料中,不仅可以代替部分能量和蛋白质饲料,而且可以促进鸡的生长和健康,喂量可占饲料的5%～10%。

二、蛋白质饲料

蛋白质饲料一般指饲料干物质中粗蛋白质含量在20%以上,粗纤维含量在18%以下的饲料。蛋白质饲料主要包括植物性蛋白质饲料和动物性蛋白质饲料及酵母。

(一)植物性蛋白质饲料　主要有豆饼(粕)、花生仁饼、葵花子饼、芝麻饼、菜子饼、棉子饼等。

1.豆饼(粕)　大豆因榨油方法不同,其副产品可分为豆饼和豆粕两种类型。用压榨法加工的副产品叫豆饼,用浸提法加工的副产品叫豆粕。豆饼(粕)中含粗蛋白质40%～45%,含代谢能10.08～10.92 MJ/kg,矿物质、维生素的营养水平与谷实类大致相似,且适口性好,经加热处理的豆饼(粕)是鸡最好的植物性蛋白质饲料,一般在饲料中可占 10%～30%。虽然豆饼中赖氨酸含量比较高,但缺乏蛋氨酸,故与其他饼粕类或鱼粉配合作用,或在以豆饼为主要蛋白质饲料的无鱼粉饲料中加入一定量的合成氨基酸,饲养效果更好。

在大豆中含有抗胰蛋白酶因子、红细胞凝集素和皂角素,前者阻碍蛋白质的消化吸收,后两者是有害物质。大豆榨油前,其豆胚经 130～150 ℃蒸汽加热,可将有害酶类破坏,除去毒性。用生豆饼(用生榨压成的豆饼)喂鸡是十分有害的,生产中应避免。

2. 花生仁饼 花生仁饼和生大豆一样,含有抗胰蛋白酶因子,不宜生喂。用浸提法制成的花生饼(生花生饼)应进行加热处理。此外,花生饼脂肪含量高,不耐贮存,易染上黄曲霉菌而产生黄曲霉毒素,这种毒素对鸡危害严重。所以,生长黄曲霉的花生饼不能喂鸡。

3. 葵花子饼(粕) 葵花子饼的营养价值随粗蛋白质含量多少而定。优质的脱壳葵花子饼粗蛋白质含量可达 40%以上,蛋氨酸含量比豆饼多 2 倍,粗纤维含量在 10%以下,粗脂肪含量在 5%以下,钙、磷含量比同类饲料高,B 族维生素含量也比豆饼丰富,且容易消化。但目前完全脱壳的葵花子饼很少,绝大部分含一定量的壳,从而使粗纤维含量较高,消化率降低。目前常见的葵花子饼的干物质中粗蛋白平均含量为 22%,粗纤维含量为 18.6%;葵花子粕含粗蛋白质 24.5%,含粗纤维 19.9%,按国际饲料分类原则应属于粗饲料。因此,含壳较多的葵花子饼(粕)在饲粮中用量不宜过多,一般占 5%～15%。

4. 芝麻饼 芝麻饼是芝麻榨油后的副产品,含粗蛋白质 40%左右,蛋氨酸含量高,适当与豆饼搭配喂鸡,能提高蛋白质的利用率。一般在饲料中用量可占 5%～10%。由于芝麻饼含脂肪多而不宜久贮,最好现加工现喂。

5. 菜子饼 菜子饼粗蛋白质含量约 38%,营养成分含量也比较全面,与其他油饼类饲料相比突出的优点是:含有较多的钙、磷和一定量的硒,B族维生素(尤其是核黄素)的含量比豆饼含量丰富,但其蛋白质生物学价值不如豆饼,尤其含有芥子毒素,有辣味,适口性差,生产中须加热处理去毒才能作为鸡的饲料,一般在饲料中占5%左右。

6. **棉子饼** 机榨脱壳棉子饼含粗蛋白质含量在33%左右,其蛋白质品质不如豆饼和花生饼,粗纤维含量为18%左右,且含有棉酚。喂量过多不仅影响蛋的品质,而且还降低种蛋受精率和孵化率。一般说来,棉子饼不宜单独作为鸡的饲料,经去毒后(加入0.5%～1%的硫酸亚铁),添加氨基酸或豆饼、花生饼使用效果好,但在饲料中用量不宜过多,一般不超过4%。

7. **亚麻仁饼** 亚麻仁饼含粗蛋白质37%以上,钙含量高,适口性好,易于消化,但含有亚麻毒素(氢氰酸),所以使用时须进行脱毒处理(用凉水浸泡后高温蒸煮1～2 h),且用量不宜过大,一般在饲料中不超过5%。

(二)动物性蛋白质饲料 主要有鱼粉、肉骨粉、血粉、蚕蛹粉、羽毛粉等。

1. **鱼粉** 鱼粉中不仅蛋白质含量高(45%～65%),而且氨基酸含量丰富而完善,其蛋白质生物学价值居动物性蛋白质饲料之首。鱼粉中维生素A、维生素D、维生素E及B族维生素含量丰富,矿物质也较全面,不仅钙、磷含量高,而且比例适当,铁、锌、碘、硒的含量也是其他饲料原料所不及的。进口鱼粉的粗蛋白质含量在60%以上,含盐量少,一般可占饲粮的5%～15%;国产鱼粉含粗蛋白质35%～55%,盐含量高,一般可占饲料的5%～7%,否则易造成食盐中毒。

2. **肉骨粉** 肉骨粉是由肉联厂的下脚料(如内脏、骨骼等)及病畜体的废弃肉经高温处理而制成的,其营养物质含量随原料中骨、肉、血、内脏比例不同而异,一般蛋白质含量为40%～65%,脂肪含量为 8%～15%。使用时,最好与植物性蛋白质饲料配合,用量可占饲料的 5%左右。

3. 血粉 血粉中粗蛋白质含量高达 80%左右,富含赖氨酸,但蛋氨酸和胱氨酸含量较少,消化率比较低,生产中最好与其他动物性蛋白质饲料配合使用,用量不宜超过饲料的 3%。

4. 蚕蛹粉 蚕蛹粉含粗蛋白质 50%～60%,各种氨基酸比较全面,特别是赖氨酸、蛋氨酸含量较高,是鸡良好的动物性蛋白质饲料。由于蚕蛹中含脂量高,储藏不好极易腐败变质发臭,而且还容易把臭味转移到鸡蛋中,因而蚕蛹粉要注意储藏,使用时最好与其他动物性蛋白质饲料配合使用,可占饲料的 5%左右。

5. 羽毛粉 水解羽毛粉含粗蛋白质近 80%,但蛋氨酸、赖氨酸、色氨酸和组氨酸含量低,而且消化率比较低,使用时要注意氨基酸平衡问题,应与其他动物性饲料配合使用,一般在饲料中可占 2%～3%。

(三)酵母 目前,我国饲料生产中使用的有饲料酵母和石油酵母。

1. 饲料酵母 生产中常用啤酒酵母制作饲料酵母。这类饲料含粗蛋白质较多,消化率高,且富含必需氨基酸和 B 族维生素。利用饲料酵母配合饲料,可补充饲料中蛋白质和维生素营养,可占饲料的 5%～10%。

2. 石油酵母 石油酵母是利用石油副产品生产的单细胞蛋白质饲料,其营养成分与用量和饲料酵母相似。

三、矿物质饲料

矿物质饲料是为了补充植物性饲料和动物性饲料中某些矿物质元素的不足而利用的一类饲料。矿物质在大部分饲料中都有一定含量,在散养和低产的情况下,看不出明显的矿物质缺乏症,但在笼养、舍养的情况下需要量增多,易出现缺乏,必须在饲料中补加。

1.食盐　在大多数植物性饲料中缺乏元素钠和氯,饲料中添加食盐后,既可补充钠、氯元素不足,保证体内正常新陈代谢,又可以增进鸡的食欲,一般在饲料中添加量为0.3%～0.5%。若鸡群发生啄癖,在3～5天饲料中食盐用量可增至0.5%～1%。若饲料中含有咸鱼粉,则应根据鱼粉的含盐量减少食盐的添加量,以免发生食盐中毒。

2.骨粉　骨粉是动物骨骼经过高温、高压、脱脂、脱胶、粉碎而制成的。它不仅钙、磷含量丰富,而且比例适当,是鸡很好的钙、磷补充饲料。骨粉的价格较其他钙磷饲料价格高,生产中添加的目的是补充磷的不足。如果使用其他钙磷饲料,要注意配合饲料中的磷的含量是否充足。

3.磷酸氢钙　磷酸氢钙中含钙20%以上,含磷15%以上,生产中使用脱氟的磷酸氢钙主要是补充饲粮中磷的不足,一般在饲料中用量为0.5%～2%。

4.贝壳粉　贝壳粉是由螺蚌的外壳加工粉碎而成的,含钙量在30%以上,且容易被消化吸收,是鸡比较好的含钙矿物质饲料。贝壳粉在饲料中用量,雏鸡和育成鸡占1%～2%,产蛋鸡占4%～8%。

贝壳作为矿物质饲料既可加工成粒状,也可制成粉状。粒状贝壳粉既能补充钙,又能起到"牙齿"的作用,有利于饲料的消化,平养时可单独放在饲槽中让鸡自由采食;粉状贝壳容易消化吸收,通常拌在饲料中喂给。

5.石粉　即石灰石粉,为天然的碳酸钙,一般含钙35%以上,是补充钙质最廉价、最简便的矿物质饲料。只要石灰石中的铅、汞、砷、氟的含量不超标,都可制成石粉用做补充钙质的矿物质饲料。由于鸡对石粉消化吸收能力差,因而最好与贝壳粉配合使用。石粉在饲料中用量,雏鸡、育成鸡占1%左右,产蛋鸡占2%～6%。使用石粉时特别要注意氟的含量,因氟会使体内的钙与之结合成不能被利用的氟化钙,出现缺钙症状。

6.沸石 沸石是一种含水的硅酸盐矿物,在自然界中多达40多种。沸石中含有磷、铁、铜、钠、钾、镁、锶、钡等20多种矿物质元素,是一种优质价廉的矿物质饲料,一般在饲料中可占1%～3%。在饲料中添加沸石可以促进鸡的消化,补充多种矿物质元素。

7.沙砾 沙砾有利于肌胃中饲料的研磨,起到"牙齿"的作用,尤其是笼养鸡和舍饲鸡更要注意补给,不喂沙砾时,鸡对饲料的消化能力大大降低。据研究,鸡吃不到沙砾,饲料的消化率要降低20%～30%。因此,养鸡要经常补给沙砾。平养时,可将沙砾单独放在沙盘中让鸡自由采食;笼养时,可在饲料中添加1%～2%的沙砾。

四、饲料添加剂

为了满足鸡的营养需要,保证饲料的全价性,需要在饲料中添加原来含量不足或不含有的营养物质和非营养性物质,以提高饲料利用率,促进鸡生长发育,防治某些疾病,减少饲料储藏期间的营养物质的损失,改进产品品质等,这类物质称为饲料添加剂。

(一)营养性添加剂 主要用于平衡或强化饲料营养,包括氨基酸添加剂、维生素添加剂和微量元素添加剂。

1.氨基酸添加剂 目前使用较多的主要是人工合成的蛋氨酸和赖氨酸。在鸡的饲料中,蛋氨酸是第一限制性氨基酸,它在一般的植物性饲料中含量很少,不能满足鸡的营养需要。若配合饲料中不使用鱼粉等动物性饲料,必须要添加蛋氨酸,通常0.1%～0.5%。据试验,在一般饲料中添加0.1%的蛋氨酸,可提高蛋白质的利用率2%～3%,在用植物性饲料配成的无鱼粉饲料中添加蛋氨酸,其饲养效果同样可以接近或达到有鱼粉饲料的生产水平。

赖氨酸也是限制性氨基酸,它在动物性饲料和豆科饲料中含量较多,而在谷类饲料中含量较少。在粗蛋白质水平较低的饲料中添加赖氨酸,可提高饲料中蛋白质的利用率。据试验,在一般饲料中添加赖氨酸后,可减少饲料中粗蛋白质用量的3%～4%,一般赖氨酸在饲料中的添加量为0.1%~0.3%。

2.维生素添加剂　这类添加剂有单一的制剂,如维生素B_1、维生素B_2、维生素E等,也有复合维生素制剂。市场上有各种各样的维生素制剂,可根据实际情况选用。对于笼养鸡,饲喂青绿饲料不太方便,配合饲料中要注意添加各种维生素制剂。添加时按说明添加,饲料中原有的不予考虑,作为冗余量处理。鸡处于应激状态下,如高温、运输、注射疫苗、断喙时,要加大维生素制剂的添加量,可以使用多维电解质等维生素制剂。

3.微量元素添加剂　目前,市场上的产品大多是复合微量元素,对于笼养鸡来说,配料时必须添加。另外,根据当地的原料含微量元素的特点,适当添加容易缺乏的元素。

(二)非营养性添加剂　这类添加剂虽不含有鸡所需要的营养物质,但添加后对促进鸡的生长发育,提高产蛋率,增强抗病能力,饲料贮藏等大有益处,包括抗生素添加剂、驱虫保健添加剂、抗氧化剂、防霉剂、中草药添加剂及酶类制剂等。

1.抗生素添加剂　抗生素具有抑菌作用,一些抗生素作为添加剂(表2-1)加入饲料后,可抑制肠道内有害菌的活动,具有抑制多种呼吸、消化系统疾病,提高饲料利用率,促进增重和产蛋的作用,鸡处于应激状态下效果更为明显。

表2-1　鸡饲料中抗生素添加剂的使用及作用

抗生素	用量(g/t)	作　　用
土霉素	25~100	促进生长,提高产蛋率和饲料利用率,防治慢性呼吸道病、霍乱、鸡白痢
金霉素	10~500	促进生长,提高饲料利用率
新霉素	70~140	促进生长,提高饲料利用率,防治细菌性肠炎
红霉素	4.5~18.5	促进生长,提高产蛋率和饲料利用率
林可霉素	2~4	促进生长,提高饲料利用率
泰乐菌素	40~500	促进生长,提高产蛋率和饲料利用率,防治慢性呼吸病、非特异性肺炎

2.驱虫保健添加剂 在鸡的寄生虫病中,球虫病发病率高,危害大,要特别注意预防。常用的抗球虫药有氨丙啉、盐霉素、莫能霉素、地克珠利等,使用时应交替使用,以免产生抗药性。

3.抗氧化剂 在饲料储藏过程中,加入抗氧化剂可以减少维生素、脂肪等营养物质的氧化损失,如每吨饲料中添加 200 g 山道喹,储藏 1 年后,胡萝卜素损失 30%,而未添加抗氧化剂的损失 70%。富含脂肪的鱼粉中添加抗氧化剂,可维持原来粗蛋白质的消化率,使各种氨基酸消化吸收及利用率不受影响,常用的抗氧化剂有山道喹、乙基化羟基甲苯、丁基化羟基甲苯等,一般添加量为 $100 \sim 500$ mg/kg。

4.防霉剂 在饲料储藏过程中,为防止饲料发霉,保持良好的适口性和营养价值,可在饲料中添加防霉剂。常用的防霉剂有丙酸钠、丙酸钙、脱氢醋酸钠等,添加量为:丙酸钠每吨饲料添加 1 kg,丙酸钙每吨饲料添加 2 kg,脱氢醋酸钠每吨饲料添加 $200 \sim 500$ g。

5.蛋黄增色剂 饲料添加蛋黄增色剂后,能够将蛋黄的颜色由浅黄变为深黄色。常用蛋黄增色剂有叶黄素、露康定、红辣椒粉等。如在每 100 kg 饲料中加入红辣椒粉 $200 \sim 300$ g,连用 15 天,可保持 2 个月内蛋黄深黄色,同时还可促进鸡的食欲,提高产蛋率。

6.酶制剂 使用酶制剂可以提高常规饲料的转化率,而且能够提高糠麸、糟渣类、薯类等非粮食原料的可利用性。由于糠麸,糟渣类,薯类,棉、菜子粕类等饲料中粗纤维含量高及抗营养因子的存在,限制了它们在饲料工业中的应用。利用酶制剂,可以降低或消除这些不利因素,降低饲料的成本,提高经济效益。如植酸酶能够催化植酸水解,使植物中原本不能吸收的以植酸磷形式储存的磷能够被鸡体吸收利用,提高饲料的可利用养分的用量。由于在饲料中的植酸酶添加很少的剂量就可替换出很多的磷,为饲料配方节省出了宝贵的空间,使成本进一步下降。

(三)注意事项

1.正确选择　目前饲料添加剂的种类很多,每种添加剂都有自己的用途和特点。因此,使用前应充分了解它们的性能,然后结合饲养目的、饲养条件、鸡的品种及健康状况等,选择使用。

2.用量适当　用量少,达不到目的;用量过多,既增加饲养成本,还会引起中毒。用量多少应严格遵照生产厂家的使用说明。

3.搅拌均匀程度与效果直接相关　饲料中混合添加剂时,必须搅拌均匀,否则即使是按规定的量饲用,也往往起不到作用,甚至会出现中毒现象。若采用手工拌料,可采用三层次分级拌和法。具体做法是先确定用量,将所需添加剂加入少量的饲料中,拌和均匀,即为第一层次预混料;然后再把第一层预混料掺到一定量的(饲料总量的1/5～1/3)饲料上,再充分搅拌均匀,即为第二层次预混料;最后再次把二层次预混料掺到剩余的饲料上,拌匀即可。由于添加剂的用量很少,只有采用多层次分级搅拌才能混均。

4.混于干粉料中　饲料添加剂只能混于干饲料(粉料)中,短时间储存待用才能发挥它的作用。不能混于加水的饲料和发酵的饲料中,更不能与饲料煮沸使用。

5.贮存时间不宜过长　大部分添加剂不宜久放,特别是营养性添加剂,久放后容易受潮发霉变质或发生氧化还原反应而失去作用,如维生素添加剂等。

6.配伍禁忌　在同时使用两种以上的添加剂时,应考虑有无拮抗、抑制作用,是否会产生化学反应。主要注意以下几方面:药物添加剂的配伍禁忌,矿物质元素间相互作用,维生素与矿物质元素间的影响,维生素间相互影响。

7.在使用时需要特别注意的几种添加剂

(1)泛酸钙。因为泛酸钙在酸性条件下容易失效,因此不能与烟酸同时添加。另外,泛酸钙吸湿性极强,因此必须先制成单项预混料,并在其中添加适量的碳酸钠保持碱性。添加适量的氯化钙,可以防止吸湿,保持良好的流动性。

(2)氯化胆碱。具有强烈的吸湿性,碱性极强。较强的碱性可破坏水溶性维生素如维生素 C、维生素 B_1、维生素 B_2、泛酸、维生素 PP 及脂溶性维生素 K 等。另外,氯化胆碱与蛋氨酸有协同作用,蛋氨酸能提供甲基在体内合成胆碱。生产中常把氯化胆碱制成单独的制剂,在配制饲料时才分别加入氯化胆碱和其他添加剂。

(3)维生素 C。维生素 C 具有很强的还原性,其水溶液呈酸性,可使维生素 B_{12} 破坏失效,所以两者不可以混在一起制成添加剂。维生素 C 与维生素 A 有拮抗作用,与维生素 B_1、维生素 D 有协同作用。

(4)维生素 E。能防止维生素 A 的氧化。

(5)维生素 B_1。与维生素 C 有协同性,与维生素 B_2、维生素 A、维生素 D 有拮抗作用。维生素 B_1 缺乏时,可因维生素 A 过剩而使症状恶化。

(6)维生素 B_{12}。能激活叶酸的生物学活性,鸡缺乏叶酸时可应用维生素 B_{12} 辅助治疗;与维生素 C 合用,促进鸡生长发育的效果显著。此外,泛酸能增强维生素 B_{12} 的效应。

第三节 各种饲料原料的营养价值

各种饲料原料的特点及常规成分可查阅表 2-2,各种饲料原料的有效能及矿物质含量可查阅表 2-3,各种饲料原料的氨基酸含量见表 2-4。

可参阅以下 3 个表进行合理的饲料原料选择,保证饲料营养的全面、均衡。

表 2-2 常见饲料原料描述及常规成分（%）

原料	饲料描述	干物质	粗蛋白质	粗脂肪	粗纤维	无氮浸出物	粗灰分	钙	总磷	非植酸态磷
玉米	NY/T 1级,成熟,高蛋白质	86.0	9.4	3.1	1.2	71.1	1.2	0.02	0.27	0.12
玉米	NY/T 2级,成熟	86.0	8.7	3.6	1.6	70.7	1.4	0.02	0.27	0.12
玉米	NY/T 3级,成熟	86.0	7.8	3.5	1.6	71.8	1.3	0.02	0.27	0.12
高粱	NY/T 1级,成熟	86.0	9.0	3.4	1.4	70.4	1.8	0.13	0.36	0.17
小麦	NY/T 2级,混合小麦,成熟	87.0	13.9	1.7	1.9	67.6	1.9	0.17	0.41	0.13
大麦(裸)	NY/T 2级,裸大麦,成熟	87.0	13.0	2.1	2.0	67.7	2.2	0.04	0.39	0.21
大麦(皮)	NY/T 1级,皮大麦,成熟	87.0	11.0	2.7	4.8	67.1	2.4	0.09	0.33	0.17
黑麦	子粒,进口	88.0	11.0	1.5	2.2	71.5	1.8	0.05	0.30	0.11
稻谷	NY/T 2级,成熟	86.0	7.8	1.6	8.2	63.8	4.6	0.03	0.36	0.20
糙米	良,子粒,成熟,未去米糠	87.0	8.8	2.0	0.7	74.2	1.3	0.03	0.35	0.15
碎米	良,加工精米后的副产品	88.0	10.4	2.2	1.1	72.7	1.6	0.06	0.35	0.15
粟(谷子)	合格,带壳,成熟	86.5	9.7	2.3	6.8	65.0	2.7	0.12	0.30	0.11
木薯干	NY/T合格,木薯干片,晒干	87.0	2.5	0.7	2.5	79.4	1.9	0.27	0.09	—
甘薯干	NY/T合格,甘薯干片,晒干	87.0	4.0	0.8	2.8	76.4	3.0	0.19	0.02	—
次粉	NY/T 1级,黑面,黄粉,次面	88.0	15.4	2.2	1.5	67.1	1.5	0.08	0.48	0.14
次粉	NY/T 2级,黑面,黄粉,次面	87.0	13.6	2.1	2.8	66.7	1.8	0.08	0.48	0.14
小麦麸	NY/T级,传统制粉工艺	87.0	15.7	3.9	8.9	53.6	4.9	0.11	0.92	0.24
米糠	NY/T 2级,新鲜,不脱脂	87.0	12.8	16.5	5.7	44.5	7.5	0.07	1.43	0.10

续表 2-2

原料	饲料描述	干物质	粗蛋白质	粗脂肪	粗纤维	无氮浸出物	粗灰分	钙	总磷	非植酸态磷
米糠饼	NY/T 1级,机榨	88.0	14.7	9.0	7.4	48.2	8.7	0.14	1.69	0.22
米糠粕	NY/T 1级,浸提或预压浸提	87.0	15.1	2.0	7.5	53.6	8.8	0.15	1.82	0.24
大豆	NY/T 2级,熟化	87.0	35.5	17.3	4.3	25.7	4.2	0.27	0.48	0.30
大豆饼	NY/T 2级,机榨	87.0	40.9	5.7	4.7	30.0	5.7	0.30	0.49	0.24
大豆粕	NY/T 1级,浸提或预压浸提	87.0	46.8	1.0	3.9	30.5	4.8	0.31	0.61	0.17
大豆粕	NY/T 2级,浸提或预压浸提	87.0	43.0	1.9	5.1	31.0	6.0	0.32	0.61	0.17
棉子饼	NY/T 2级,机榨	88.0	36.3	7.4	12.5	26.1	5.7	0.21	0.83	0.28
棉子粕	NY/T 2级,浸提或预压浸提	88.0	42.5	0.7	10.1	28.2	6.5	0.24	0.97	0.33
菜子饼	NY/T 2级,机榨	88.0	35.7	7.4	11.4	26.3	7.2	0.59	0.96	0.33
菜子粕	NY/T 2级,浸提或预压浸提	88.0	38.6	1.4	11.8	28.9	7.3	0.65	1.02	0.35
花生仁饼	NY/T 2级,机榨	88.0	44.7	7.2	5.9	25.1	5.1	0.25	0.53	0.31
花生仁粕	NY/T 2级,浸提或预压浸提	88.0	47.8	1.4	6.2	27.2	5.4	0.27	0.56	0.33
向日葵仁饼	NY/T 3级,壳仁比35:65	88.0	29.0	2.9	20.4	31.0	4.7	0.24	0.87	0.13
向日葵仁粕	NY/T 2级,壳仁比16:84	88.0	36.5	1.0	10.5	34.4	5.6	0.27	1.13	0.17
向日葵仁粕	NY/T 2级,壳仁比24:76	88.0	33.6	1.0	14.8	33.3	5.3	0.26	1.03	0.16
亚麻仁饼	NY/T 2级,机榨	88.0	32.2	7.8	7.8	34.0	6.2	0.39	0.88	0.38
亚麻仁粕	NY/T 2级,浸提或预压浸提	88.0	34.8	1.8	8.2	36.6	6.6	0.42	0.95	0.42
芝麻饼	机榨,CP40%	92.0	39.2	10.3	7.2	24.9	10.4	2.20	1.19	—

续表 2-2

原料	饲料描述	干物质	粗蛋白质	粗脂肪	粗纤维	无氮浸出物	粗灰分	钙	总磷	非植酸态磷
玉米蛋白粉(CP60%)	玉米去胚芽淀粉后的面筋部分	90.1	63.5	5.4	1.0	19.2	1.0	0.07	44.00	0.17
玉米蛋白粉(CP50%)	玉米去胚芽淀粉后的面筋部分，中等蛋白产品	91.2	51.3	7.8	2.1	28.0	2.0	0.06	0.42	0.16
玉米蛋白粉(CP40%)	玉米去胚芽淀粉后的面筋部分，中等蛋白产品	89.9	44.3	6.0	1.6	37.1	0.9	—	—	—
玉米蛋白饲料	玉米去胚芽淀粉去皮的含皮残渣	88.0	19.3	7.5	7.8	48.0	5.4	0.15	0.70	—
玉米胚芽饼	玉米湿磨后的胚芽，机榨	90.0	16.7	9.6	6.3	50.8	6.6	0.04	1.45	—
玉米胚芽粕	玉米湿磨后的胚芽，浸提	90.0	20.8	2.0	6.5	54.8	5.9	0.06	1.23	—
玉米DDGS	玉米酒糟精及可溶性物，脱水	90.0	28.3	13.7	7.1	36.8	4.1	0.20	0.74	0.74
蚕豆去皮粉浆蛋白粉	蚕豆去皮制粉丝后的浆液，脱水	88.0	66.3	4.7	0.4	10.3	2.6	—	0.59	—
麦芽根	大麦芽副产品，干燥	89.7	28.3	1.4	12.5	41.4	6.1	0.22	0.73	—
鱼粉(CP64.5%)	7样平均值	90.0	64.5	5.6	0.5	8.0	11.4	3.81	2.83	2.83
鱼粉(CP62.5%)	8样平均值	90.0	62.5	4.0	0.5	10.0	12.3	3.96	3.05	3.05

续表 2-2

原料	饲料描述	干物质	粗蛋白质	粗脂肪	粗纤维	无氮浸出物	粗灰分	钙	总磷	非植酸态磷
鱼粉 (CP60.2%)	沿海产区的海鱼粉,脱脂,12样平均值	90.0	60.2	4.9	0.5	11.6	12.8	4.04	2.90	2.90
鱼粉 (CP53.5%)	山东、浙江等产小鱼粉脱脂,11样平均值	90.0	53.5	10.0	0.8	4.9	20.8	5.88	3.20	3.20
血粉	鲜猪血,喷雾干燥	88.0	82.8	0.4	0.0	1.6	3.2	0.29	0.31	0.31
羽毛粉	纯净羽毛,水解	88.0	77.9	2.2	0.7	1.4	5.8	0.20	0.68	0.68
皮革粉	废牛皮,水解	88.0	74.7	0.8	1.6	0.0	10.9	4.40	0.15	0.15
肉骨粉	屠宰下脚料,带骨干燥粉碎	93.0	45.0	8.5	2.5	0.0	37.0	11.00	5.90	5.90
甘薯叶粉	NY/T 1级,70%叶+叶柄,30%茎秆	87.0	16.7	2.9	12.6	43.3	11.5	1.41	0.28	0.28
苜蓿草粉 (CP19%)	NY/T 1级,1茬,盛花期,烘干	87.0	19.1	2.3	22.7	35.3	7.6	1.40	0.51	0.51
苜蓿草粉 (CP17%)	NY/T 2级,2茬,盛花期,烘干	87.0	17.2	2.6	25.6	33.3	8.3	1.52	0.22	0.22
苜蓿草粉 (CP14%~15%)	NY/T 3级	87.0	14.3	2.1	21.6	33.8	10.1	1.34	0.19	0.19
啤酒糟	大麦酿造副产品	88.0	24.3	5.3	13.4	40.8	4.2	0.32	0.42	0.14
啤酒酵母	啤酒酵母粉,QB/T194094	91.7	52.4	0.4	0.6	33.6	4.7	0.16	1.02	—
乳清粉	乳清,脱水,含乳糖72%以上	94.0	12.0	0.7	0.0	71.6	9.7	0.87	0.79	0.79
奶牛乳糖	含乳糖80%以上	96.0	4.0	0.5	0.0	83.5	8.9	0.52	0.62	0.62

表 2-3 常见饲料原料的有效能及矿物质

原料	鸡代谢能 (MJ/kg Mcal/kg)		钠 (%)	钾 (%)	氯 (%)	镁 (%)	硫 (%)	铁 (mg/kg)	铜 (mg/kg)	锰 (mg/kg)	锌 (mg/kg)	硒 (mg/kg)
玉米	13.31	3.18	0.01	0.29	0.04	0.11	0.13	36	3.4	5.8	21.1	0.04
玉米	13.56	3.24	0.20	0.30	0.04	0.12	0.08	37	3.3	6.1	19.2	0.03
玉米	13.47	3.22	0.20	0.30	0.04	0.12	0.08	37	3.3	6.1	19.2	0.03
高粱	12.30	2.94	0.03	0.34	0.09	0.15	0.08	87	7.6	17.1	20.1	0.05
小麦	12.72	3.04	0.06	0.50	0.07	0.11	0.11	88	7.9	45.9	29.7	0.05
大麦(裸)	11.21	2.68	0.04	0.36		0.11		100	7.0	18.0	30.0	0.16
大麦(皮)	11.30	2.70	0.02	0.56	0.15	0.14	0.15	87	5.6	17.5	23.6	0.06
黑麦	11.25	2.69	0.02	0.42	0.04	0.12	0.15	117	7.0	53.0	35.0	0.40
稻谷	11.00	2.63	0.04	0.34	0.07	0.07	0.05	40	3.5	20.0	8.0	0.04
糙米	14.06	3.36			0.06	0.09	0.10	78	3.3	21.0	10.0	0.07
碎米	14.23	3.40			0.08	0.11	0.06	62	8.8	47.5	36.4	0.06
粟(谷子)	11.88	2.84	0.04	0.43	0.14	0.16	0.13	270	24.5	22.5	15.9	0.08
木薯干	12.38	2.96						150	4.2	6.0	14.0	0.04
甘薯干	9.79	2.34				0.08		107	6.1	10.0	9.0	0.07
次粉	12.76	3.05	0.06	0.60	0.04	0.41	0.17	140	11.6	94.2	73.0	0.07
次粉	12.51	2.99	0.06	0.60	0.04	0.41	0.17	140	11.6	94.2	73.0	0.07
小麦麸	6.82	1.63	0.07	1.19	0.07	0.52	0.22	170	13.8	104.3	96.5	0.07
米糠	11.21	2.68	0.07	1.73	0.07	0.52	0.18	304	7.1	175.9	50.3	0.09

续表 2-3

原料	鸡代谢能 (MJ/kg Mcal/kg)		钠 (%)	钾 (%)	氯 (%)	镁 (%)	硫 (%)	铁 (mg/kg)	铜 (mg/kg)	锰 (mg/kg)	锌 (mg/kg)	硒 (mg/kg)
米糠饼	10.17	2.43	0.08	1.80		1.26		400	8.7	211.6	56.4	0.09
米糠粕	8.28	1.98	0.09	1.80				432	9.4	228.4	60.9	0.10
大豆	13.56	3.24	0.02	1.70	0.03	0.28	0.23	111	18.1	21.5	40.7	0.06
大豆饼	10.54	2.52	0.02	1.77	0.02	0.25	0.33	187	19.8	32.0	43.4	0.04
大豆粕	9.83	2.35	0.03	2.00	0.05	0.27	0.43	181	23.5	37.3	45.3	0.10
大豆粕	9.62	2.30	0.03	1.68	0.05	0.27	0.43	181	23.5	27.4	45.4	0.06
棉子饼	9.04	2.16	0.04	1.20	0.14	0.52	0.40	266	11.6	17.8	44.9	0.11
棉子粕	8.41	2.01	0.05	1.16	0.04	0.40	0.31	263	14.0	18.7	55.5	0.15
菜子饼	8.16	1.95	0.02	1.34				687	7.2	78.1	59.2	0.29
菜子粕	7.41	1.77	0.09	1.40	0.11	0.51	0.85	653	7.1	82.2	67.5	0.16
花生仁饼	11.63	2.78	0.04	1.15	0.03	0.33	0.29	347	23.7	36.7	52.5	0.06
花生仁粕	10.88	2.60	0.07	1.23	0.03	0.31	0.30	368	25.1	38.9	55.7	0.06
向日葵仁饼	6.65	1.59	0.02	1.17	0.01	0.75	0.33	424	45.6	41.5	62.1	0.09
向日葵仁粕	9.71	2.32	0.20		0.01	0.75	0.33	226	32.8	34.5	81.7	0.06
向日葵仁粕	8.49	2.03	0.20	1.23	0.10	0.68	0.30	310	35.0	35.0	80.0	0.08
亚麻仁饼	9.79	2.34	0.09	1.25	0.04	0.58	0.39	204	27.0	40.3	36.0	0.18
亚麻仁粕	7.95	1.90	0.14	1.38	0.05	0.56	0.51	219	25.5	43.3	38.7	0.18
芝麻饼	8.95	2.14	0.04	1.39	0.05	0.50	0.43		50.4	32.0	2.4	

续表 2-3

原料	鸡代谢能 (MJ/kg Mcal/kg)		钠 (%)	钾 (%)	氯 (%)	镁 (%)	硫 (%)	铁 (mg/kg)	铜 (mg/kg)	锰 (mg/kg)	锌 (mg/kg)	硒 (mg/kg)
玉米蛋白粉 (CP60%)	16.23	3.88	0.01	0.30	0.05	0.08	0.43	230	1.9	5.9	19.2	0.02
玉米蛋白粉 (CP50%)	14.27	3.41	0.02	0.35				332	10.0	78.0	49.0	
玉米蛋白粉 (CP40%)	13.31	3.18	0.02	0.40	0.08	0.05	0.60					1.00
玉米蛋白饲料	8.45	2.02	0.12	1.30	0.22	0.42	0.16	282	10.7	77.1	59.2	0.23
玉米胚芽饼	9.37	2.24	0.01			0.10	0.30	99	12.8	19.0	108.1	
玉米胚芽粕	8.66	2.07	0.01	0.69		0.16	0.32	214	7.7	23.3	126.6	0.33
玉米 DDGS	13.39	3.20	0.88	0.98	0.17	0.35	0.30	197	43.9	29.5	83.5	0.37
蚕豆粉浆蛋白白粉	14.52	3.47	0.01	0.06					22.0	16.0		
麦芽根	5.90	1.41	0.06	2.18	0.59	0.16	0.79	198	5.3	67.8	42.4	0.60
鱼粉 (CP64.5%)	12.38	2.96	0.88	0.90	0.60	0.24	0.77	226	9.1	9.2	98.9	2.70
鱼粉 (CP62.5%)	12.18	2.91	0.78	0.83	0.61	0.16	0.48	181	6.0	12.0	90.0	1.62

续表 2-3

原料	鸡代谢能 (MJ/kg Mcal/kg)	钠 (%)	钾 (%)	氯 (%)	镁 (%)	硫 (%)	铁 (mg/kg)	铜 (mg/kg)	锰 (mg/kg)	锌 (mg/kg)	硒 (mg/kg)
鱼粉 (CP60.2%)	11.80 2.82	0.97	1.10	0.61	0.16	0.45	80	8.0	10.0	80.0	1.50
鱼粉 (CP53.5%)	12.13 2.90	1.15	0.94	0.61	0.16		292	8.0	9.7	88.0	1.94
血粉	10.29 2.46	0.31	0.90	0.27	0.16	0.32	2 100	8.0	2.3	14.0	0.70
羽毛粉	11.42 2.73	0.31	0.18	0.26	0.20	1.39	73	6.8	8.8	53.8	0.80
皮革粉	0.00						131	11.1	25.2	89.8	0.25
肉骨粉	9.96 2.38	0.60	1.30	0.70	1.00	0.40	500	9.8	10.1	90.0	0.25
甘薯叶粉	4.23 1.01						35		89.6	26.8	0.20
苜蓿草粉 (CP19%)	4.06 0.97	0.09	2.08	0.38	0.30	0.30	372	9.1	30.7	17.1	0.46
苜蓿草粉 (CP17%)	3.64 0.87	0.17	2.40	0.46	0.36	0.37	361	9.7	30.7	21.0	0.46
苜蓿草粉 (CP14%~15%)	3.51 0.84	0.11	2.22	0.46	0.36	0.17	437	9.1	33.2	22.6	0.48
啤酒糟	9.92 2.37	0.25	0.08	0.12	0.19	0.21	274	20.1	35.6		0.41
啤酒酵母	10.54 2.52	0.10	1.70	0.12	0.23	0.38	248	61.0	22.3	86.7	1.00
乳清粉	11.42 2.73	2.11	1.81		0.15						
奶牛乳糖	11.25 2.69		2.40		0.15						

表 2-4　常见饲料原料的氨基酸含量（%）

原料	干物质	粗蛋白	赖氨酸	蛋氨酸	胱氨酸	苏氨酸	异亮氨酸	亮氨酸	精氨酸	缬氨酸	组氨酸	酪氨酸	苯丙氨酸	色氨酸
玉米	86.00	9.40	0.26	0.19	0.22	0.31	0.26	1.03	0.38	0.40	0.23	0.34	0.43	0.08
玉米	86.00	8.70	0.24	0.18	0.20	0.30	0.25	0.93	0.39	0.38	0.21	0.33	0.41	0.07
玉米	86.00	7.80	0.23	0.15	0.15	0.29	0.24	0.93	0.37	0.35	0.20	0.31	0.38	0.06
高粱	86.00	9.00	0.18	0.17	0.15	0.26	0.35	1.08	0.33	0.44	0.18	0.32	0.45	0.08
小麦	87.00	13.90	0.30	0.25	0.24	0.33	0.44	0.80	0.58	0.56	0.27	0.37	0.58	0.15
大麦(裸)	87.00	13.00	0.44	0.14	0.25	0.43	0.43	0.87	0.64	0.63	0.16	0.40	0.68	0.16
大麦(皮)	87.00	11.00	0.42	0.18	0.18	0.41	0.52	0.91	0.65	0.64	0.24	0.35	0.59	0.12
黑麦	88.00	11.00	0.37	0.17	0.25	0.34	0.40	0.64	0.50	0.52	0.25	0.26	0.49	0.12
稻谷	88.00	7.80	0.29	0.19	0.16	0.25	0.32	0.58	0.57	0.47	0.15	0.37	0.40	0.10
糙米	87.00	8.80	0.32	0.20	0.14	0.28	0.30	0.61	0.65	0.49	0.17	0.31	0.35	0.12
碎米	88.00	10.40	0.42	0.22	0.17	0.38	0.39	0.74	0.78	0.57	0.27	0.39	0.49	0.12
粟(谷子)	86.50	9.70	0.15	0.25	0.20	0.35	0.36	1.15	0.30	0.42	0.20	0.26	0.49	0.17
木薯干	87.00	2.50	0.13	0.05	0.04	0.10	0.11	0.15	0.40	0.13	0.05	0.04	0.10	0.03
甘薯干	87.00	4.00	0.16	0.06	0.08	0.18	0.17	0.26	0.16	0.27	0.08	0.13	0.19	0.05
次粉	88.00	15.40	0.59	0.23	0.37	0.50	0.55	1.06	0.86	0.72	0.41	0.46	0.66	0.21
次粉	87.00	13.60	0.52	0.16	0.33	0.50	0.48	0.98	0.85	0.68	0.33	0.45	0.63	0.18
小麦麸	87.00	15.70	0.58	0.13	0.26	0.43	0.46	0.81	0.97	0.63	0.39	0.28	0.58	0.20
米糠	87.00	12.80	0.74	0.25	0.19	0.48	0.63	1.00	1.06	0.81	0.39	0.50	0.63	0.14
米糠饼	88.00	14.70	0.66	0.26	0.30	0.53	0.72	1.06	1.19	0.99	0.43	0.51	0.76	0.15
米糠粕	87.00	15.10	0.72	0.28	0.32	0.57	0.78	1.30	1.28	0.11	0.46	0.55	0.82	0.17
大豆	87.00	35.50	2.22	0.48	0.55	1.38	1.44	2.53	2.59	1.67	0.87	1.11	1.76	0.56

续表 2-4

原料	干物质	粗蛋白	赖氨酸	蛋氨酸	胱氨酸	苏氨酸	异亮氨酸	亮氨酸	精氨酸	缬氨酸	组氨酸	酪氨酸	苯丙氨酸	色氨酸
大豆饼	87.00	40.90	2.38	0.59	0.61	1.41	1.53	2.69	2.47	1.66	1.08	1.50	1.75	0.63
大豆粕	87.00	46.80	2.81	0.56	0.60	1.89	2.00	3.66	3.59	2.10	1.33	1.65	2.46	0.64
大豆粕	87.00	43.00	2.45	0.64	0.66	1.88	1.76	3.20	3.12	1.95	1.07	1.53	2.18	0.68
棉子饼	88.00	36.30	1.40	0.41	0.70	1.14	1.16	2.07	3.94	1.51	0.90	0.95	1.88	0.39
棉子粕	88.00	42.50	1.59	0.45	0.82	1.31	1.30	2.35	4.30	1.74	1.06	1.19	2.18	0.44
菜子饼	88.00	35.70	1.33	0.60	0.82	1.40	1.24	2.26	1.82	1.62	0.83	0.92	1.35	0.42
菜子粕	88.00	38.60	1.30	0.63	0.87	1.49	1.29	2.34	1.83	1.74	0.86	0.97	1.45	0.43
花生仁饼	88.00	44.70	1.32	0.39	0.38	1.05	1.18	2.36	4.60	1.28	0.83	1.31	1.81	0.42
花生仁粕	88.00	47.80	1.40	0.41	0.40	1.11	1.25	2.50	4.88	1.36	0.88	1.39	1.92	0.45
向日葵仁饼	88.00	29.00	0.96	0.59	0.43	0.98	1.19	1.76	2.44	1.35	0.62	0.77	1.21	0.28
向日葵仁粕	88.00	36.50	1.22	0.72	0.62	1.25	1.51	2.25	3.17	1.72	0.81	0.99	1.56	0.47
向日葵仁粕	88.00	33.60	1.13	0.69	0.50	1.14	1.39	2.07	2.89	1.58	0.74	0.91	1.43	0.37
亚麻仁饼	88.00	32.20	0.73	0.46	0.48	1.00	1.15	1.62	2.35	1.44	0.51	0.50	1.32	0.48
亚麻仁粕	88.00	34.80	1.16	0.55	0.55	1.10	1.33	1.85	3.59	1.51	0.64	0.93	1.51	0.70
芝麻饼	92.00	39.20	0.82	0.82	0.75	1.29	1.42	2.52	2.38	1.84	0.81	1.02	1.68	0.49
玉米蛋白粉(CP60%)	90.10	63.50	0.97	1.42	0.96	2.08	2.85	11.59	1.90	2.98	1.18	3.19	4.10	0.36
玉米蛋白粉(CP50%)	91.20	51.30	0.92	1.14	0.76	1.59	1.75	7.87	1.48	2.05	0.89	2.25	2.83	0.31
玉米蛋白粉(CP40%)	89.90	44.30	0.71	1.04	0.65	1.38	1.63	7.08	1.31	1.84	0.78	2.03	2.61	
玉米蛋白饲料	88.00	19.30	0.63	0.29	0.33	0.68	0.62	1.82	0.77	0.93	0.56	0.50	0.70	0.14
玉米胚芽饼	90.00	16.70	0.70	0.31	0.47	0.64	0.53	1.25	1.16	0.91	0.45	0.54	0.64	0.16
玉米胚芽粕	90.00	20.80	0.75	0.21	0.28	0.68	0.77	1.54	1.51	1.66	0.62	0.66	0.93	0.18

续表 2-4

原料	干物质	粗蛋白	赖氨酸	蛋氨酸	胱氨酸	苏氨酸	异亮氨酸	亮氨酸	精氨酸	缬氨酸	组氨酸	酪氨酸	苯丙氨酸	色氨酸
玉米 DDGS	90.00	28.30	0.59	0.59	0.39	0.92	0.98	0.26	0.98	1.30	0.59	1.37	1.93	0.19
蚕豆粉浆蛋白粉	88.00	66.30	4.44	0.60	0.57	2.31	2.90	5.88	5.96	3.20	1.66	2.21	3.43	
麦芽根	89.70	28.30	1.30	0.37	0.26	0.96	1.08	1.58	1.22	1.44	0.54	0.67	0.85	0.42
鱼粉(CP64.5%)	90.00	64.50	5.22	1.71	0.58	2.87	2.68	4.99	3.91	3.25	1.75	2.13	2.71	0.78
鱼粉(CP62.5%)	90.00	62.50	5.12	1.66	0.55	2.78	2.79	5.06	3.86	3.14	1.83	2.01	2.67	0.75
鱼粉(CP60.2%)	90.00	60.20	4.72	0.16	0.52	2.57	2.68	4.80	3.57	3.17	1.71	1.96	2.35	0.70
鱼粉(CP53.5%)	90.00	53.50	3.87	1.39	0.49	2.51	2.30	4.30	3.24	2.77	1.29	1.70	2.22	0.60
血粉	88.00	82.80	6.67	0.74	0.98	2.86	0.75	8.38	2.99	6.08	4.40	2.55	5.23	1.11
羽毛粉	88.00	77.90	1.65	0.59	2.93	3.51	4.21	6.78	5.30	6.05	0.58	1.79	3.57	0.40
皮革粉	88.00	74.70	2.18	0.80	0.16	0.71	1.06	2.53	4.45	1.91	0.40	0.63	1.56	0.50
肉骨粉	93.00	45.00	2.20	0.53	0.26	1.58	1.70	2.90	2.70	2.40	1.50		1.80	0.18
甘薯叶粉	87.00	16.70	0.61	0.17	0.29	0.67	0.53	0.97	0.76	0.75	0.30	0.30	0.65	0.21
苜蓿草粉(CP19%)	87.00	19.10	0.82	0.21	0.22	0.74	0.68	1.20	1.78	0.91	0.39	0.58	0.82	0.43
苜蓿草粉(CP17%)	87.00	17.20	0.81	0.20	0.16	0.69	0.66	1.10	0.74	0.85	0.32	0.54	0.81	0.37
苜蓿草粉(CP14%~15%)	87.00	14.30	0.60	0.18	0.15	0.45	0.58	1.00	0.61	0.58	0.19	0.38	0.50	0.24
啤酒糟	88.00	24.30	0.72	0.52	0.35	0.81	1.18	1.08	0.98	1.66	0.51		2.35	
啤酒酵母	91.70	52.40	3.38	0.83	0.50	2.33	2.85	4.76	2.67	3.40	1.11	1.17	4.07	2.08
乳清粉	94.00	12.00	1.10	0.20	0.30	0.80	0.90	1.20	0.40	0.70	0.20	0.12	0.40	0.20
奶牛乳糖	96.00	4.00	0.16	0.03	0.04	0.10	0.10	0.18	0.29	0.10	0.10	0.02	0.10	0.10

第三章　蛋鸡的饲养标准与配方设计

第一节　蛋鸡的饲养标准

一、饲养标准的产生

根据鸡的品种、年龄、体重、生理状态和生产性能等条件,应用科学研究成果并结合生产实践制定的畜禽能量和营养物质的供给量,即称之为饲养标准。饲养标准的制定是以鸡的营养需要为基础的,所谓营养需要应是指鸡在生长发育、繁殖、生产等生理活动中每天对能量、蛋白质、维生素和矿物质等营养物质的需要量。在变化的因素中,某一只鸡的营养需要我们是很难知道的,但是经过多次试验和反复论证,可以对某一类鸡在特定环境和生理状态下的营养需要得到一个估计值,实践中按照这个估计值,供给鸡的各种营养,这就产生了饲养标准。

鸡的饲养标准很多,不同国家或地区都有自己的饲养标准,如美国 NRC 标准、英国 ARC 标准、日本家禽饲养标准等。我国结合国内的实际情况,在 1986 年也制定了中国家禽饲养标准。另外,一些国际大型育种公司,如加拿大雪佛育种公司、美国迪卡布家禽研究公司、德国罗曼公司、荷兰汉德克家禽育种有限公司等,根据各自向全球范围提供的一系列优良品种,分别制定了其特殊的营养规范要求,按照这一饲养标准进行饲养,便可达到该品种的生产性能指标。本节主要介绍我国和美国 NRC 的饲养标准。

在饲养标准中,详细地规定了鸡在不同生长期和生产阶段,每千克饲料中应含有的能量、粗蛋白质、必需氨基酸、矿物质及维生素含量。有了饲养标准,可以避免因饲料所能供给鸡的营养物质偏离鸡的营养需要量或比例不当而降低鸡的生产水平。

(1)能量。以代谢能(Mcal/kg 或 MJ/kg)表示鸡对能量的需要。

(2)蛋白质。以粗蛋白质(N×6.25)占饲料的百分比表示。

(3)蛋白能量比。指每千克饲料中含有的粗蛋白质(g)与代谢能(Mcal 或 MJ)的比值,用 g/Mcal 或 g/MJ 表示。鸡为了满足能量需要,按饲料的能量浓度调节它的采食量。饲料的能量浓度高,则鸡采食量小;饲料的能量浓度低,则采食量大。采食量与粗蛋白质的浓度的关系不大。因此,粗蛋白质的浓度应随能量的浓度变化而变化。若饲料能量发生变化,而粗蛋白质的百分比没有发生变化,那么当鸡采食量增减时,就可能造成粗蛋白质的浪费或不足。在配合饲料时,可根据当地条件,选择一个合适的能量水平,然后根据蛋白能量比确定对应的粗蛋白质的浓度。

(4)能量与必需氨基酸。蛋白质由多种氨基酸组成,因而鸡对蛋白质的需要,实际上就是对各种必需氨基酸的需要。饲料中粗蛋白质的浓度应随能量浓度变化而变化,那么饲料中的必需氨基酸也随能量而变化。在饲养标准中必需氨基酸的需要量用其占饲料的百分比表示,必需氨基酸与能量的比例关系用每采食1 000 kcal(4 184 kJ)代谢能所需的必需氨基酸的量(g)表示。

(5)矿物质与维生素。钙、磷的需要量用其占饲料的百分比表示,维生素 A、维生素 D、维生素 E 以每千克饲料的含量(IU)表示,其他矿物质、维生素以每千克饲料的需要量(mg)表示。

二、我国蛋鸡饲养标准

(一)生长期蛋用鸡营养需要 见表3-1。

(二)产蛋鸡的营养需要 见表3-2。

(三)蛋用鸡的维生素、亚油酸及微量元素需要量　见表3-3。

(四)轻型白来航鸡生长期体重及耗料量　见表3-4。

表3-1　生长期蛋用鸡营养需要

项　目	生长鸡周龄					
	0～6		7～14		15～20	
代谢能(MJ/kg)	11.92		11.72		11.3	
粗蛋白(%)	18.0		16.0		12.0	
蛋白能量比(g/Mcal)	63		57		44	
蛋白能量比(g/MJ)	15		14		11	
钙(%)	0.80		0.70		0.60	
总磷(%)	0.70		0.60		0.50	
有效磷(%)	0.40		0.35		0.30	
食盐(%)	0.37		0.37		0.37	
氨基酸	%	g/Mcal	%	g/Mcal	%	g/Mcal
蛋氨酸	0.30	1.05	0.27	0.96	0.20	0.74
蛋氨酸＋胱氨酸	0.60	2.11	0.53	1.89	0.40	1.48
赖氨酸	0.85	2.98	0.64	2.29	0.45	1.67
色氨酸	0.17	0.60	0.15	0.54	0.11	0.41
精氨酸	1.00	3.51	0.89	3.18	0.67	2.48
亮氨酸	1.00	3.51	0.89	3.18	0.67	2.48
异亮氨酸	0.60	2.11	0.53	1.89	0.40	1.48
苯丙氨酸	0.54	1.89	0.48	1.71	0.36	1.33
苯丙氨酸＋酪氨酸	1.00	3.51	0.89	3.18	0.67	2.48
苏氨酸	0.68	2.39	0.62	2.18	0.37	1.37
缬氨酸	0.62	2.18	0.55	1.96	0.41	1.52
组氨酸	0.26	0.91	0.23	0.82	0.17	0.63
甘氨酸＋丝氨酸	0.70	2.46	0.62	2.21	0.47	1.74

表3-2　产蛋鸡的营养需要

项　目	产蛋鸡的产蛋率(%)		
	＞80	65～80	＜65
代谢能(MJ/kg)	11.51	11.51	11.51
粗蛋白(%)	16.5	15.0	14.0
蛋白能量比(g/Mcal)	60	54	51
蛋白能量比(g/MJ)	14	13	12

续表 3-2

项　目	产蛋鸡的产蛋率(%)					
	>80		65~80		<65	
钙(%)	3.50		3.40		3.30	
总磷(%)	0.60		0.60		0.60	
有效磷(%)	0.33		0.32		0.30	
食盐(%)	0.37		0.37		0.37	
氨基酸	%	g/Mcal	%	g/Mcal	%	g/Mcal
蛋氨酸	0.36	1.31	0.33	1.20	0.31	1.13
蛋氨酸+胱氨酸	0.63	2.29	0.57	2.07	0.53	1.93
赖氨酸	0.73	2.65	0.65	2.40	0.62	2.25
色氨酸	0.16	0.58	0.14	0.51	0.14	0.51
精氨酸	0.77	2.80	0.70	2.55	0.66	2.40
亮氨酸	0.83	3.02	0.76	2.76	0.70	2.55
异亮氨酸	0.57	2.07	0.52	1.89	0.48	1.75
苯丙氨酸	0.46	1.67	0.41	1.49	0.39	1.42
苯丙氨酸+酪氨酸	0.91	3.31	0.83	3.02	0.77	2.80
苏氨酸	0.51	1.85	0.47	1.71	0.43	1.56
缬氨酸	0.63	2.29	0.57	2.07	0.53	1.93
组氨酸	0.18	0.65	0.17	0.62	0.15	0.55
甘氨酸+丝氨酸	0.57	2.07	0.52	1.89	0.48	1.75

表 3-3　蛋用鸡的维生素、亚油酸及微量元素需要量(每千克饲料)

营养成分	0~6 周龄	7~20 周龄	产蛋鸡	种用鸡
维生素 A(IU)	1 500	1 500	4 000	4 000
维生素 D₃(IU)	200	200	500	500
维生素 E(IU)	10	5	5	10
维生素 K(mg)	0.5	0.5	0.5	0.5
硫胺素(mg)	1.8	1.3	0.80	0.80
核黄素(mg)	3.6	1.8	2.2	3.8
泛酸(mg)	10.0	10.0	10.0	10.0
烟酸(mg)	27	11	10	10

续表 3-3

营养成分	0~6 周龄	7~20 周龄	产蛋鸡	种用鸡
吡哆醇(mg)	3	3	3	4.5
生物素(mg)	0.15	0.10	0.10	0.15
胆碱(mg)	1 300	500	500	500
叶酸(mg)	0.55	0.25	0.25	0.35
维生素 B_{12}(mg)	0.009	0.003	0.004	0.004
亚油酸(mg)	10	10	10	10
铜(mg)	8	6	6	6
碘(mg)	0.35	0.35	0.30	0.30
铁(mg)	80	60	50	60
锰(mg)	60	30	30	60
锌(mg)	40	35	50	65
硒(mg)	0.15	0.10	0.10	0.10

注:胆碱在 7~14 周龄为 900 mg。

表 3-4　轻型白来航鸡生长期体重及耗料量

周龄	周末体重(g)	每 2 周耗料量(g/只)	累计耗料量(g/只)
出壳	38		
2	100	150	150
4	230	350	500
6	410	550	1 050
8	600	720	1 770
10	730	850	2 620
12	880	900	3 520
14	1 000	950	4 470
16	1 100	1 000	5 470
18	1 220	1 050	6 520
20	1 350	1 100	7 620

三、美国的 NRC 标准

未成熟来航鸡的营养需要如下:

(一)白壳蛋鸡的营养需要　见表 3-5。

表 3-5　白壳蛋鸡的营养需要

营养素	0～6 周龄	6～12 周龄	12～18 周龄	18 周龄至开产
蛋白质和氨基酸(%)				
粗蛋白	18.00	16.00	15.00	17.00
精氨酸	1.00	0.83	0.67	0.75
甘氨酸＋丝氨酸	0.70	0.58	0.47	0.53
组氨酸	0.26	0.22	0.17	0.20
异亮氨酸	0.60	0.50	0.40	0.45
亮氨酸	1.10	0.85	0.70	0.80
赖氨酸	0.85	0.60	0.45	0.52
蛋氨酸	0.30	0.25	0.20	0.22
蛋氨酸＋胱氨酸	0.62	0.52	0.42	0.47
苯丙氨酸	0.54	0.45	0.36	0.40
苯丙氨酸＋酪氨酸	1.00	0.83	0.67	0.75
苏氨酸	0.68	0.57	0.37	0.47
色氨酸	0.17	0.14	0.11	0.12
缬氨酸	0.62	0.52	0.41	0.46
亚油酸(%)	1.00	1.00	1.00	1.00
钙(%)	0.90	0.80	0.80	2.00
非植酸磷(%)	0.40	0.35	0.30	0.32
钾(%)	0.25	0.25	0:25	0.25
钠(%)	0.15	0.15	0.15	0.15
氯(%)	0.15	0.12	0.12	0.15
镁(mg/kg)	600	500	400	400
微量元素(mg/kg)				
锰	60.00	30.00	30.00	30.00
锌	40.00	35.00	35.00	35.00
铁	80.00	60.00	60.00	60.00
铜	5.00	4.00	4.00	4.00
碘	0.35	0.35	0.35	0.35
硒	0.15	0.10	0.10	0.10
脂溶性维生素				
维生素 A(IU/kg)	1 500	1 500	1 500	1 500

续表 3-5

营养素	0～6 周龄	6～12 周龄	12～18 周龄	18 周龄至开产
维生素 D_3(IU/kg)	200	200	200	300
维生素 E(IU/kg)	10.00	5.00	5.00	5.00
维生素 K(mg/kg)	0.50	0.50	0.50	0.50
水溶性维生素(mg/kg)				
核黄素	3.60	1.80	1.80	2.20
泛酸	10.00	10.00	10.00	10.00
烟酸	27.00	11.00	11.00	11.00
维生素 B_{12}	0.009	0.003	0.003	0.004
胆碱	1 300	900	500	500
生物素	0.15	0.10	0.10	0.10
叶酸	0.65	0.25	0.25	0.25
硫胺素	1.00	1.00	0.80	0.80
吡哆醇	3.00	3.00	3.00	3.00

注:0～6 周龄,6～12 周龄,12～18 周龄,18 周龄至生产各阶段结束时,蛋鸡的体重分别为 450,930,1 375,1 475 g;各阶段日粮的代谢能分别为 11.92,11.92,12.13,12.13 MJ/kg;当日粮中含有大量非植酸磷时,钙的需要量增加。

(二)褐壳蛋鸡的营养需要 见表 3-6。

表 3-6 褐壳蛋鸡的营养需要

营养素	0～6 周龄	6～12 周龄	12～18 周龄	18 周龄至开产
蛋白质和氨基酸(%)				
粗蛋白	17.00	15.00	14.00	16.00
精氨酸	0.94	0.78	0.62	0.72
甘氨酸＋丝氨酸	0.66	0.54	0.44	0.50
组氨酸	0.25	0.21	0.16	0.18
异亮氨酸	0.57	0.47	0.37	0.42
亮氨酸	1.00	0.80	0.65	0.75
赖氨酸	0.80	0.56	0.42	0.49
蛋氨酸	0.28	0.23	0.19	0.21
蛋氨酸＋胱氨酸	0.59	0.49	0.39	0.44
苯丙氨酸	0.51	0.42	0.34	0.38
苯丙氨酸＋酪氨酸	0.94	0.78	0.63	0.70
苏氨酸	0.64	0.53	0.35	0.44

续表 3-6

营养素	0~6 周龄	6~12 周龄	12~18 周龄	18 周龄至开产
色氨酸	0.16	0.13	0.10	0.11
缬氨酸	0.59	0.49	0.38	0.43
亚油酸(%)	1.00	1.00	1.00	1.00
钙(%)	0.90	0.80	0.80	1.80
非植酸磷(%)	0.40	0.35	0.30	0.35
钾(%)	0.25	0.25	0.25	0.25
钠(%)	0.15	0.15	0.15	0.15
氯(%)	0.12	0.11	0.11	0.11
镁(mg/kg)	570	470	370	370
微量元素(mg/kg)				
锰	56.00	28.00	28.00	28.00
锌	38.00	33.00	33.00	33.00
铁	75.00	56.00	56.00	56.00
铜	5.00	4.00	4.00	4.00
碘	0.33	0.33	0.33	0.33
硒	0.14	0.10	0.10	0.10
脂溶性维生素				
维生素 A(IU/kg)	1 420	1 420	1 420	1 420
维生素 D_3(IU/kg)	190	190	190	280
维生素 E(IU/kg)	9.50	4.70	4.70	4.70
维生素 K(mg/kg)	0.47	0.47	0.47	0.47
水溶性维生素(mg/kg)				
核黄素	3.40	1.70	1.70	1.70
泛酸	9.40	9.40	9.40	9.40
烟酸	26.00	10.30	10.30	10.30
维生素 B_{12}	0.009	0.003	0.003	0.003
胆碱	1 225	850	470	470
生物素	0.14	0.09	0.09	0.09
叶酸	0.52	0.23	0.23	0.23
硫胺素	1.00	1.00	0.80	0.80
吡哆醇	2.80	2.80	2.80	2.80

注:0~6 周龄,6~12 周龄,12~18 周龄,18 周龄至开产各阶段结束时,蛋鸡的体重分别为 500,1 100,1 500,1 600 g;各阶段日粮的代谢能分别为 11.72,11.92, 11.92,11.92 MJ/kg。

第二节 海赛克斯蛋鸡的饲养标准

本节所给出的海赛克斯蛋鸡的饲养标准为育种公司制定的。

(一)生长期营养需要 见表3-7。

(二)父母代种鸡产蛋期营养需要 见表3-8。

(三)商品代蛋鸡营养标准 见表3-9。

(四)维生素与微量元素需要量 见表3-10和表3-11。

表3-7 海赛克斯蛋鸡生长期营养需要

营养成分	育雏料 (0~5周龄)	育成料Ⅰ (5~10周龄)	育成料Ⅱ (10~17周龄)
粗蛋白(%)	19.5	17.5	15.0
代谢能(MJ/kg)	12.1	11.9	11.7
纤维(%)	2.5	3.0	3.0
脂肪(%)	2.5	2.5	2.0
亚油酸(最小量)(%)	1.0	1.0	1.0
矿物质(%)			
钙	1~1.1	0.9~1.1	0.9~1.1
可利用磷	0.45	0.42	0.38
钠	0.18	0.18	0.18
氯	0.17~0.20	0.17~0.20	0.17~0.20
氨基酸(%)			
蛋氨酸	0.43	0.38	0.34
蛋氨酸+胱氨酸	0.80	0.72	0.56
赖氨酸	1.05	0.90	0.72
色氨酸	0.20	0.17	0.15
胆碱(mg/kg)	1 400	1 400	1 500

注:能量水平可以根据当地环境条件高出或低于标准。在这种情况下,其他营养成分的含量也应相应地进行调整。

表 3-8　海赛克斯父母代种鸡产蛋期营养需要

营养成分	18~40 周龄	40~60 周龄	60 周龄以上
粗蛋白(%)	17.5	16.5~17.5	15.5~16.5
代谢能(MJ/kg)	11.9	11.6	11.6
纤维(%)	2.5	2.5	2.5
脂肪(%)	3~7	3~7	3~7
亚油酸(最小量)(%)	1.4	1.4	1.2
矿物质(%)			
钙	3.4~3.7	3.6~3.9	3.8~4.0
可利用磷	0.40	0.37	0.36
钠	0.15	0.15	0.15
氯	0.16	0.16	0.16
氨基酸(%)			
蛋氨酸	0.40	0.38	0.35
蛋氨酸+胱氨酸	0.72	0.70	0.66
赖氨酸	0.85	0.80	0.75
色氨酸	0.18	0.18	0.17
胆碱(mg/kg)	1 300	1 300	1 300

表 3-9　海赛克斯商品代蛋鸡的营养标准

营养成分	17~40 周龄	40~60 周龄	60 周龄以上
粗蛋白(%)	17~18	16~17	15~16
代谢能(MJ/kg)	11.7	11.6	11.5
纤维(%)	3~6	3~6	3~7
脂肪(%)	3~7	3~7	3~7
亚油酸(最小量)(%)	1.2	1.2	1.2
矿物质(%)	3.3~3.5	3.6~3.8	3.8~4.0
钙(%)	0.40	0.38	0.34
可利用磷(%)	0.15~0.20	0.15~0.20	0.20
食盐(%)	0.17~0.20	0.17~0.20	0.17~0.20
必需氨基酸(%)			
蛋氨酸	0.40	0.38	0.35
蛋氨酸+胱氨酸	0.71	0.68	0.65
赖氨酸	0.80	0.77	0.72
色氨酸	0.18	0.17	0.16
胆碱(mg/kg)	1 300	1 300	1 300

表 3-10 海赛克斯父母代鸡维生素与微量元素需要量

营养成分	育雏料 （0~5 周龄）	育成料 I （5~18 周龄）	育成料 II （18~70 周龄）
维生素			
维生素 A(IU)	12 500	10 000	12 500
维生素 D_3(IU)	3 000	2 500	3 000
维生素 B_1(mg)	2.5	1.5	2.5
维生素 B_2(mg)	7.0	5.5	7.0
泛酸(mg)	15	12	15
烟酸(mg)	40	30	40
氯化胆碱(mg)	700	500	600
维生素 E(mg)	20	15	30
维生素 K_3(mg)	2.5	2.0	3.0
维生素 B_{12}(mg)	0.020	0.015	0.020
叶酸(mg)	1.0	0.8	1.2
维生素 B_6(mg)	6.0	4.5	6.0
生物素(mg)	0.2	0.1	0.15
微量元素(mg)			
锰	80	70	90
锌	50	50	60
铜	7.0	6.0	8.0
铁	50	40	60
碘	0.50	0.50	1.0
硒	0.15	0.10	0.20
钴	0.25	0.25	0.25

注：表中各种维生素和微量元素的量为每千克饲料中的添加量。

表 3-11 海赛克斯商品蛋鸡维生素与微量元素需要量

营养成分	育雏料 （0~5 周龄）	育成料 I （5~18 周龄）	育成料 II （18~70 周龄）
维生素			
维生素 A(IU)	10 000	10 000	9 000
维生素 D_3(IU)	2 200	2 000	1 800
维生素 B_1(mg)	1.0	0.5	0.5

续表 3-11

营养成分	育雏料 (0~5 周龄)	育成料 I (5~18 周龄)	育成料 II (18~70 周龄)
维生素 B_2(mg)	4.0	4.0	4.0
泛酸(mg)	10	8	8
烟酸(mg)	30	30	25
氯化胆碱(mg)	300	300	400
维生素 E(mg)	20	15	15
维生素 K_3(mg)	2.5	2.0	2.0
维生素 B_{12}(mg)	0.020	0.015	0.015
叶酸(mg)	0.5	0.5	0.4
维生素 B_6(mg)	2.5	2	2
生物素(mg)	0.2	0.1	0.1
微量元素(mg)			
锰	70	70	70
锌	50	50	50
铜	6.0	6.0	6.0
铁	70	60	60
碘	0.75	0.50	0.75
硒	0.15	0.10	0.15

注:表中各种维生素和矿物质的量为每千克饲料中添加量。

如可能的话,饲料中钙源饲料的 50% 应以颗粒形式饲喂(如大颗粒的碳酸钙、牡蛎壳等),以便在蛋壳形成期(夜间)内提供充足的钙。

第三节 饲料配方的设计

配合日粮首先要设计日粮配方,然后根据日粮配方进行配制。

设计日粮配方的方法很多,如试差法、四角形法、线性规划法、计算机法。目前养鸡专业户和一些小型鸡场多采用试差法,而大型鸡场采用计算机法。计算机法的实质就是利用线性规划法,用计算机代替人工计算。现在市场上有许多这方面的软件可供使用。用BASIC编程的方法设计日粮配方,大约有几百行代码,只要其中有一个符号输入错误的话,整个程序便不能运行或者运算出错,很难使用,这种方法早已淘汰,也不再作介绍。每个软件的使用方法也不尽相同,现在的软件具有良好的用户界面,根据帮助文件或说明书很容易就学会,这里只介绍试差法和使用饲料配方软件的方法。

一、试差法

所谓试差法就是根据经验和饲料原料的营养含量,先大致确定一下各类饲料原料在日粮中所占的比例,然后依据计算出的营养含量与饲养标准的差距再进行调整。

第一步,根据配料的对象及现有的饲料种类列出饲养标准及饲料成分表。

第二步,初步确定各种饲料的比例,饲料比例初步确定后计算出各种营养成分的数量,然后与饲养标准比较。

第三步,调整日粮中的各种营养元素的含量。如果蛋白质的含量比饲养标准低,则需要添加蛋白质类饲料如豆粕、豆饼,如果能量水平比饲养标准低,就需要添加能量饲料如玉米等谷实类饲料。如果能量和蛋白质都高,则可以增加麸皮等能量、蛋白水平都比较低的饲料。如果使用豆饼代替玉米,则每用1%豆饼代替1%玉米,则可提高粗蛋白质0.344。

第四步,平衡钙、磷,补充添加剂。如果某种营养元素的含量高,减少少含这种营养元素高的饲料原料,如果低,就要添加,调整到营养基本满足要求即可。

二、计算机法

饲料配方是配合饲料生产的核心技术。在饲料配方技术发展的初期,主要解决了如何在饲养标准的基础上,利用各种原料的配合来满足畜禽的营养需要的问题,处于这一阶段的配方技术主要有对角线法、代数法和试差法。利用这些技术设计的饲料配方从营养的角度看是可行的,即满足畜禽对主要营养成分的需要,但对饲料的成本等经济因素则基本没有考虑,因而不能保证饲料生产获得最大的经济效益。概括地讲,科学的饲料配方设计必须满足三个基本条件:一是满足饲养标准对营养物质在种类和数量方面的要求;二是满足对原料在配方中使用比例的要求(即原料性约束条件,如对麸皮和鱼粉用量的限制);三是要达到某个优化目标,如最低成本或最大收益等。要满足这些条件,必须采用现代数学提供的比较复杂的计算方法,如线性规划、非线性规划和目标规划等。用人工完成这些计算过程不但费时费力,而且容易出现计算错误和误差,而利用计算机可以快速、准确地完成这些工作。

如果直接使用这些技术,不仅要有较深厚的数学基础,而且要懂得计算机语言,要想很好地掌握这两门技术不是一件容易的事情。计算机专家和营养学专家密切配合,充分利用计算机技术提供的有利条件,开发出了实用性强,功能齐备,操作方便的饲料配合软件。这些软件具有以下特点:

(1)适用性强,可用于各种操作系统,操作简便,可靠性强。

(2)系统提供多种配方技术,如线性规划、目标规划和手工优化,供用户选择。

(3)系统储存有比较完善的数据库,包括多种饲料成分、各种饲养标准和添加剂等数据,可供用户随时调用。同时,提供方便的编辑功能,以便用户随时修改数据。

(4)结果完整,输出格式规范、美观。

(5)充分利用现代营养学的研究成果,使用户在必要时能够考虑可利用氨基酸需要量指标,能量和营养比例指标,粗蛋白和必需氨基酸比例指标,饲料有毒成分,适口性等问题,从而优化配方,使其更符合营养的需求。

第四章 蛋鸡饲养管理概述

第一节 鸡的行为

鸡的行为特征与饲养管理关系密切,只有熟知鸡的行为特征,才能更好地做好饲养管理工作,满足鸡的行为生理,提高鸡的产蛋量。

(一)鸡的通讯 鸡的通讯行为是指鸡进行信息传递的行为,鸡主要依靠视觉和听觉相互交流信息。在鸡群中,鸡的叫声十分复杂,据资料统计和实践观察,鸡的普通叫声和特殊叫声可达30余种,分别表达不同的信息:小鸡的"叽叽—喳喳"是愉快的叫声,说明环境比较适宜,从而发出舒服的信息;"啾—啾"忧伤的叫声是一种可怜、哀求的感觉的信息,当雏鸡感到寒冷时即会发出这种声音;"叽、叽、叽"短促而单调的叫声是雏鸡口渴的表现;"叽叽叽叽,叽叽叽、叽叽叽"的无规则乱叫声是雏鸡寻食而发出的声音;"叽—叽叽,叽—"的尖叫声是雏鸡在有生命危险时发出的声音;"颤音"是鸡对强烈刺激的反应,叫声像突然大吃一惊似的,当有人在鸡舍大声讲话,或突然咳嗽一声,或抓鸡时,都会使鸡发出这种声音。

(二)啄食行为 鸡的啄食行为受环境因素影响,初生雏鸡啄食是无目的性的,既啄食营养物质,也啄食非营养物质。因此,在集约化大规模的饲养方式或没有母鸡培养啄食本领的情况下,雏鸡需要经过啄食实践过程。人工育雏时,开食饲料对雏鸡视觉、味觉的偏好性起作用。有关试验证实,第一次练习啄食谷粒,如碎玉米、碎米等,啄食行为的形成过程缩短。有目的叩击料板或料槽可诱导雏鸡啄食行为。成鸡啄食行为受环境因素刺激而加强,对固定的饲料、饲养管理程序和环境条件等能形成一定的习惯,习惯一旦形成就不易改变。

(三)饮水行为　鸡对水的需要量很大,每天饮水可达30～40次,产蛋高峰时更为频繁。据试验,鸡每采食1 000 g饲料要饮水2 000 g。产蛋鸡24 h得不到饮水,产蛋量可下降30%;幼鸡10～12 h不饮水,采食量减少,影响增重。鸡的嗅觉不灵敏,不能区别有异味的饮水,甚至饮用被粪便污染的水。因此,经常刷洗饮水器、保持饮水卫生、供给充足清洁的饮水非常重要。

(四)群序行为　鸡的交往中最明显的是啄斗行为,啄斗结果使鸡群出现强弱之分,从而形成"群序"。强者为群序之首,弱者位于群序之末。群序决定采食、饮水等优先权,商品蛋鸡群中有这种现象,而在种鸡中尤为突出。饲喂时,群序中强者抢先采食,待其离开饲槽后,弱者才接近饲槽采食,且有恐惧感,这样强者采食多,弱者采食少,鸡群中个体发育不一致,整齐度差。一个鸡群建立良好群序后,如不断地将新鸡放入鸡群中,原有的群序就会被打乱,为形成新的群序又会发生群内冲突,且啄癖现象增多。

(五)光感行为　鸡的视觉比较敏感,可见到波长为440～770 nm的光线,与人眼可见光波长基本一致。鸡在红、橙、黄光下视觉较好。试验表明,光色的变化可改变鸡的采食、啄斗甚至配种行为。红光能推迟性成熟,使鸡群安静,啄癖率降低,产蛋量稍有提高,但受精率下降;黄光使性成熟推迟,蛋重增加,产蛋量减少,饲料报酬降低,啄癖率提高;绿光可使增重率提高,加快性成熟,并能提高公鸡繁殖力。蓝光与绿光的效果一致。此外,光照时间长短及光照强弱对鸡的影响不同。

第二节　鸡的生理特点

(一)体温高,新陈代谢旺盛　鸡是温血动物,体温是相对恒定的,不因外界气温变化而改变。鸡的正常体温为 $39.6 \sim 43.6\ ℃$,比猪、马、牛、羊、兔都高;鸡的心率为每分钟 $300 \sim 400$ 次,比家畜多得多,而且雏鸡心率较高,随年龄增大,心率有下降趋势;鸡的血液循环时间较哺乳动物短;按单位体重计算,鸡的基础代谢比家畜高 3 倍以上,安静时耗氧量与排出二氧化碳的数量变比家畜高 1 倍以上。鸡的新陈代谢快,结果也导致鸡的寿命相对缩短,后期生产性能明显下降。因此,要充分挖掘第一个产蛋年的生产潜力,获得高产稳产。

(二)性成熟早,繁殖力强 母鸡卵巢和输卵管只有左侧正常,右侧仅留有输卵管痕迹。初生雏鸡的卵巢为微黄色的扁平小体,4 月龄前生长缓慢,当进入性成熟期发育迅速,可达 $40 \sim 60\ g$,占体重的 $2\% \sim 3\%$。蛋用鸡的开产日龄为 $140 \sim 155$ 天,开始产蛋即为性成熟,群养鸡产蛋率达 50% 才标志着性成熟,因而一般种鸡场在鸡群产蛋率达 50% 时后开始收蛋孵化。现代高产商品蛋鸡 72 周龄平均产蛋 $280 \sim 300$ 枚,年产蛋总重量是其体重的 $9 \sim 10$ 倍,少数优秀个体可连续产蛋 300 多枚而不歇产。父母代蛋种鸡可产种蛋(可孵蛋)230 枚左右,年提供商品雏鸡 $180 \sim 200$ 只。

公鸡的繁殖能力亦相当突出。一只营养良好、精力充沛的公鸡,一天可以交配 40 次以上,若只交配 $10 \sim 15$ 只母鸡则可获得满意的受精率,若交配 $30 \sim 40$ 只母鸡受精率也能保持相当水平。而且鸡的精子活力强,可在母鸡的输卵管里存活 $5 \sim 10$ 天,甚至更长时间,这为开展人工授精提供了方便。

(三)消化速度快,采食量少 由于鸡的消化器官在结构上有许多特点,因而其消化过程与家畜有所不同。相对来说,鸡的肠道较短,为体长的 6 倍左右,因此食物通过消化道的速度比家畜快,如鸡消化谷粒仅需 $12 \sim 14\ h$,鸡采食一般饲料经 $4 \sim 5\ h$ 就有一半左右形成粪便排出,全部排空需 $12 \sim 20\ h$。由于胃肠容积小,鸡采食饲料量较少,蛋鸡产蛋期采食量因品种、季节不同而有一定差异,平均日采食量仅有 110～120 g。

(四)对饲料营养要求高,饲料转化率也高　鸡的新陈代谢旺盛,蛋中各种营养含量非常丰富,据测定,鸡蛋含蛋白质 11.8%,脂肪 11%,矿物质 11.7%,及其他营养物质,生物学价值居各种畜产品之首。因此,蛋鸡为满足维持需要和生产需要,对饲料营养的要求比较高。在配合饲料时,必须按蛋鸡不同的生长发育阶段和产蛋率的高低来设计配方,调节饲料营养水平,做到既可保证蛋鸡发挥最佳的生产能力,实现高产出,又不造成浪费,经济上合算。

蛋鸡犹如"产蛋机器",不停地吃进饲料,产出蛋品,通过体内一系列的代谢活动,实现高效率的转换。生产实践表明,高产蛋鸡产蛋期的料蛋比可达到(2.2～2.4)∶1,随着现代育种技术的进步,蛋鸡的饲料转化率还将进一步提高。

(五)胆小易惊,反应敏感　鸡眼大有神,视野宽阔,视觉很敏锐,听觉也很灵敏,但生性胆小,害怕惊吓。强烈的响声、噪声,奇异的颜色,艳丽的服装,陌生人以及家犬、老鼠等进入鸡舍,都易使鸡受惊吓,骚动不安。雏鸡受惊后往往拥向一侧,有时挤压成堆,导致有些弱雏被压死或踩伤。成鸡受惊吓后惊慌不安,并发出"咯—咯—咯"的叫声,有的鸡冠髯胀红,张翅欲飞,容易造成软壳蛋或腹腔蛋,甚至有时会造成死亡。鸡对湿度、温度、光照等变化反应敏感,一旦调节不好,就会影响鸡的产蛋和健康。鸡没有汗腺,散热能力差,在夏季高温季节,只能靠增加呼吸次数来降低体温,因而夏季的防暑降温措施对蛋鸡异常重要。光照对蛋鸡也有较大影响,光线太强或太弱均会引起鸡的啄食癖,产蛋期光照没有规律,会使鸡产蛋量下降,甚至引起停产、换羽。

(六)抗逆性差,易感染疾病　鸡体的特殊生理构造是其易患疾病的重要原因。第一,鸡的胸腔狭窄,肺脏较小且连接着多个气囊,病原体易经呼吸道顺利进入肺和气囊,进而侵入体腔、肌肉和骨骼之中。第二,蛋的形成过程也易造成各种疫病的传播。有些病原体在壳膜形成之前就进入蛋内了;有些则是肠内容物中或环境中的病原体,通过蛋壳进入鸡蛋的。鸡的消化、泌尿、生殖三个系统的末端均开口于泄殖腔,鸡蛋通过时很容易受到污染。即使鸡蛋在产出时未被污染,若产后蛋壳釉质层遭受破坏,病原体也可通过蛋壳微孔进入蛋内。这些带有病原体的蛋孵出雏鸡后,雏鸡常常被感染发病。第三,雏鸡的体温调节中枢不健全,绒毛稀少,如果育雏温度不适宜,就会使鸡抵抗力下降,容易感染疾病。据统计,目前在集约化养鸡场常发生的传染病有 30 多种,但危害最大、最常见的有 10 种左右,如大肠杆菌病、马立克氏病、传染性法氏囊病、白痢病、肾型传染性支气管炎、慢性呼吸道病、传染性脑脊髓炎、新城疫和传染性贫血等。

第三节　蛋鸡的生活习性

鸡在动物学上属于脊索动物门、脊椎动物亚门的鸟纲,经过人们长期的驯化,鸡已失去了飞翔能力,但仍保持了与鸟类相似的一些属性。

(一)觅食性　鸡眼大有神,头部和颈部能大角度转动,视野开阔,喙角质化且呈锥形,能破碎剥食坚果,觅食力强。农户家庭散养的鸡有早出晚归,户外自由采食,吃活食等习性;现代笼养鸡则被限制活动,让其从料槽中采食。

(二)交配习性　公、母鸡在性激素作用下具有交配习性。在交配中,公鸡积极主动,两脚踩在母鸡背部,尾部大幅度向下弯曲,紧贴在母鸡尾部,以使其射出的精液进入母鸡阴道内。母鸡的蹲伏和产蛋后的鸣叫能引诱公鸡爬跨。正常的公鸡每天交配 20～40 次,最多可达 80 次,上午公鸡性欲旺盛,因而交配的次数较多。一个鸡群中各个公鸡的势力范围按其啄斗产生的序列划分,在啄斗中占先或取胜的公鸡势力范围就大,交配的母鸡就多,反之,交配的母鸡就少。序列一旦形成，往往相安无事。如果种鸡群中好斗的公鸡较多，则会影响体弱的公鸡交配。所以，公鸡的选择很重要。

（三）产蛋习性　产蛋是蛋鸡的主要经济用途。蛋鸡产蛋量随着年龄增长而渐减。一般来说，母鸡开产后的第一年产蛋量最多，第二年比第一年下降15%左右，第三年则比第一年下降20%～30%。因此，商品蛋鸡以养一年最经济，72～80周龄就应淘汰，若不及时淘汰，就要进行强制换羽，才能保证养鸡效益。母鸡产蛋亦呈周期性，连续产几个蛋后要休息一天或几天，然后再连续产几个蛋，如此循环往复。连续产蛋的天数越多，间歇天数越少，产蛋性能越好。

（四）就巢性　母鸡就巢，俗称抱窝，是由脑垂体前叶分泌的催乳素引起的，就巢是母鸡繁殖后代的固有特性。在自然状态下，母鸡产下一窝蛋后，用自身的体热将其孵化成雏鸡。不同品种的鸡，就巢性强弱不一致。地方鸡种就巢性强，而现代蛋鸡品种几乎不表现就巢性。母鸡就巢后停止产蛋，不仅影响产蛋量，而且日夜占据着产蛋箱，影响其他母鸡产蛋，应及时采取醒抱措施。

（五）合群性和好斗性　鸡的性情温顺，合群性好，可300～500只为一群饲养，如果条件好、管理跟得上，规模大一些也不会有问题。但要注意保持适宜的饲养密度，以利鸡生长发育和发挥良好的生产性能，减少疾病的发生。除了合群性，鸡有时也表现好斗性，如果把互不相识的鸡，特别是公鸡放在一起时，就会发生啄斗，很容易造成伤亡。

（六）换羽　鸡每年换羽一次，且鸡体各部位的羽毛脱换有一定的顺序，依次为颈羽、胸羽、背羽、腹羽、翼羽、尾羽，直至全身换成新的羽毛。土种鸡换羽需要几个月的时间，且停止产蛋。现代蛋鸡多呈缓慢的换羽过程，换羽时产蛋率虽有下降，但能继续产蛋。

第四节 光照管理

一、光照对鸡的影响

光照分自然光照与人工光照,前者一般指日照,后者指各种灯光照明。用开放式鸡舍时,宜充分利用阳光。阳光照射可提高鸡体新陈代谢,增进食欲,使红细胞与血红蛋白含量有所增加。阳光照射,还可以使鸡表皮的7-脱氢胆固醇转变为维生素 D_3,促进鸡体内的钙、磷代谢。阳光能够杀菌,并可使鸡舍干燥,有助于预防鸡病。在寒冷的季节,阳光照射还有助于提高鸡舍温度。但应注意,光线过强也是有害的,鸡显得烦躁不安,在密集饲养下如未断喙,往往造成严重的啄癖。

光照对鸡的性成熟、产蛋、蛋重、蛋壳厚度、蛋形成时间、产蛋时间、受精率、精液量、精液品质与孵化率方面都有影响。

(一)对性成熟的影响 在自然光照下,每当日照逐渐延长的春季,鸡即开始产蛋或产蛋增多,表明了光照对鸡繁殖性能的影响。母雏在生长阶段的后半期如每天连续光照时间达到或多于10 h,或在此期间延长光照,都会使小母鸡过于早熟和提前开产,如在此期间,光照时间少于10 h 或逐渐缩短则会延迟性成熟。

(二)对产蛋量的影响 人工光照使鸡繁殖与产蛋由季节性改为全年性,也相应地提高了母鸡的产蛋量。

(三)对产蛋时间的影响 在密闭式鸡舍内,不管自然的昼夜如何,母鸡产蛋绝大部分集中于开始光照后的 $2\sim7$ h。

二、光照机理

母鸡开产日龄随生长期光照时间的延长($2\sim12$ h)递减,表明光照对鸡的性成熟有明显的影响。但有些母鸡在完全黑暗中尚继续产蛋,说明光照不是影响排卵的惟一因素。由此看来,鸡的繁殖机能并非完全依赖光照,只是光照对它有相当大的促进作用。迄今,光照作用的机理尚不十分清楚。一般认为鸡的光感受器有三个,分别位于视网膜、下丘脑深层与松果体,光线刺激可以通过眼神经叶的神经而后达下丘脑,也可透过颅骨直接作用于下丘脑,或作用于松果体而后达下丘脑。下丘脑产生一些活性物质称下丘脑调节性多肽,这些活性物质中之一为促性腺激素释放激素,通过垂体门脉系统传至垂体前叶,引起促卵泡素和排卵激素的分泌,促使卵泡发育和排卵。

三、光照因素与光照原则

(一)光照周期　通常是指为期 24 h 即一昼夜间光照与黑暗各占一定的时数形成的明暗周期,如明期光照 16 h 与暗期无光照 8 h 共同组成的光照周期。这种为期 24 h 的光照周期称为自然光照周期,为期长于或短于 24 h 的称为非自然光照周期。在一个光照周期内只有一个明期和一个暗期的称为连续光照周期,或简称连续光照;在一个光照周期内有一个以上明、暗周期的称为间歇光照周期,或简称间歇光照。

(二)光照时间　一个光照周期内明期的总和即为光照时间。当可以控制光照时,一般的生长期间给以较短的光照时间,如 6 h 或 8 h 光照;在产蛋期或繁殖期间给以 14~18 h 较长的光照时间。

(三)光照强度　光照强度是指光源射出光线的亮度,常用的单位为勒克斯(lx),也称为米烛光。1 勒克斯等于每平方米面积上有 1 个流明。测定光照强度的仪器是照度计,测量单位多以勒克斯计。也有的照度单位以英尺烛光计,1 英尺烛光等于每平方英尺面积上有 1 个流明。1 勒克斯相当于 0.092 9 英尺烛光。

光照强度对母雏性成熟影响小,对母鸡产蛋影响较明显。光照强度因鸡的日龄不同而影响不同,刚孵出的幼雏视力差,需较大的光照强度。

(四)光线颜色　不同光线颜色对鸡的影响,实际上是不同波长的光对鸡的影响,因光色不同,波长各异。

育成于蓝或绿色光线下比在红光线或白炽灯下的母雏,达到性成熟要早几天。养在红光下比其他颜色光线的母鸡产蛋率要高。

(五)光照原则　光照原则是从许多光照试验中综合的规律性结果,在采取光照措施时必须遵循,以便取得应有的效果。

(1)生长阶段光照时间宜短,特别是在生长后期,不可逐渐延长光照时间。

(2)产蛋阶段光照时间宜长,不可缩短或逐渐缩短光照时间,不可减弱或逐渐减弱光照强度。

(3)不管采用何种光照制度,一经实施,不宜变动,不可忽照忽停,光照时间不可忽长忽短,光照强度不可忽强忽弱。

四、光源

在进行人工照明时,应用的光源有以下几种:

1.白炽灯　即普通电灯泡。这种灯便宜,安装方便,为目前禽舍普遍采用的光源。但发光效率低,每瓦仅 20 lm;灯泡寿命短,为 750~1 000 h。

2.荧光灯　发光效率高,每瓦为 67 lm。灯泡使用寿命约为白炽灯的9倍,但灯管及其附件价格高,使用时要求电压稳定,环境温度不可太低。

3.高压钠灯　发光效率更高,每瓦约为 140 lm,使用寿命也长,现开始用于舍高又需照度大的鸡舍。

五、光照制度

对鸡群在饲养全期或某个时期、某个季节按要求的光照强度,采用一定的光照时间,有计划地严格执行的光照程序称为光照制度。

(一)开放式鸡舍 开放式鸡舍利用窗户采光,日照时间随季节变化而变化,从冬至到夏至,每天日照时间逐渐延长,而从夏至到冬至则相反。因此,采用的光照制度,须根据日照的变化而定。

1.生长阶段

(1)利用原有的自然光照。4月15日至9月1日孵出的雏鸡,其生长后半期处于日照逐渐缩短或日照时间较短时期,可完全利用自然光照。

(2)渐减的光照时间。每年9月1日到翌年4月15日,在此期间,孵出母雏生长的后期多处于日照渐长的自然光照阶段,易于刺激母雏过早性成熟。为此,应采用渐减的光照时间。这种渐减的光照制度是以母雏长到20周龄时当天的日照时间为准,然后加5 h,如母雏20周龄时的日照时间为15 h,则以20 h(自然 + 人工光照时间)作为开始育雏的光照时间,以后每周减少15 min,减到20周龄时恰好是自然的日照时间,但在此期间却形成了一个人为的光照渐减时期,对防止母雏过于早熟比较有利。

2.产蛋阶段 产蛋阶段的光照制度,一般采用渐增的方式,与陡增方式相比,产蛋到达高峰前后的升降都比较平稳。再者,采用光照刺激,一般持续到产蛋达到高峰之后。如一群蛋鸡20周龄时处于日照15 h条件下,而该商用品系的产蛋高峰通常在28周龄,按此情况,可从21周龄起,每周增加15 min光照时间,直到14～16 h(自然光照 + 人工光照时间),以后一直维持下去,直至产蛋结束。

(二)密闭式鸡舍 密闭式鸡舍完全靠人工光照,不需随日照的增减来变更补充光照的时间,因而比较简单易行,效果也较有保证,但须防止密闭式鸡舍漏光。

雏鸡1周龄内给予23 h光照1 h黑暗,使之既有充分时间熟悉环境、尽快独立生活,又能习惯于黑暗。2～19 周龄每天给 8 h 的光照,20～24 周龄每周增加 1 h,25～30 周龄每周增加 30 min,直到每天光照 14～16 h 为止,以后一直保持此水平到产蛋结束。

第五节　管理方式

管理方式是指鸡生活在一个什么样的环境中。不同的管理方式,鸡群接触到的房舍与设备不同,活动的范围和饲养密度也不同。因此,在选用管理方式时,须根据鸡场任务、鸡群种类、当地气候条件、设备质量等综合考虑再决定。

一、放养

这是一种粗放的管理方式。一般在比较开阔,而又不宜耕种的场地上放置活动鸡舍,饲养育成鸡或蛋鸡,使其自由活动与采食,活动鸡舍可托运,使鸡群能易地放牧。这种管理方式投资少,适于小生产者,如果有牧草,能够节约一些饲料,鸡群活动多,比较健壮。这种方式的最大的缺点是安全性差,鸡易受到不良气候与野兽的侵袭,易于通过土壤等其他媒介感染疾病,内外寄生虫的发病率也较高。一般鸡群生产性能较差,脏蛋多,喂料、捡蛋与转移鸡舍较费工。

二、半舍饲

一般是在平养鸡舍的外侧设有为鸡舍跨度 2 倍左右的运动场,鸡的活动量大,鸡体还可以接触到阳光与土壤(有的运动场地面铺砖或抹水泥),故体质较为健壮。半舍饲受外界的影响较大,为了冬暖夏凉,鸡舍一般坐北朝南,常在舍内靠北墙留出 1 m 左右的通道,在通道的正南侧的下方安装料槽、水槽、产蛋箱等,而在上方挡以铁丝网或尼龙网以分隔通道及鸡圈。这样的设置可以在通道喂鸡、捡蛋等而不惊扰鸡群,也不必穿圈而过,操作比较方便。舍内要有固定或活动栖架。寒冷季节地面铺些垫料,其他季节铺些干沙土,经常清扫运动场和鸡舍,虽较费工,但能保持舍内良好的清洁卫生,一般既不潮湿,也无不良气味。如不进行断喙,饲养密度不宜过大,以每平方米饲养 4~5 只为宜。

三、舍饲

又称全舍饲,即鸡群在饲养过程中始终圈在舍内,一般不接触阳光与土壤,如为开放式鸡舍一部分鸡只可照射到一些阳光。这种管理方式节省土地面积,避免或减少因接触土壤、野禽、昆虫等感染疾病的机会。但配合日粮的营养成分必须完善。这种方式因地面的类型不同,又可以分为以下几种:

(一)厚垫料地面饲养　一般在地面先撒一层生石灰,然后铺上厚 20 cm 以上的垫料。用此方法饲养,地面最好是水泥地面,或者鸡舍的地势相当高燥。如为泥土地面,地下水位高,又不采用其他的隔潮措施,则垫料受潮腐烂,会造成不良后果。

用厚垫料养鸡,除局部的撤换、铺垫外,一般每年随鸡群的进出更换一次,可节省清圈的劳力。这种方式适合鸡的习性,鸡的产蛋量高,还可促进鸡在垫料上活动,减少啄癖的发生。此外,由于鸡粪发酵的结果,寒冷季节有利于舍内增温,鸡粪中也产生富有营养价值的维生素 B_{12}。用这种方式饲养,舍内通风必须良好,否则垫料潮湿、空气污浊、氨浓度上升,易于诱发眼病和呼吸器官疾病。这种方式的缺点是需要大量的垫料,舍内尘埃较多,窝外蛋较多,蛋表面不清洁,细菌较多。半舍饲也有用厚垫料地面的。这种方式以饲养种鸡的为多。

(二)栅状或网状地面饲养　这两种管理方式很类似,差别主要在于地面的结构,但不管哪种结构,粪便均可由空隙中漏下去,省去日常清圈的工序,防止或减少由粪便传播疾病的机会,这种方式可以实行全部自动化生产,饲养密度比较大。缺点是鸡呆在上面不十分舒适,特别是来航鸡表现出高度的神经质,窝外蛋、破蛋较多。

栅状地面多用板条铺设,通常板条宽 $1.25 \sim 5.0$ cm,空隙宽 2.5 cm,板条的走向与鸡舍的长轴平行。在我国产竹地区,用宽 2.5 cm 左右的竹片或直径 2.5 cm 左右的竹竿,留出同等尺寸的空隙钉成栅状地面,也很经济实用。栅状地面施工要求地面平整,空隙等距,无锐边与毛刺。

网状地面一般用镀锌铁丝制成,网面孔径为 2.54 cm × 5.1 cm。铁网下每隔 30 cm 设一条较粗的金属架,以防网凹陷。一般要求铺网地面平整结实。有的为斜网,由两壁向中部倾斜,蛋每滑动 30.5 cm 的距离,倾斜端下落 3.8 cm 的高度。

这两种地面的产蛋箱均高于中部,两列产蛋箱之间为集蛋带,集中输送到鸡舍的一端。

应用这两种地面结构,一般要高出地表 70 cm 以上,可每年清粪一次。栅、网结构最好是组装式的,以便再装卸时易于起落。应用这两种地面结构,必须注意使用的饮水器不能漏水,以免鸡粪发酵和生蛆。如中间设专用通道,两侧分隔的铁网和圈门必须严实,以防鸡窜出钻入铁网或木条地面之下。这种方式以饲养蛋用种鸡为多。

(三)混合地面饲养　混合地面是由铁丝地面(或木条)与垫料地面混合组成。两者比例为 3:2 或 2:1。网状或栅状地面可在鸡舍的中部,高出地面 45 cm,垫料地面则在鸡舍的两侧,产蛋箱装在前后墙的内壁,一般在栅状或网状地面上安装自动供水、供料系统。这种方式用的垫料较少,产蛋时也可将网状或栅状地面设在舍内的两侧或一侧,以饲养肉种鸡为多。

四、笼养

笼养可以在密闭式或开放式鸡舍,也可在敞开式鸡舍使用。

现今笼养主要用于雏鸡与蛋鸡,但种鸡和肉鸡笼养的也越来越多。由于具有高密度、高效率的特点,从发展趋势看,将成为今后主要的管理方式。

笼养有许多明显的优点:由于笼子可以立体放置,能大大节省土地面积,特别是在强制通风的情况下,可提高饲养密度。同时便于进行机械化与自动化生产,可减少每只鸡的土建和机械设备等投资。笼养的特殊环境使鸡群小而采食面积大,在通风充分与饲料营养完善情况下鸡群生产性能一般比放牧和平养鸡群为高;笼养鸡密度大,活动受限制,冬季舍温较高,能量消耗少,很少浪费饲料,因而饲料转化效率高;笼养鸡不接触地面、蛋和粪,不用垫料,因而舍内灰尘较少,蛋清洁,粪便纯,一般能避免寄生虫等疾病的危害;由于鸡被限制在笼内,很少发生吃蛋的现象,既便于观察也便于捕捉,一般也不表现就巢行为。

笼养也存在一些缺点:如易于发生挫伤与骨折,易于发生过肥和脂肪肝综合症,在饲养管理中必须加以注意。

笼养成年鸡每只鸡占笼底面积:白壳蛋鸡 $390\sim500$ cm^2、褐壳蛋鸡 $460\sim600$ cm^2。一般每笼养 $3\sim5$ 只鸡。

第六节　管 理 技 术

一、断喙、剪冠

为了便于管理和减少生产损失,通常要对雏鸡进行断喙和剪冠。

(一)断喙　断喙的目的在于防止啄癖,避免鸡群的骚乱不安,减少饲料浪费。断喙的鸡比未断喙的在生长期与产蛋期耗料量显著降低。

断喙在开产前任何时候均可。从便于操作,减少应激,降低重断率等方面考虑,宜在7~10日龄进行。

断喙的操作很简单,将鸡喙放在断喙器的两刀片间,鸡头稍向下倾,将鸡喙切去1/2,切后使鸡喙在刀片处停留烧灼2.5 s,借以止血和防止感染。公雏只切除喙尖锐利的部分,以不出血为度。

断喙时应注意:断喙前对断喙器进行消毒;刀片应加热到暗樱桃红色,约800 ℃,防止刀片温度过高或过低;切的长度要适宜,不可过长或短;烧灼鸡喙的时间要适当;在断喙前不要喂给磺胺类药物,因这类药物可延长流血时间,宜在饮水、饲料中加入维生素K,每千克饲料加2 mg;不要在气温高时断喙;断喙后饲料要多添加一些,至少有半槽的深度,以便于啄食;断喙时要轻压雏鸡的咽部使其舌头缩回。

由于断喙对雏鸡总会造成应激,而且大群饲养时,断喙操作耗费人力与时间较多,有的国家已出现不断喙的倾向。特别是在笼养情况下,可不断喙。但要采取控制好光照强度等措施,防止啄癖,而在自然光照下,高密度饲养必须断喙,否则啄癖会造成严重损失。

(二)剪冠　剪冠的目的在于防止啄斗、啄伤,防止在笼门等网栅上摩擦受伤,防止冻伤,对一个性别进行剪冠,防止种鸡的父本和母本混淆,避免冠大影响鸡的视线。

剪冠一般在1日龄时进行,如以后进行将发生严重出血。工具最好是用眼科剪刀,也可用弯剪或指甲剪,剪刀弯面向上,从前往后,在冠部齐头顶剪去。同时剪肉垂。

二、强制换羽

养于非环境控制鸡舍内的鸡群,一般于夏末或秋季开始自然换羽。养于环境控制鸡舍的鸡群,一般于产蛋后期,开始自然换羽,在这期间羽毛的脱旧换新需14~16周,或者更长的时间,换羽开始的时间有早有晚,换羽持续的时间有长有短,其后的产蛋有先有后,鸡群产蛋不整齐,蛋的大小与蛋壳的质量也很不一致。强制换羽是采用某种措施使鸡群在同一时期停产,在7~9周的时间,使鸡群羽毛脱换,全群产蛋率恢复到50%,以后鸡群产蛋整齐,第二个产蛋高峰较高,蛋的品质有明显的改进并比较一致。强制换羽的鸡群的产蛋率不如第一个产蛋期产蛋率高,但比自然换羽的鸡群多产8%~12%的蛋。因此,在后备鸡群供应不继或继续饲养仍然有利的情况下,可对产蛋一年左右的鸡群进行强制换羽以延长其利用期限。

(一)强制换羽的要求 强制换羽的方法有很多种,在确定采用何种方法时,须考虑以下各项要求:能使鸡群迅速停产,在采取措施后1周内产蛋下降到1%以下;有一个足以使鸡群恢复体力的时期;经恢复的鸡群能迅速产蛋,一般应在采取措施后7~9周,全群产蛋率达50%;方法简便、安全;死亡率低;费用少;鸡强制换羽后的生产性能较高。

(二)强制换羽的类别

(1)常规方法。人为造成强烈的应激环境。

(2)饲喂某种营养物质极度不平衡的饲料。如喂低钠饲料,将饲料中钠的水平由0.15%降至0.04%;或喂高锌饲料,将饲料中锌的水平由50~60 mg/kg,提高到2%。

(3)给予抗排卵药物。如投服或注射孕酮等,但此类药物在有的国家禁用,生产上也不能接受。

(三)常用方法 目前常用的强制换羽方法是给鸡群造成强烈的应激环境,较普遍采用的有以下几项措施:

(1)在开始实行强制换羽方案前3周,原来进行人工光照的,将每天光照时间突然减到8 h或更少,原来进行人工辅助光照的,将辅助光照突然取消。

(2)在实施强制换羽方案开始时,如有条件将鸡群移舍,容量可比原舍少20%。

(3)停料 7～10 天或停料到鸡群平均体重减轻 30%时。停料期间只喂贝壳碎粒,每 100 只蛋鸡 2 kg。

(4)停料后喂 2～3 周玉米或碎米,任其自由采食。

(5)单一粮食饲喂时期结束后,换喂含 16%～17%粗蛋白的产蛋日粮,任其自由采食,同时恢复原来的光照制度。人工光照的每天仍然 14～16 h,人工辅助光照的恢复辅助光照。

(四)注意事项　为避免损失,在开始实施方案前应淘汰瘦小、病弱的鸡。在停料结束后,重新开始饲喂时,必须使每只鸡都有充分采食的机会。在寒冷季节强制换羽时,要注意鸡舍保温。机械清粪的鸡舍,在鸡群脱毛期间要增加清粪次数,以免因过多羽毛使刮粪板阻滞,造成清粪困难。

三、消除与减缓逆境对鸡的危害

(一)应激与逆境　应激是家禽对造成其生理紧张状态的环境压力或心理压力的反应。应激是由应激原引起的,使家禽处于应激状态。一般认为反应的起点是下丘脑,由其合成与释放的促肾上腺皮质激素释放激素,通过门脉达于垂体,使垂体分泌促肾上腺皮质激素,这种激素通过血流到达肾上腺,使肾上腺皮质细胞合成肾上腺皮质酮的活动增强。高水平的肾上腺皮质酮通过血流至鸡体各部,使鸡表现高度神经质,心跳加速,采食下降,性活动减少,心血管系统发生变化,易发生溃疡性肠炎,血浆中糖原下降,生长延缓。差不多任何原因引起的应激,都会使法氏囊/胸腺与脾脏萎缩,同时使淋巴系统作用衰退,抗体产生减少,抵抗力削弱,易患病毒性疾病。由此可见,应激对鸡的健康与生产力都会产生不良影响。逆境通常是指所处的不良境遇。对应激而言,逆境即是引起鸡处于应激状态的应激原。

(二)逆境的类别

1.环境性逆境　如舍温过高、过低或发生突然大幅度的升降。

通风不良,鸡舍郁闷或氨的浓度持续偏高,贼风,超限噪声,光线过强,光照制度的突然变化等。

2.社会性逆境 群体过大,密度过大,并群,性别比例不当,公鸡过多。

3.管理性逆境 缺食、断水,定时饲喂大大延迟,断喙及进行其他手术,接种,换圈,捕捉,饲养人员与作业程序的变换。

(三)消除与缓解逆境的措施 非严酷环境或单一逆境,鸡比较易于耐受;严酷逆境如突然受到热浪袭击,或两个以上的逆境,如换圈同时断喙、接种等,对鸡健康会造成不良影响。有些逆境可防止,有些无法避免,因此,必须采取以下措施使鸡不致于处于严酷环境或多重逆境中,引起强烈的应激。

(1)保持各种环境因素尽可能地适宜、稳定或渐变。

(2)注意天气预报,对热浪与寒流及早采取措施。

(3)按常规进行日常的饲养管理。

(4)鸡群的大小与密度要适当,提供数量足够、放置均匀的饮水器、饲槽。

(5)接近鸡群时给予信号,捕捉时轻拿轻放,并尽可能在晚间弱光下进行。

(6)尽量避免连续进行可引起鸡骚乱不安的技术操作。

(7)谢绝参观者入舍,特别是人数众多或服饰奇特的参观者。

(8)预知鸡将处于逆境时,加倍供给维生素。

四、粪便的处理

清粪是保持鸡舍环境卫生必不可缺少的工作。做好这项工作可防止舍内潮湿、产生异味和有害气体浓度超标。

(一)清粪的类别 清粪按其时间与次数分为以下两类:

1.经常性清粪 每天一两次,或数日一次将舍内的积粪清除。无刮粪设备的用人工扫、刮,有的也撒沙土或锯末等,既能吸潮也便于清扫。机械刮粪时一般设有粪沟,先将牵引清粪机开动,将粪便刮到鸡舍一端的横向粪沟内,再开动螺旋清粪机,将粪输出舍外,装上粪车,或引入舍外地下渗水池中,定期抽走。

2.一次性清粪　厚垫料地面的鸡舍,平时局部勤换过湿过脏垫草,待鸡出舍后再全部清除粪草;高床或半高床鸡舍,一般在舍内没有鸡时,一次性将鸡粪清除干净。一次清粪要清除舍内数月或一年左右的积粪,工作量大而且集中,粪质因积存过久养分损失较多而较差。

(二)清粪时注意事项　舍内有鸡时,清粪动作要轻缓,尽量避免惊群,并注意粪便有否变化或异常;粪沟有较多粪液时,刮粪中要注意舍内通风,使刮粪时逸出的有害气体尽快排出舍外;一次性清粪后,舍内要彻底冲刷与消毒;运输粪便与污物的工具要封盖严实,防止在场内散落,车要行驶污道;一次性清粪要集中人力抓紧进行,鸡舍清粪后要用足够的时间消毒与闲置。

第五章　后备鸡的饲养管理

　　雏鸡的饲养管理简称育雏。育雏是养鸡的第一道程序，无论是饲养商品蛋鸡还是饲养种鸡，都首先要经历育雏这一阶段。育雏工作好坏直接影响到雏鸡的生长发育和成活率，也影响到成年鸡的生产性能和种用价值，与养鸡效益的高低有着密切的关系。因此说，育雏作为养鸡生产的重要的环节，关系到养鸡的成败，必须予以充分重视，以获得较高的成活率和较好的均匀度。而且应当注意，许多疾病是在此阶段发生，有些当时不能发现症状，却严重影响以后的生产性能，如马立克氏病，有的在当时虽有症状，但所造成的生殖器官的损害只有到产蛋时才能发现，如沙门氏菌病、鸡传染性支气管炎。在育雏期，应当注意预防这些疾病的发生。

　　衡量育雏成败的标准，一是雏鸡成活率高不高，二是雏鸡的生长是否良好，群体发育是否整齐一致，平均体重是否达到标准等。要想养好雏鸡，就应该充分了解雏鸡的生理特点，根据雏鸡的特点，为雏鸡的生长发育创造良好的环境和条件。

　　雏鸡和育成鸡统称为后备鸡，根据其生理特点和饲养工艺设计，将后备鸡划分为0～8周龄和9～20周龄两个阶段，0～8周龄的鸡称为雏鸡，9～20周龄的鸡称为育成鸡。雏鸡在羽毛没有长全时需要人为供温，8周龄左右一般可以脱温。

　　培育后备鸡是十分重要的工作，它关系着将来成年鸡的质量、生产性能和种用价值，所以鸡场要取得高的经济效益，就必须培育出优质的雏鸡和育成鸡，根据不同阶段给予不同的饲养和管理，为成鸡高产奠定良好的基础。

第一节　雏鸡的生理特点及进雏前的准备

一、雏鸡的生理特点

(一)体温调节机能不完善,既怕冷又怕热　鸡的羽毛有防寒作用并有助于体温调节,而刚出壳的雏鸡体小,全身覆盖的绒毛比较稀疏短小,体温比成年鸡低。据研究,幼雏的体温比成年鸡低3℃左右,10日龄以后到3周龄才逐渐恒定到正常体温。当环境温度较低时,雏鸡的体热散发加快,导致体温下降和生理机能障碍;反之,若环境温度过高,因鸡没有汗腺,不能通过排汗的方式散热,雏鸡就会感到极不舒适。因此,在育雏时要有较适宜的环境温度,刚开始时供给较高的温度,第2周起逐渐降温,以后视季节和房舍等条件于4~6周脱温。

(二)生长发育快　前期增重极为显著,在鸡的一生中,雏鸡阶段生长相对生长速度最快。据研究,蛋用型雏鸡的初生重为40 g左右,2周龄时增加2倍,6周龄时增加10倍,8周龄时则增加15倍。因此,配制雏鸡饲料时既要力求营养全面,又要供应充足,这样才能满足鸡快速生长发育的需要。

(三)胃肠容积小,消化能力弱　雏鸡的消化机能还不健全,加之胃肠道的容积小,因而在饲养上不仅要精心调制饲料,保证饲料适口性好,易于消化吸收,而且不能间断供给饮水,以满足雏鸡的生理需要。

(四)胆小,对环境变化敏感,合群性强　雏鸡胆小易惊,外界环境稍有变化都会引起应激反应。要注意对雏鸡的各种应激进行适应性训练,如在雏鸡舍内放音响等以防止产蛋期对应激过于敏感。

(五)抗病力差,对兽害无自卫能力　雏鸡体小娇嫩,免疫机能还未发育完全,易受多种疫病的侵袭,如新城疫、马立克氏病、白痢病、球虫病等。因此,在育雏时要严格执行消毒和防疫制度,搞好环境卫生。在管理上保证育雏室通风良好,空气新鲜;经常洗刷用具,保持清洁卫生;及时使用疫苗和药物,预防和控制疾病的发生。同时,还要注意关紧门窗,防止黄鼠狼、犬、猫等进入育雏室而伤害雏鸡。

二、进雏前的准备工作

(一)育雏舍 育雏舍是专门用于饲养 0～8 周龄的雏鸡的房舍。育雏阶段要供温,室温要求为 20～35℃,不能低于 20℃,因此房舍要求保温性能良好,要通风,但风速不能过高,以既保证空气流通又不影响室温为宜。育雏舍离其他鸡舍的距离至少应有100 m,有条件的地方,雏鸡应不与其他鸡混养在一起,这样可减少疾病传播的机会。育雏舍的建筑有开放式和密闭式两种,应根据当地条件、育雏季节和任务而选定。

(二)设备 有好的管理也应有相应的设备,设备根据需要而设置,现代养鸡方式采用一段式和分段式两种。一段式即从孵出1 日龄开始到育成结束为止,始终养在同一鸡舍内,因此这种鸡舍既是育雏舍又是育成舍。分段即将雏鸡和育成鸡单独分开饲养在育雏舍和育成舍。

一段式和分段式都必须有以下设备:

1. 供热器 育雏所需要的热能有各种不同供热方式,有暖气、暖风、电热、空调、地下火道等。

2. 电热育雏伞 可用木板、纤维板或铁皮等材料制作,在伞罩内上部有电热丝。伞罩可使热量向下辐射,温度集中,既省燃料,且育雏效果好。伞下所容雏鸡数量,要根据伞的面积和高度而定,一般可容纳 300～1 000 只(表5-1)。

育雏伞要随雏鸡日龄增长而逐渐升高,雏鸡只需室温时,育雏伞可撤去,以减少占地空间。

表 5-1　电热伞育雏器容纳雏鸡数量

伞罩直径(cm)	伞高(cm)	容纳 0~2 周龄鸡数量(只)
100	55	300
130	60	400
150	70	500
180	80	600
240	100	1 000

3.照明灯　在育雏伞下安装一电灯,使雏鸡集中于热源伞下,既能取暖同时可以采食和饮水。1 周龄以后雏鸡熟悉环境后即可关闭。

4.食槽　鸡场饲料消耗约占总开支的 70%,如果食槽设计不科学,将会造成饲料浪费。鸡的日龄与饲养方式不同,对食槽要求不同,但均要求食槽光滑、平整,鸡采食方便但不浪费饲料,便于清洗和消毒。槽的高度要合适,通常食槽上缘比鸡背高 2 cm,蛋用型鸡不同日龄所需食槽规格见表 5-2。

表 5-2　蛋用型鸡所需食槽规格

周龄	槽式(cm/只)	吊桶式(只/个)
1~4	2.5	35
5~10	5.0	25
11~20	7.5~10	20

食槽可用木板、镀锌铁皮或硬塑料板制成,种类较多,现代鸡场多采用以下几种饲喂机械:

(1)链式饲喂机。主要由饲料箱、驱动箱、链环、长饲槽、转角轮、清洁器支架等组成。

(2)弹簧式螺旋饲喂机。是一种固定式饲喂机,转速居中,特别适用于平养育雏和育成鸡。

(3)塞盘式饲喂机。是目前常用的一种,由一根直径 5～6 mm 的钢丝绳和塑料塞盘组合而成。

5.饮水器　种类很多,根据鸡的大小和饲养方式选用,但都要求具有容易清洗,不漏水等特点。常用的饮水器有以下 3 种。

(1)真空饮水器。多采用聚乙烯塑料制成,结构简单,广泛用于平养和笼养雏鸡,桶容量 1～3 L,盘直径 160～220 mm,槽深 25～30 mm,可供 70～100 只雏鸡饮水。

(2)杯式饮水器。平养雏鸡阶段每杯可供 30 只雏鸡使用,育成鸡每杯 10～12 只。使用时要求有一定的水压,雏鸡 1～10 日龄为 0.1 kg/cm^2,10～20 日龄为 0.175 kg/cm^2,20 日龄以后为 0.25 kg/cm^2,育成鸡 0.42～0.56 kg/cm^2。

(3)乳头式饮水器。大部分规模化鸡场已采用。

(三)制定育雏计划　根据本厂的具体条件制定和落实育雏计划,每批进雏数应与育雏鸡舍、成鸡舍的容量大体一致。一般育雏育成舍和成鸡舍比例为 1:2。盲目进雏,数量过多,可致使饲养密度大、设备不足,而使饲养管理不善,影响鸡群的发育,容易诱发疾病,增加死亡率。

一般进雏数取决于当年新母鸡的需要量,用这个数量除以育雏育成期间的死淘率,即可得到需要的进雏数。

(四)饲料和垫料的准备　按雏鸡的营养需要配合好饲料,饲料要新鲜,防止霉变。

垫料是指育雏室内各种地面铺垫物的总称。在平面育雏(硬质地面)时一般都使用垫料。垫料切忌霉烂,要求干燥、清洁、柔软、吸水性强、灰尘少。常用的有稻草、麦秸、碎玉米芯、锯屑等。优质的垫料对雏鸡腹部有保温作用。垫料种类不同,吸水性有差异,泥炭的吸水率为 400%～1 000%,切短的麦秸为 297%,切碎的玉米芯为 141%,松柏木锯屑 190%,橡木锯屑 90%。据美国报道,使用旧报纸做垫料,其效果不低于锯屑,表现在饲料转化率高,死亡率低和增重快。使用时,将报纸切成小碎片,大小应小于5 cm×5 cm,以防结块。

(五)消毒和预热　进雏前2周,清洗、消毒育雏舍。首先,冲洗鸡舍地面、四周墙壁和屋顶、鸡笼及用具等,待干后再用消毒药进行喷雾,最后,将鸡舍密闭进行熏蒸消毒,用于熏蒸的药物有福尔马林和高锰酸钾,也可用过氧乙酸,药的浓度根据鸡舍污染程度而定,熏蒸时室内温度应在15~20℃,相对湿度在60%~80%,熏蒸时间一般为12~24 h。据试验,清扫可使舍内细菌数减少21.5%,如再加清洗可减少54%~60%,药物喷雾消毒后细菌可减少90%。每次按程序消毒完后,应随机采样,检查灭菌的效果。在进雏前1~2天,预热后育雏器和育雏笼及室内温度应达到标准要求。

(六)育雏时间的选择　在现代化大规模的鸡场,一般都采用密闭鸡舍育雏,温度和光照等完全由人工控制,这就打破了育雏时间受季节限制,一年四季均可育雏并能取得好的效果。在我国,特别是广大农村因受电力等诸多因素的影响,相当一部分鸡场采用开放式鸡舍饲养,因季节不同,雏鸡生长阶段所处的环境,特别是光照的长短有很大的差异,因而秋雏开产早,蛋重小,产蛋数也比春雏少。为了秋雏能同春雏一样获得好的效果,必须通过改善饲养管理,适当控制性成熟。

(七)育雏方式　人工育雏方式大致可分为立体笼式育雏和平面(网上、地面)育雏两大类。

1.立体笼式育雏　立体笼式育雏的优点是,可以增加饲养密度,节省建筑面积和土地面积,便于实现机械化、自动化,管理定额高,同时提高了雏鸡的成活率和饲料利用率。国外养鸡业发达的国家,90%以上蛋鸡都采用笼养育雏,我国也已广泛应用。

(1)电热育雏器。这是一种三层饲养的育雏保温器,属于叠层笼养设备。它由一组电加热笼,一组保温笼和四组运动笼三部分组成。目前常采用四层,该设备育雏饲养密度比平养提高 3 倍以上。饲养量,1～15 日龄达 1 400～1 600 只,16～30 日龄为 1 000～1 200 只,31～45 日龄为 700～800 只。

(2)育雏育成笼。除用电热育雏器笼养外,尚有一种育雏、育成鸡在同一舍内笼养的育雏育成笼。采用四层阶梯式,两层中间笼先育雏,育雏结束后,把部分雏鸡移至另外两层饲养,可以减少转群所造成的伤亡。

目前多将育雏笼和育成笼分开置在育雏舍和育成舍。四层叠层式,底网不倾斜,网眼较小,一般为 12 mm×12 mm,开始几周铺垫塑料网片。金属网丝直径为 2～2.5 mm,侧网、后网网眼均为 25 mm×25 mm,前网栏间距离为 20～35 mm,可以调节。

2.网上育雏 将雏鸡养在离地面 50～60 cm 高的铁丝网上,网分网片和框架两部分。网片采用直径为 3 mm 冷拔钢丝焊成,并进行镀锌防腐处理,网片尺寸应与框架相配。网眼尺寸为 20 mm×80 mm,也可采用 20 mm×100 mm。框架是支撑网片的承重结构,四周通梁用槽形薄壁钢焊成,加强梁为扁钢。

3.地面平养 根据房舍的不同,可以用水泥地面、砖地面、土地面或炕面育雏,地面铺设垫料,室内设食槽、饮水器及保暖设备。此种方式占地面积大,管理不方便,雏鸡易患病,所以只适于小规模、暂无条件的鸡场采用。

(八)供暖设备 雏鸡一般在 0～8 周龄都需要供暖,供暖的设备有以下几种:

1.热风炉 是以煤等为原料的加热设备,在舍外设立热风炉,将热风引进鸡舍的上方,或采用正压将热风吹进鸡舍上方,集中预热育雏室内空气,效果良好。

2.锅炉供暖 分水暖型和气暖型。水暖型主要以热水经过管网进行热交换,升温缓慢,但保温时间长,鸡舍温湿度适宜,操作安全。气暖升温快,管网以气进行交换,鸡舍内空气较干燥,降温也快。育雏供温以水暖为宜,如网上平养,供暖系统可设置在网下,热空气上升,正适宜雏鸡需要。

3.红外线供暖　红外线发热原件有两种主要形式,即明发射体和暗发射体,两种都安装在金属反射罩下。明发射体所用的灯泡为250 W,可供100~250只雏鸡保温。暗发射体(红外线板或棒)只发出红外线不发出可见光,因此使用时应配一照明灯。暗发射体的功率为180~250 W或500 W以上。红外线离地面高度视季节及雏鸡日龄而定,寒冷季节距地面约35 cm,炎热季节距地面40~50 cm,饲料和饮水器不应放在发热体的正下方。明发射体的育雏数与室温有关。用红外线灯育雏,因温度稳定,室内干净,垫料干燥,育雏效果良好,但耗电多,灯泡易碎,故成本高。一些地区用暗发射体代替明发射体取得了良好效果。

4.煤炉供暖　这是一种廉价易得的供暖设备,是北方群众常用的供暖设备,燃料为煤球、煤块。保温良好的房舍,20~30 m² 设一个炉子即可。虽费人力,温度不稳定,室内空气易污染,但因燃料易得,所以在我国一部分鸡场仍然采用。

第二节　雏鸡的饲养管理

一、初生雏的技术处理

雏鸡必须在孵出24 h内进行雌雄鉴别,注射马立克氏病疫苗。有的还要进行剪冠和断趾。

二、初生雏的选择和运输

(一)初生雏的选择　雏鸡生长是否良好与孵化场供应的雏鸡质量密切相关。种蛋与孵化机被污染后,孵出的雏鸡易发病和死亡,因此应从种鸡质量好、鸡场防疫严格、出雏率高的鸡场进雏鸡。

同一批孵化、按期出雏的鸡成活率高,易饲养。从外观上要选择光亮、整齐、大小一致、初生重符合品种要求的雏鸡。检查腹部应柔软,脐部愈合完全,羽毛覆盖整个腹部。脐部有出血痕迹或发红呈黑色、棕色或为钉脐者,腿、喙或眼有残疾的均应淘汰。

(二)初生雏的运输　雏鸡经过挑选与雌雄鉴别后就可起运,最好能在 48 h 到达目的地,时间过长对雏鸡的生长发育有较大的影响。运输雏鸡有专用的运雏箱,用硬纸板或塑料制成,箱外要注明品种、鸡数、出雏日期、运至地址与单位。运输箱有整装式和折叠式,后者较方便,占面积小,运输箱规格见表 5-3。运输箱四周与顶盖开有通风孔,箱内有隔板,防止挤压,箱底可铺细软垫料,以减轻振动。

表 5-3　运输箱的规格及容量

规格(cm)	容量(只)	规格(cm)	容量(只)
13×15×18	12	45×60×18	100
23×30×18	25	60×120×18	300
30×45×18	50		

运输注意事项:运载工具可用飞机、火车、汽车等。运输时要注意防寒、防缺氧、防热、防晒、防淋、防颠簸等。如路程远,中途最好检查雏鸡动态。

三、初生雏的饲喂技术

(一)饮水　1 日龄雏鸡第一次饮水称为初饮,一般在毛干后 3 h 即可接到育雏室,给予饮水,因出雏后大量消耗体内水分。据研究,出雏 24 h 后消耗体内水分 8%,48 h 耗水 15%,所以应先饮水后开食,这样能够促进肠道蠕动和残留卵黄吸收,排除胎粪,增进食欲,利于开食。在首次饮水中可以加入 0.01% 的高锰酸钾,以促进胎粪的排出。也可以加入葡萄糖或多维电解质,以补充体液。幼雏初饮后,无论何时都不应该再断水。饲养中要防止长时间缺水后引起的雏鸡暴饮。饮水器每天要刷洗并应更换1~2次,饮水器要充足,初饮时100只雏鸡至少应有2~3个1.5 L的真空饮水器,并均匀布置在鸡舍内。饮水器随着鸡日龄增大而调整,立体育雏笼开始可以在笼内饮水,1周后应训练在笼外饮水;平面育雏随日龄增大应调整饮水器的高度。初饮的水温保持与室温相同,1周后直接用自来水即可。

(二)开食 雏鸡第一次吃食称为开食,开食何时进行为宜,试验证明在孵出后24~36 h开食为宜,这时已有60%~70%的雏鸡有啄食表现。据试验,雏鸡在孵出后24 h开食的死亡率最低。开食过晚会消耗雏鸡的体力,使之变得虚弱,影响生长发育和增加死亡。

开食的方法是将准备好的饲料撒在反光性强的硬纸、塑料布或浅边食槽内,当一只雏鸡开始啄食时,其他鸡也模仿。据介绍,应在饮水3 h后再开食。开食料用玉米碎粒,饲喂1~2天,这有助于防止饲料粘嘴和因蛋白过高而使尿酸盐存积糊住肛门。

饮水器和食槽要分布均匀,水槽、食槽间隔放置,平面育雏前几天,水槽和料槽位置应离热源稍近些,便于雏鸡取暖、饮水和采食。

四、雏鸡的管理

(一)雏鸡的早期死亡 根据资料统计,雏鸡早期死亡多发生在7日龄以前,随日龄增大,抵抗力增强,死亡率下降。健壮的幼雏在正常的饲养管理下,第一周的死亡率不应超过0.5%。

早期死亡主要原因有以下几种:种蛋来自非健康鸡群,一些疾病经垂直传播后,使雏鸡患病,如鸡白痢、鸡霉形体病;孵化过程中因卫生不良,鸡胚感染;孵化条件掌握不当使幼雏脐部愈合不全;幼雏运输不当,致使雏鸡体质衰弱;育雏条件掌握不好,造成雏鸡死亡;其他,如兽害、机械损伤致死等。

(二)培育雏鸡的主要条件

1.合适的温度　温度是首要条件,也是育雏的关键,必须严格而正确地掌握。育雏温度包括育雏室与育雏器的温度。室温比育雏器温度要低,育雏的环境温度一般有高、中、低之别,这样一方面促使空气对流,另一方面雏鸡可以根据生理需要选择适宜自己的温度。试验证明,温度过高或过低,不仅对雏鸡生长发育不利,而且雏鸡死亡率高,低温还会增加饲料消耗。在生产实践中有利于雏鸡生长发育的温度,见表5-4。

表5-4　育雏期的温度(℃)

温度指标	0日龄	1～3日龄	2周龄	3周龄	4周龄	5周龄	6周龄
适宜温度	35～33	33～30	30～28	28～26	26～24	24～21	21～18
高温(上限)	38.5	37	34.5	33	32	30	29.5
低温(下限)	27.5	21	17	14.5	12	10	8.5

从表5-4中明显看出,随雏鸡日龄的增加,适宜温度逐渐降低,这是由于雏鸡的生理发生了变化,如体温的升高,羽毛的更换,神经系统发育健全,抵抗力增强等。衡量育雏的温度是否适宜的标准,除室内温度表外,主要是观看雏鸡的行为和听雏鸡叫声。温度高,雏鸡远离热源,翅和嘴张开,呼吸增加,发出"吱吱吱"的鸣叫声;温度低,雏鸡聚集在一起尽量靠近热源,并发出"叽叽"的叫声,因聚集成堆,在下层的鸡被压而窒息。温度正常时,雏鸡活泼好动,吃食饮水正常,在育雏笼(室)内分布均匀,晚上雏鸡安静而伸脖休息。夜间气温低,育雏温度比白天应提高1～2℃。

2.适宜的湿度　在一般正常情况下,雏鸡对相对湿度的要求不像温度那样严格,但在极端情况下,或湿度与其他因素共同发生作用时,不适宜的湿度可能对雏鸡造成很大的危害。如孵化原因造成出雏不齐,出雏的时间延长,出雏后又不能尽快送达育雏室,停留时间超过72 h,雏鸡出壳后长时间得不到饮水,这时如环境干燥,就可能发生脱水。其症状表现为绒毛发脆且大量脱落,脚趾干瘪,雏鸡食欲不振,饮水频繁,消化不良,体瘦弱。脱水雏鸡因水分散失过快易患病,同时体内水分的散失又带走部分热量,这不利于雏鸡恢复正常体温而增加死亡率。雏鸡需要的适宜湿度范围见表5-5。

表 5-5 雏鸡的适宜相对湿度与极限值(%)

湿度指标	0～10 日龄	11～30 日龄	31～45 日龄	46～60 日龄
适宜湿度	70	65	60	50～55
最高值	75	75	75	75
最低值	40	40	40	40

以上所给湿度范围要根据不同地区,不同季节而灵活掌握,一般在 10 日龄后要注意防止高温高湿和低温高湿。

加湿的方法很多,如室内悬挂湿帘,火炉上放上水桶产生水蒸气,也可在水中添加消毒剂对鸡舍进行喷雾消毒,这样既增加了鸡舍湿度又进行了消毒。

3.注意通风换气 鸡舍通风换气一是为了满足雏鸡对氧气的需要并调节温度。雏鸡体重虽小,但生长发育迅速,代谢旺盛,需要的氧气比较多。二是为了排除二氧化碳、氨气及多余的水汽和羽毛碎屑。鸡对氨气较敏感,尤其是幼雏。氨气可以通过呼吸道黏膜、眼结膜被吸收,引发呼吸道疾病,严重者能使中枢神经受到强烈的刺激。如果鸡长期处于低浓度的氨气环境中,机体的抵抗力明显减弱,容易发生疾病,使饲料报酬降低,性成熟延迟。所以,雏鸡不仅要注意保温,而且更要注意通风换气。通风量随雏鸡的日龄、体重、季节、温度的变化而变化。

4.适宜的密度 每平方米面积容纳的鸡只数量称为饲养密度。密度过大,鸡群拥挤,采食不均,强者多食,弱者少食,致使鸡群发育不均衡,易感染疾病和发生啄癖,死亡率高。饲养密度过小,虽有利于成活和雏鸡的发育,但不利于保温,且不经济。

饲养密度的大小应随品种、日龄、通风换气的方式、饲养方式而调整。

5.合理的光照制度 光照对鸡的活动、采食、饮水、繁殖等都有重要的作用。如对性成熟的影响,小母雏在生长阶段的后半期如每天光照超过 10 h 或者逐渐延长光照,将使小母鸡开产早,早熟,易早衰,蛋重小,并拖延了应达到平均体重的时间,有的鸡则在产蛋时易发生泄殖腔脱垂,产蛋的持续性也差,体重轻,死亡率高。密闭鸡舍和开放鸡舍的光照制度见第四章第四节。

光照强度:刚孵出的雏鸡视力弱,为了活动、觅食、饮水方便,光照强度要大一些。如为密闭鸡舍,第 1 周龄内用 10～30 lx,从 2 周龄开始为 5 lx。光照强度的控制有三种方法:一是更换灯泡,二是控制开灯数量,三是调节电压,如需强度大,可将电压调高些,增加亮度。有无灯罩和灯的清洁度也是影响光照强度的因素。脏灯泡发出的光大约比干净的灯泡少 1/3。有反光罩灯泡可比无反光罩灯泡的光照强度大 45%。

6.综合性的防病措施 由于鸡的生理结构及饲养密集等因素,与家畜相比容易发生传染病,尤其是雏鸡,一旦得病,传染快,死亡率高。因此,任何一个鸡场都必须把防病工作放在很重要的位置,搞好卫生。卫生包括饮水卫生、饲料卫生和环境卫生。饮水水质应符合人类的饮水标准,采用乳头式饮水器可以减少水的污染。饲料保证新鲜不变质。环境卫生尤为重要,有些疾病与环境和用具被污染有很大关系,如脐炎和卵黄囊感染是与蛋库、孵化室和育雏室卫生分不开的。种蛋被大肠杆菌污染,使孵化率下降 5%～10%,孵出的雏鸡在第 1 周死亡率上升,病鸡常表现出生长缓慢,气囊炎和脐炎等病变。带鸡消毒不仅可以预防疾病,还能净化鸡舍内的空气,增加鸡舍内的湿度。

7.雏鸡的断喙　在1～12周龄均可进行断喙。商品蛋鸡多在6～10日龄，这样可以节省人力物力，降低成本，减少应激及早期啄羽的发生。6～10日龄断喙后，在7～8周龄或10～12周龄时还应作适当的补充修剪。断喙的具体方法见第四章第六节。

五、雏鸡培育成效的检查

雏鸡育成的成效如何，主要通过成活率、体重、健康、均匀度这几项指标衡量。

（一）成活率　也称育成率，即育雏期满后育成的雏鸡占1日龄雏鸡数目的百分比。现代雏鸡的成活率比较高，如其亲代健康，种蛋在孵化过程中一切正常，雏鸡的生活环境适宜，饲养管理符合要求，应该可达到以下水平，第1周死亡率不超过0.5%，第8周不超过2%，育成期满20周龄时成活率96%～97%。

（二）体重　不同品种品系都有各自最适宜体重。雏鸡在生长期各周如增重适度，到育成期满一般可以达到最适宜的体重。因此，常以各周体重作为雏鸡生长发育标准，并作为检查饲养管理或控制体重的准绳。至8周龄时如体重不达标，可继续饲喂雏鸡料，直到其达到相应日龄的体重标准后方改为育成料。

（三）健康　是指在生长期间不发生传染病，雏鸡食欲旺盛，精神活泼，反应灵敏，羽毛紧凑，骨骼结实。

（四）均匀度　试验表明，鸡群中通常是体重接近平均值的个体产蛋性能最佳，体重过大与过小的均较差。从全群来说，体重接近平均值的个体所占的比例越大，则鸡群产蛋性能越好，产蛋峰值越高，且可长期持续高产。为此，常采取分群饲养和尽量使每只鸡获得适宜的生活条件等措施来达到此目的。由于体重接近平均值的个体多少对全群生产性能有显著的影响，因此，均匀度好坏是按体重在高于平均值10%到低于平均值10%这一范围内的个体所占比例来划分的。对蛋用型鸡来说，如这个比例达到75%，即认为这群育成鸡发育良好,超过75%的越多越好。

第三节　育成鸡的饲养管理

育成阶段(9~20周龄)饲养管理的好坏,决定了鸡在性成熟后的体质、产蛋性能和种用价值,所以这段时间的饲养管理是十分重要的。育成鸡生长发育旺盛,抵抗力增强,疾病相对较少。

一、育成鸡的生理特点及生长发育

在一般情况下,雏鸡在4~6周龄已经脱温,对外界环境有较强的适应能力,生长迅速,发育也旺盛,各种器官已健全,故育成阶段按绝对增重是长骨骼、长肌肉最多时期,羽毛经几次脱换后长出成羽,脂肪随日龄增加而逐渐沉积,育成的中、后期生殖系统开始发育成熟。

二、育成鸡饲养管理

(一)育成鸡的选择　在育成过程中应观察、称重,不符合标准的鸡应尽早淘汰,以免浪费饲料和人力,增加成本,一般初选在6~8周龄,选择羽毛紧凑,体质结实,采食力强,活泼好动雏鸡育成。第二次选择在18~20周龄,可结合转群或接种疫苗进行,有条件的应逐只或抽样称重,体重在平均体重10%以下的个体应予处理。

(二)育成鸡的饲养　由于育雏期和育成期的饲养管理具有很强的连贯性,育成鸡的饲养方式,对环境条件及饲养密度的要求已在育雏的章节中讲述过了,在此不再赘述。

(三)补喂沙砾和钙

1.补喂沙砾　从7周龄开始,每周100只鸡应给予不溶性沙砾500 g,装入吊桶或投入料槽。沙砾不仅能提高鸡的消化能力,而且避免肌胃逐渐缩小。沙砾的用量和规格见表5-6。

表5-6　沙砾规格和喂量

周龄	规格	筛孔规格(mm)	喂量(kg)
8~12	中粒	3.0	9.0
12~20	中粒	3.0	11.0

注:表中喂量指每1 000只鸡1周的量。

2.补钙　蛋壳形成所需钙质75%来自日粮。如钙不足时母鸡利用骨骼中的钙,而造成缺钙,腿部瘫痪。所以,应将育成鸡料原含钙量由1%提高到2%,其中至少有1/2的钙以颗粒状石灰石或贝壳粒供给。如果这阶段钙供应不足将会造成鸡体重轻,蛋重小,蛋重增长慢,产蛋率低。

三、转群

在蛋鸡生产中一般需要进行1~2次转群,第一次是从雏鸡舍转到育成鸡舍,第二次是从育成鸡舍转到产蛋鸡舍。转群是鸡饲养管理过程中重要一环,处理不当对鸡将产生较大的应激。这种应激来自两方面,一是转群本身直接产生应激,二是对新的环境不习惯而产生应激。因此,管理人员应力求将以上不良影响减小到最低程度,在转群力争做到以下几点:

(1)按时转群。雏鸡8周龄时转入育成鸡舍,到17周龄前转到产蛋鸡舍。早转群可使母鸡对新的环境有个适应的过程。转群最好是清晨或晚上进行。

(2)在转群前6 h停料,前2~3天和入舍后3天,饲料内各种维生素增加1~2倍并给予电解质溶液。转群的当天应连续24 h光照,以便鸡有足够时间采食和饮水。

(3)从育雏舍转到育成舍时,尽量减少两舍间的温差。根据体重达标情况进行饲料的更替,更换时应逐渐过渡。把育雏料和育成料混合,然后逐渐增加育成料的比例。

　　(4)结合转群对鸡群进行清理和选择,淘汰不合格的次劣鸡,如体重过轻的鸡、病残鸡和异性鸡,并彻底清点鸡数。

　　(5)转群时不要同时断喙或进行预防注射等,以免增加应激。

　　(6)做好转群的组织工作。转群是一项工作量大,时间紧的突击性任务,必须组织好人力,并要避免人员交叉感染,因此一般将人力分成三组:抓鸡组,在原鸡舍抓鸡装笼,运至原鸡舍门口;运鸡组,运输鸡只,不进鸡舍;接鸡组,将运来的鸡进行质量复查,然后按鸡的大小分别入笼。

　　在抓、放鸡时务必轻拿轻放。一般抓两腿,不可抓颈部和尾部。装鸡运输箱每平方米容鸡数量为:10周龄10~15只,15周龄10~12只,20周龄8~10只。

　　(7)观察鸡的动态。刚转群时,鸡可能拉白色粪便,以后逐渐转为正常。要勤观察鸡群的采食和饮水等行为。

第六章 产蛋鸡的饲养管理

第一节 产蛋鸡的日常管理

一、观察鸡群

鸡舍管理人员除喂料、拣蛋、打扫卫生和做好生产记录以外，最重要、最经常性的任务是观察和管理鸡群，掌握鸡群的健康及产蛋状况，及时准确地发现问题，采取改进措施，保证鸡群健康和高产。

(1)在清晨舍内开灯后观察鸡群精神状态和粪便情况。若发现病鸡和异常鸡，应及时挑出隔离饲养或淘汰。发现有死鸡要立即报送兽医剖检，以便及时发现和控制疫情。

(2)夜间关灯后倾听鸡只有无呼吸道疾病的异常声音，如发现有呼噜、咳嗽、喷嚏和甩鼻鸡只，及时挑出隔离或淘汰，防止疾病蔓延。

(3)喂料给水时，要观察饲槽、水槽的结构和数量是否能满足鸡的采食和饮水需要，同时查看采食情况和饲料质量等。

(4)观察舍温的变化幅度，尤其是冬、夏季要经常查看温度并记录。还要查看通风系统、光照系统和上下水系统等有无异常现象，发现问题及时解决。

(5)观察有无啄癖鸡，如啄肛、啄蛋、啄羽鸡。一旦发现，要把啄鸡与被啄鸡挑出，并分析原因，及时采取防治措施。

(6)对有严重啄蛋癖的鸡要立即淘汰。对新上笼的鸡要细心观察，遇有"挂头"、"别脖"鸡，应及时解脱，以减少机械性损伤。

(7)及时淘汰 7 月龄左右未开产的鸡和开产后不久就换羽的鸡。前者一般表现耻骨尚未开张,喙、胫黄色未退,全身羽毛完整而有光泽,腹部常有硬块脂肪。

二、减少应激因素,保持良好而稳定的环境

蛋鸡对环境变化非常敏感,尤其是轻型鸡易成为神经质。任何环境条件的突然变化都能引起应激反应,如抓鸡、注射、断喙、换料、停水、改变光照制度、新奇颜色和飞鸟窜入等,都可能引起鸡群惊恐而发生应激反应。

产蛋母鸡的应激反应表现各不相同,但突出的表现是食欲不振,产蛋量下降,产软壳蛋,精神紧张,甚至乱撞引起内脏出血而死亡。应激鸡只常常需要数日才能恢复正常。减少应激因素除采取针对性措施外,应严格认真执行既定的科学的鸡舍管理程序,包括光照、通风、供料、供水、清洁卫生和集蛋等的操作。鸡舍必须固定饲养管理人员,操作时动作要稳,声音要轻,尽量减少进出鸡舍次数,保持鸡舍环境安静。另外,按综合性卫生防疫措施还要注意鸡舍外面的环境变化,减少突然声响,调整饲料要逐步过渡,切忌骤变。

三、遵守综合性卫生防疫措施

按要求进行各项日常操作。注意保持舍内和环境的清洁卫生,经常洗刷水槽、料槽和饲喂用具等,并定期消毒。

四、做好生产记录

要管理好鸡群,就必须做好鸡群的生产记录。因为生产记录反映了鸡群的实际生产动态和日常活动的情况,通过它可及时了解生产、指导生产,它也是考核经营管理效果的重要根据。日常管理中对某些项目如死亡数、产蛋量、耗料、舍温、防疫等须每天

记录。

五、防止饲料浪费

蛋鸡饲料成本占总支出的 60%~70%,节约饲料能明显提高经济效益。饲料浪费的原因是多方面的,防止饲料浪费的措施主要有:保证饲料的全价营养,不喂发霉变质的饲料,添料量应为料槽高度的 1/3,由添料过满造成的饲料浪费是惊人的,饲料粉碎不能过细,否则易造成采食困难和"料尘"飞扬,高质量的喂料机械可节省饲料,及时淘汰低产鸡和停产鸡,采取在保证产蛋量的前提下,节约饲料有奖的承包责任制。

生产实践证明,不少养鸡场的饲料浪费的确是一个值得注意,并应认真解决的问题。

六、保证供水

水是鸡生长发育、产蛋和健康所必需的营养物质,但在生产现场往往被忽视(尤其是水质)。从日常管理来说,必须确保全天不间断供应清洁卫生的饮水。此外,还应每天清洗饮水器或水槽。产蛋期蛋鸡的饮水量随气温、产蛋率和饮水设备等因素不同而异,一般每天每只蛋鸡的饮水量为 200~300 mL。

七、产蛋鸡的外貌和生理特征

为了节省饲料、降低成本与提高笼位利用率,在日常管理中的一项重要工作就是及时淘汰低产鸡,包括"大龄"未开产鸡、过早换羽的鸡和停产鸡等。此外,在产蛋末期有的鸡场提前 1~2 个月,先淘汰部分停产鸡和低产鸡,以降低成本。

产蛋鸡与停产鸡,高产鸡与低产鸡在外貌和生理特征上有一定区别。母鸡在开产前后由于激素的作用,其外部和内部有许多变化。

(一)鸡体各部位的变化

1.冠和肉髯　冠和肉髯与卵巢的发育及活动密切相关。产蛋鸡的冠和肉髯大,色鲜红,比较湿润,触之温暖。不产蛋鸡的冠和肉髯小,色淡,干燥,触之无温感。

2.泄殖腔　产蛋鸡的泄殖腔大而湿润,膨胀而柔软,原来的黄色较淡或消失。不产蛋鸡的泄殖腔小,干燥紧缩,多为黄色。

3.耻骨　产蛋鸡的两耻骨扩张,间距增大2~3倍,耻骨变薄而富有弹性。不产蛋者耻骨间距小而向内弯曲。

4.色素的消退与恢复　可根据黄色皮肤品种蛋鸡的色素消退的情况来判断其产蛋的多少和持续性。这类鸡的肛门、眼睑、喙、胫部及脚趾的表皮层含有黄色素。饲料中的叶黄素和类胡萝卜素是机体黄色素的来源。开产后,黄色素逐渐向蛋黄转移。色素消退和恢复的快慢及色素的深浅与饲料中黄色素含量有关,也与产蛋量有关,开产后逐渐消退,停产后又逐渐恢复。这种变化有一定的规律,故可据此来判断鸡的产蛋情况。皮肤色素退色的顺序依次为:肛门/眼睑—耳叶—喙的基部、中部、端部—脚底—胫前侧—胫后侧—趾尖—踝关节。

5.换羽　鸡每完成一个产蛋年后,于每年秋季换羽一次。换羽时,营养用于换羽,母鸡即开始停产。低产鸡换羽早,常在夏末秋初开始,换羽持续时间长,严重影响产蛋量。高产鸡换羽迟,常在秋末冬初进行,换羽迅速,停产时间短。特别高产鸡甚至冬季也不换羽,照常产蛋,或者只换一批羽毛,停产很短,到第二年春季,气温回升,光照增长,才边换羽边产蛋。

鸡正常换羽有一定顺序:头部—颈部—胸部—背腹部—翅部—尾部。其中主翼羽的脱换很有规律,其他部位的羽毛脱换在顺序和时间上不很明显。

将鸡翅展开,可以看到两排相当粗大的羽毛,离肩较近的一排14根为副翼羽,离肩较远的一排10根为主翼羽,在主、副翼羽之间有一根比副翼羽更短的叫轴羽。把靠近轴羽的那根主翼羽叫第1根主翼羽,然后依次往外数,最外一根叫第10根主翼羽。换羽鉴定就是根据这10根主翼羽脱换的情况进行的。

换羽时第1根主翼羽先脱落,脱落的每根主翼羽长到原来的长度约需6周,每相邻的两根主翼羽脱换的间隔时间为1周左右,按照这样的速度计算,10根主翼羽从脱换到长全约需16周。实际上只有少数的低产鸡才是这样的。而高产鸡的换羽特点:换羽开始晚,同时脱换几根主翼羽,换羽延续时间短,而且换羽期间继续产蛋。只有更换主翼羽时才停产。副翼羽脱换的顺序不像主翼羽那样规律。

换羽对产蛋有一定影响,但不像过去所强调的那样显著。换羽的时间和速度在相当程度上是受体重和身体状况影响的,也受环境状况包括饲养管理条件的影响。

(二)产蛋鸡与停产鸡,高产鸡与低产鸡的区别　见表6-1和表6-2。

表6-1　产蛋鸡与停产鸡的区别

项　目	产蛋鸡	停产鸡
冠、肉垂	大而鲜红,丰满,温暖	小而皱缩,色淡或暗红色,干燥,无温暖感觉
肛门	大而丰满,湿润,椭圆形	小而皱缩,干燥,圆形
触摸品质	皮肤柔软细嫩,耻骨端薄而有弹性	皮肤和耻骨端硬而无弹性
腹部容积	大	小
换羽	未换羽	已换或正在换
色素变化	肛门、喙和胫等已退色	肛门、喙和胫为黄色

表6-2　高产鸡与低产鸡的区别

项　目	高产鸡	低产鸡
头部	大小适中,清秀,头顶宽	粗大,面部有较多脂肪沉积,头过长或短
喙	粗短,略弯曲	细长无力或过于弯曲形似鹰嘴

续表6-2

项　目	高产鸡	低产鸡
头饰	大,细致,红润,温暖	小,粗糙,苍白,发凉
胸部	宽而深,向前突出,胸骨长而直	发育欠佳,胸骨短而弯曲
体躯	背长而平,腰宽,腹部容积大	背短,腰窄,腹部容积小
皮肤	柔软有弹性,稍薄,手感良好	厚而粗,脂肪过多,发紧发硬
耻骨间的距离	大,可容3指以上	小,3指以下
胸耻骨间的距离	大,可容4~5指	小,3或3指以下
换羽	换羽开始迟,延续时间短	开始早,延续时间长
性情	活泼而不野,易管理	动作迟缓或过野,难于管理
各部位的配合	匀称	不匀称
觅食力	强,嗉囊经常饱满	弱,嗉囊不饱满
羽毛	表现较陈旧	整齐洁净

八、产蛋突然下降的原因分析

1.疾病方面　引起产蛋下降有关传染病,属病毒性的有传染性支气管炎、新城疫、传染性喉气管炎、产蛋下降综合症、传染性脑脊髓炎、淋巴白血病和鸡痘等,属细菌性传染病的主要有败血霉形体、传染性鼻炎和禽霍乱等。目前发生较多的引起产蛋下降的疾病主要是新城疫、传染性支气管炎、产蛋下降综合症、传染性脑脊髓炎、败血霉形体、马立克氏病和法氏囊炎以及大肠杆菌病。

2.营养方面　由饲料霉变或维生素、微量元素添加剂质量低劣所致的鸡群产蛋突然下降的事例,目前屡见不鲜。

3.环境方面　如突然停止光照,缩短光照时间,减少光照强度都可能使产蛋量突然下降。通风严重不足,如密闭式鸡舍遇天气酷热又遇停电,未及时打开应急窗;或虽已打开应急窗但由于天气很热而停电时间太长;连续几天天气闷热,舍内形成高温高湿环境;突然遭受热浪或寒潮的侵袭,使鸡群采食量普遍下降,产蛋量也随之显著下降。

4.管理方面

(1)由于饲养管理人员严重不负责任,致使连续几天喂料不足,或饲料成分质量发生显著变化。例如,饲料中鱼粉含盐量过高,含钙量偏高,或熟豆饼突然换成生豆饼等,由于适口性差而引起采食量下降,或引起消化障碍而使产蛋量下降。

(2)由于管道堵塞,水槽漏水,或检修不良而造成的供水障碍。

(3)异常的声响,陌生人、畜的出现,使鸡群突然受惊。

(4)饲养人员或作业程序发生变动等。

(5)疫苗接种或驱虫对鸡群的惊扰,应激引起的副作用。

5.蛋鸡休产日同期化 在产蛋处于相对平稳的时期或状态下,如果休产的鸡在某一天突然增多,就呈现出产蛋量突然下降的现象。这不是由外界条件造成的,也不是鸡群健康状况或产蛋强度有何变化,只不过是休产日同期化的鸡数量暂时增多而形成产蛋率下降的现象。因此,这种情况在很短时间内就会恢复原来的产蛋水平。

第二节　开产阶段饲养管理要点

(一)开产前母鸡的主要变化 在产蛋前期,母鸡体重要增加400~500 g,骨骼增重15~20 g,其中4~5 g为钙的储备。大约从16周龄起小母鸡逐渐性成熟,此时成熟卵泡不断释放出雌激素,而雌激素与雄激素的协调作用诱发了髓骨在骨腔中的形成,髓骨乃是母鸡特有的骨骼,公鸡与尚未性成熟的小母鸡均无髓骨。性成熟时小母鸡大约在产第1枚蛋的10天前开始沉积髓骨,髓骨从致密骨的内膜表面生长,这是一些很细小的骨针,交错地充满于骨腔之中。髓骨约占性成熟小母鸡全部骨骼重量的 12%。髓骨的生理功能是作为一种容易抽调的钙源,供母鸡产蛋时利用。蛋壳形成约有 1/4 的钙来自髓骨,其他 3/4 来自饲粮。此外,产蛋前期小母鸡的卵巢和输卵管也开始发育。小母鸡从开产至产蛋高峰阶段受到巨大的应激,应该说,这种应激是早在开产前几周从输卵管开始发育、肝脏增大和髓骨形成时就已开始。

(二)自由采食　现代蛋鸡产蛋对营养的需要极高。一只新母鸡在第 1 个产蛋年中所产蛋的总重量为其自身重的 8~10 倍,而其自身体重还要增长 25%。为此,它必须采食约为其体重 20 倍的饲料。小母鸡在开产前 1 个月内每天的采食量相当恒定,每只约耗料 75 g。直到开产前 4 天左右,采食量约减少 20%,保持此低采食水平到开始产蛋。然后,在开产的前 4 天里,采食量迅速增加;以后是中等程度的增加,直到 4 周以后;此后,采食量的增加就极缓慢了。根据上述采食量变化的特点,在鸡群开始产蛋起,应让母鸡自由采食,并实行到产蛋高峰和高峰过后的 2 周为止。

(三)体重标准　育成期每 2 周称重一次并与体重标准相对照,这是经常性的重要工作。如果达不到体重标准,应加强营养,提高饲料中蛋白质和代谢能的水平,以保证蛋鸡在 18 周龄前达到体重标准。如在 18 周龄时不能达到体重标准,原定的 18 周龄开始增加光照时间,可推迟到 19 或 20 周龄时再增加,以使鸡群开产时的体重尽可能达到体重标准。实践证明,鸡群开产时体重如能普遍达到标准,生长发育比较一致,即达到了开产体重的适宜化和整齐化,开产的个体比例比较集中和整齐,即达到了开产的适时化和周期化,就能按期达到产蛋高峰并获得较高的全期产蛋量。

(四)光照　产蛋期光照原则是只能延长不能减少,延长光照时间应根据 18 或 20 周龄时抽测的体重而定,如果鸡群体重达到标准,则应在 18 周龄起每周延长光照 1 h,直到 14~16 h 恒定不变。如果在 20 周龄仍达不到标准体重,可将补充光照时间推迟,在 21 周龄时开始进行。

(五)改换饲料 指由生长饲料改换为产蛋饲料。开产前增加光照时间要与改换饲料相配合,如只增加光照,不改变饲料,易造成生殖系统与整个体躯发育的不协调。如保改换饲料不增加光照时间,又会使鸡体脂肪积聚,故一般在增加光照 1 周后改换饲料。

(六)补钙 产蛋鸡对钙的需要量比生长鸡高 3~4 倍,而产蛋鸡饲料含钙量一般为 3%~3.5%,不超过 4%。这里应注意的是,如产蛋鸡喂钙过多,不但抑制食欲,还会影响磷、铁、铜、钴、镁、锌等矿物质的吸收。过早补钙反而不利于钙质在母鸡骨骼中的沉积。在实践中可采取的补钙方法是:当鸡群中"见第 1 枚蛋时"时,或开产前两周(约 18 周龄)时,为照顾部分已经开产的鸡,在饲料中加一些贝壳或碳酸钙颗粒,也可另放一些矿物质于料槽中,任开产的鸡自由采食,直到鸡群产蛋率达 5%时,再将生长饲料改换为产蛋饲料。

第三节 阶段饲养

在环境温度合适的情况下,母鸡每产一枚蛋,平均每天需要蛋白质 17~18 g。由于产蛋率在产蛋高峰以后逐渐下降,而母鸡在产蛋期的采食量是几乎相等或略微减少,故在实际生产中在高峰以后酌量降低饲料蛋白质水平是有经济意义的。

阶段饲养在不同情况下有不同的含义。这里是指产蛋期内对蛋鸡饲料蛋白质水平的调节,以便更准确地满足蛋鸡对不同产蛋期的蛋白质需要量,其主要目的在于防止蛋白质的浪费,从而降低饲料成本。产蛋期阶段饲养可具体定义为,根据鸡群的产蛋率和周龄,将产蛋期分为若干阶段,并根据环境温度喂以不同水平蛋白质、能量的饲料。这种既满足鸡营养需要,又节约饲料的方法叫阶段饲养法。

　　阶段饲养法分三阶段饲养法和两阶段饲养法。三阶段饲养法分为产蛋前、中、后期,也有将产蛋率80%以上、70%~80%和70%以下分别定为产蛋前、中、后期的。两阶段饲养法分为产蛋前期和后期。

一、三阶段饲养法

　　(一)产蛋前期　　自开产至40周龄(或产蛋率80%以上时期)。如在育成期鸡群饲养管理良好,一般在20周龄左右开产,在26~28周龄达产蛋高峰,产蛋率达90%左右,至40周龄仍在80%以上。蛋重由开产的40 g增至40周龄时的56 g以上。母鸡体重增加也较快。因此,产蛋前期的20周是产蛋期的关键,对饲养技术的要求是使产蛋率能迅速上升达到高峰,并维持较长时间,故要重点注意提高饲料的蛋白质、矿物质和维生素水平。产蛋前期应每天喂给每只母鸡18 g蛋白质,1 264 kJ代谢能。

　　产蛋前期母鸡的繁殖机能旺盛,代谢强度大,摄入的营养多用于产蛋和增加体重。因此,鸡的抵抗力较差,容易感染疾病。应加强卫生防疫工作,但尽量减少免疫接种,防止其他应激的发生。

　　(二)产蛋中、后期　　母鸡40~60周龄阶段为产蛋中期,60周龄以后为产蛋后期,即母鸡产蛋第21~40周和以后这两段(或产蛋率分别为70%~80%和70%以下)。42周龄以后母鸡体重几乎不再增加,产蛋率下降,但蛋重仍略有增加。此时的饲养管理应使产蛋率缓和平稳地下降,故饲料中的蛋白质水平可适当降低。在生产中很难做出统一的降低蛋白质水平的具体规定。由于蛋白质采食量受环境温度、饲料能量水平等因素的影响,因此必须根据每个鸡群的情况做出具体计划。

　　具体的三阶段饲养法的营养标准可以参考各个品种的饲养标准,现在大部分的品种的标准分为三阶段饲养。需要注意的是:如果第三阶段正遇夏季,则不宜降低饲料蛋白质水平,因为夏季炎热时鸡的饲料采食量可能降低 10%～15%，势必减少蛋白质的食入量。总之，计算母鸡每天的蛋白质进食量要比饲粮蛋白质水平更具有实际意义。

二、两阶段饲养法

自开产至 42 周龄为产蛋前期，42 周龄以后为产蛋后期。

两阶段饲养法的饲养标准见表 6-3。

表 6-3　两阶段饲养法饲养标准

饲料代谢能含量（MJ/kg）	饲料蛋白质含量(%)			
	产蛋前期		产蛋后期	
	普通气温	炎热气温	普通气温	炎热气温
11.046	14.7	16.3	13.2	14.6
11.506	15.3	17.0	13.8	15.2
11.966	15.9	17.7	14.3	15.8
12.426	16.6	18.4	14.9	16.5
12.887	17.2	19.1	15.4	17.1
13.347	17.8	19.7	16.0	17.7

第四节　产蛋高峰期饲养管理要点

鸡群产蛋高峰一般按产蛋率计。现代高产蛋鸡多在 28 周龄达到高峰，在其前后约有 10 周时间产蛋率在 90% 以上。如按每天产蛋重量计，产蛋高峰在 35 周龄左右，就产品来说这是真正的高峰，持续 5～6 周后，与产蛋率曲线同时下落。这期间是鸡高产阶段，其中有相当一部分鸡每天产蛋，在饲养管理上须注意做好以下工作：

（一）充分满足产蛋的营养需要　从鸡群开始产蛋到进入高峰，这 8 周左右时间，每只白壳蛋鸡基本上能根据能量需要调节采食量。因此，在此期间多任其自由采食，提供优良、营养完善而平衡的高蛋白、高钙饲料，以充分满足蛋鸡高产与同时增长的营养需要。

(二)注意维护鸡群的健康　产蛋高峰期间是母鸡繁殖机能最为旺盛、代谢最为强烈、合成蛋白最多的时期，也是机体处于巨大的生产应激之下，抵抗力较弱容易得病的时期，因此要特别注意环境与饲料卫生，不使鸡群受到病原微生物的感染。

(三)不采取可能导致应激的措施　鸡群产蛋高峰的高低和持续时间的长短，不仅对当时产蛋量，也对全期产蛋量有重大影响，如在高峰期间该鸡群高产潜力和高度繁殖机能得以充分发挥，不但峰值高，持续时间也长，以后的产蛋曲线是在高水平起点上下降，全期产蛋相应较高。大多数情况下，高峰产蛋率高，全期产蛋率也高。反之，全期产蛋相应较低。在产蛋高峰期间，鸡体已受到相当大的内部应激，如再采取能成为外部应激原的措施，如并群、驱赶等，会使鸡处于多重应激下，这样易使产蛋高峰急剧下落，以后一般回复不到原来下落的起点。

产蛋高峰过后，饲养管理又进入了新的阶段，此时鸡群达40周龄，体重接近成年体重，蛋重接近平均蛋重，这时候，就要改变饲料的配方，使用三阶段饲养法的第二阶段的饲养标准。

第七章 种鸡的饲养管理

饲养种鸡是为了尽可能多地获取高受精率和高孵化率的合格种蛋,以便由每只种母鸡提供更多的健壮初生母雏。为此,除了优良的品种外,良好的饲养管理是关键,不仅取决于产蛋期的饲养管理,也在很大程度上取决于育雏期和育成期的饲养管理。

第一节 蛋用种鸡的饲养管理

一、育雏期和育成期的饲养管理

蛋用种鸡与商品蛋鸡的育雏、育成方法基本相同,在此主要介绍与商品蛋鸡的不同之处。

(一)饲养方式 有地面平养、离地网上平养和笼养(0~8周龄为育雏期,多采用四层重叠式育雏笼;8~20周龄为育成期,可采用两层或三层育成笼)等方式。根据实践经验,为便于防疫注射和管理,建议采用离地网上平养和笼养。

(二)饲养密度 种鸡的饲养密度比商品鸡小,育雏育成期饲养密度见表7-1和表7-2。合理的饲养密度,有利于雏鸡正常发育,也有利于提高鸡群的均匀度和成活率。应随日龄增加降低饲养密度,在育雏期内,可在断喙、接种疫苗的同时,调整鸡群的饲养密度,并强弱分群饲养。

(三)环境控制 为培育出健壮合格的种用后备鸡,除要求按常规标准控制好育雏、育成鸡舍的湿度、温度、通风和空气质量外,应强调的是卫生消毒工作,特别是转群前和转群后的鸡舍一定要

表 7-1 育雏、育成期不同饲养方式的饲养密度

蛋鸡类型	周龄	全垫料地面(只/m²)	网上平养(只/m²)
来航型鸡	0~7	13	17
	8~20	6.3	8
中型蛋鸡	0~7	11	15
	8~20	5.6	7.0

注:如果育雏、育成为一段饲养制,应根据 20 周龄时的饲养密度确定饲养量。

表 7-2 四层重叠式育雏笼 0~8 周龄饲养密度

周龄	饲养鸡数 (只/组)	饲养密度 (只/m²)	放置层数
1~2	816	59	最上两层
3~4	808	39	三层
5~7	800	29	四层

注:①本表为中型蛋鸡的饲养密度,轻型蛋鸡可增加 25% 左右;
②按照 1~8 周龄育成率 98%,2 周以后每周死亡率 0.5% 计算。

彻底消毒,对种鸡场来说,有条件的,鸡舍消毒后,要做消毒效果测定。不具备条件者,至少要消毒 3 次,力求彻底,对场区的消毒要定期进行。此外,从进雏的第 2 天起,就要进行带鸡消毒。一般要求育雏阶段每周两次或隔日一次,育成阶段每周一次,使鸡只始终生活在比较干净的环境之中。

(四)光照管理 光照方案的制定和光照方法可参照第四章第四节。

(五)营养需要与饲料配方 蛋用种鸡生长期的营养需要、饲料配方和饲喂方式等与商品蛋鸡的基本相同。在实际生产中,在鸡的饲养管理上,往往把精力集中在产蛋期,而忽视了后备鸡培育这一关键时期。故应强调后备鸡的质量与开产是否适时和整齐、产蛋高峰上得快慢、上得高低和高峰持续期维持的长短以及蛋重大小等都有着非常密切的关系。对后备种鸡的要求是体重适宜并整齐度好,"上笼"合格率高,骨骼坚实,肌肉发达,体格健壮。

种鸡的育雏、育成期的营养水平和维生素、微量元素的添加量可参考饲养标准及各个品种的营养要求。

(六)体重标准 高产品系鸡种均有其能最大限度发挥遗传潜力的各周龄的标准体重。蛋鸡的标准体重是产蛋最适宜的体重,它与肉鸡肥育的所谓标准体重,概念是完全不同的。绝不是在自由采食状态下,最佳管理所能达到的体重,而是通过科学的精细的饲喂并及时调控等综合技术措施下达到的体重。从开食到淘汰,鸡的任何周龄都存在最适宜的体重问题。从这个角度看,特别是对于在育成期和性成熟时,合适体重的重要性,无论怎样强调也不算过分。必须经常调整饲料和饲喂方法,保持母鸡适宜的体重。

二、产蛋期的饲养管理

(一)饲养方式 有地面平养(垫料)、网上平养、笼养和种鸡小群笼养四种方式。

1.地面平养(垫料) 种鸡养在地面垫料上,自然交配繁殖。每5只母鸡配备一个产蛋箱。饮水设备采用大型塔式饮水器或在鸡舍两侧安装水槽。喂料采用吊式料桶或料槽,机械喂料可用链式料槽、弹簧式料盘、塞索管式料盘等。

2.网上平养 种鸡养在离地约60 cm的铁丝网或竹条板上,自然交配繁殖。饮水及喂料设备与地面平养方式相同。

3.笼养人工授精 种母鸡养在产蛋鸡笼中,种公鸡养在种公鸡笼里,采用人工授精方式获取种蛋。这种方式是现在种鸡场采用最多的饲养方式。

4.种鸡小群笼养 笼长3.9 m,宽1.94 m,养80只母鸡和8~9只公鸡。采用自然交配方式。种蛋从斜面底网滚出到笼外两侧的集蛋处,不必配备产蛋箱。

(二)环境控制和光照管理 基本与商品蛋鸡的要求相同。

　　(三)饲喂及饲粮营养标准　可参考国内外的饲养标准或该品种的饲养手册。随时对照鸡的体重标准,尽量达到该品种鸡的体重等各项标准。

第二节　母鸡的生殖生理

一、生殖生理特点

　　鸡是卵生动物,没有哺乳动物那样的发情周期和妊娠期,母鸡只要在适宜条件下,可在同一时期内,卵泡连续发育、排卵和受精。鸡卵较大,而且在母鸡输卵管内增添受精卵发育需要的营养物质,随后以蛋的形式排出体外。受精蛋可在体外保存,当条件适宜时会继续发育,直到孵出小鸡。而家畜在受精卵是附植于母体子宫内,不断地从母体吸收营养,需经几个月才能发育完全分娩产出。鸡胚胎发育绝大部分在体外,而且只需21天便可孵出小鸡。

二、生殖器官

　　母鸡生殖器官包括卵巢、输卵管两大部分。右侧卵巢及输卵管于孵化的第7~9天就停止发育,到小鸡孵出时已退化,仅存残迹。

　　1.卵巢　位于腹腔中线稍偏左侧,在肾脏前叶的前方,由卵巢、输卵管系膜附于体壁。鸡的卵巢是由含有卵母细胞的皮质和内部的髓质组成。在性成熟时,皮质和髓质的界线就消失了。实际上卵巢上含有许多未成熟卵泡的部位为皮质,而含有血管、神经和平滑肌的血管区为髓质。

　　性成熟母鸡的卵巢呈葡萄状,上面有许多大大小小发育阶段不同的白色和黄色卵泡。每个卵泡都含有一个生殖细胞,即卵母细胞。成熟的卵巢,肉眼可见1 000~1 500个卵泡,在显微镜下还可观察到更多,约12 000个,但实际发育成熟而又排卵的,为数很少。卵泡由柄附于卵巢上,其表面有血管与卵巢髓质相通,输送营养物质,供卵子生长发育。成熟母鸡产蛋时期的卵巢重40～60 g,在休产时仅4～6 g。

2.输卵管 是一条弯曲长管,有弹性,管壁血管丰富。前端开口于卵巢下方,后端开口于泄殖腔。输卵管全长约70 cm,是由腹腔背韧带悬挂着,并继续围绕而成腹韧带。它由漏斗部(又称伞部)、膨大部、峡部、子宫和阴道五部分组成,各部分功能见表7-3。

表7-3 输卵管各部分功能

输卵管各部位	长度(cm)	卵停留时间	功　能
漏斗部	9	15 min	承接卵,受精
膨大部	33	3 h	分泌蛋白
峡部	10	80 min	形成内、外壳膜,注入水分
子宫	10～12	18～20 h	注入子宫液,形成蛋壳,着色,壳上膜
阴道	9～10	几分钟	通道

三、生殖激素

生殖是一种非常复杂的生理活动过程,除由生殖器官直接参与之外,生殖机能依靠神经系统和内分泌系统的调节与控制,通常把直接调节生殖机能的内分泌激素,称为生殖激素。大多数激素都是被释放到血液中,在血液维持一定浓度,从而对靶器官发挥作用。靶器官对相应激素的反应,取决于激素的浓度,不同浓度激素作用下,靶器官可能出现相反的效应。

(一)来源于下丘脑的神经激素

1.促性腺激素释放激素(GnRH) 作用于垂体前叶,促进垂体前叶生成和释放促卵泡素(FSH)和促黄体素(LH)。

2.催产素和催产加压素 由下丘脑产生,储存于垂体后叶,并释放。作用于子宫,使子宫收缩、产蛋。

(二)来源于垂体前叶的生殖激素

1.促卵泡素(FSH)　作用于卵巢,促进卵泡生长、成熟。协同LH,促进卵泡分泌激素。

2.促黄体素(LH)　它作用于卵巢,协同FSH促进卵泡成熟,促进雌激素分泌,引起卵泡排卵。

当垂体分泌的促卵泡素占优势时,刺激卵巢内的卵泡生长和发育。在卵泡接近成熟时,垂体前叶分泌的促黄体素不断增加。促卵泡素和促黄体素两者达到一定比例,成熟的卵泡便破裂排卵。

3.促乳素　作用是抑制卵泡生长发育,使卵泡萎缩,母鸡就巢。

(三)来源于卵巢的卵巢激素　母鸡的卵巢能分泌三种激素,即雌激素、孕酮和雄激素。

1.雌激素　早期胚胎左侧卵巢产生类固醇激素,由于这些类固醇激素对此时的右侧卵巢起抑制作用,因而使右侧输卵管不能进一步发育。左侧卵巢和输卵管孵化后期继续缓慢地发育。此外雌激素的功能很多,如引起输卵管闭合板分裂,增加钙经肠道吸收,使血中钙、磷和蛋白质提高,作用于肝脏产生卵黄脂蛋白,增加体脂沉积,刺激输卵管生长,使耻骨扩张,蛋壳分泌,髓骨形成,促进典型雌性行为和雌性羽毛产生,对鸡冠生长起抑制作用,对促性腺激素排出起负反馈作用。

2.孕酮　由卵泡颗粒细胞产生。它与钙代谢、雌性行为、输卵管功能(如蛋白分泌)有关,与雌激素作用相反,对促性腺激素排出起正反馈作用。

3.雄激素　由卵巢间质细胞产生,对输卵管生长和分化有作用,可促进鸡冠生长,引起交配行为和攻击行动。

这三种激素以各自的速度生成,相互作用维持繁殖状况。

(四)主要生殖激素的相互关系　在生殖机能的调节过程中,

生殖激素的地位和作用不是等同的。

当母鸡接近性成熟时,对光的易感性增强,这一改变引起进一步的性发育,光线促进机体产生 GnRH、FSH、LH 和卵巢激素。这些激素共同构成支配生殖机能的内分泌体系,共同影响生殖过程,有时它们之间是相互协同的,有时则是相互制约的。如 FSH、LH 相互协同影响卵泡生长、发育。雌激素和雄激素对输卵管生长、分化起协同作用,但对鸡冠的生长,两者则是相互制约。

生殖激素分泌的调节首先受到神经中枢的调节,当外界信息传入中枢系统,汇集于下丘脑,下丘脑再传到垂体。另外,则依靠激素本身来调节,即一种激素,它在血液中的浓度超出一定水平之后则反过来调节它的上级腺体的分泌功能,这种调节作用称为反馈,反馈作用分为正反馈和负反馈。例如,卵巢激素在血液中浓度达到一定水平时,反过来影响下丘脑和垂体前叶的分泌功能,控制其对促性腺激素的分泌量。

在繁殖过程中,由于激素本身的相互作用——协同、促进和制约,才使母鸡生理活动和各项生理机能保持在相对稳定的正常状态。如果生殖内分泌系统中任何一个环节失调、破坏,生殖功能也随之失调和丧失。

四、卵子的发育和卵黄生长

1. 卵子发育　在孵化过程中,雌性原核转化为卵原细胞,到孵化后期或出壳后,卵原细胞就停止而进入生长期,并变为初级卵母细胞,以后一直持续到性成熟,在排卵前 $1\sim2$ h 才发生核的减数分裂,成为次级卵母细胞,并放出一个无卵子的第一极体。所以,从卵巢排到输卵管漏斗部的卵子,仅是一个次级卵母细胞,次级卵母细胞必须在输卵管内受精,才能进行有丝分裂,产生成熟的卵细胞和第二极体,第一、第二极体最后被吸收。

2. 卵黄生长　卵黄是无生命的营养物质,微小的卵母细胞在它的表面,所以通称为卵。母鸡在 2 月龄时,开始沉积卵黄,但颜色浅,所以,卵泡为白色。当接近性成熟时,卵黄迅速沉积,在 9～10 天达到成熟的大小,在短期内增重约 100 倍。在卵黄生长同时,由卵泡和卵母细胞的分泌物形成卵黄膜。卵黄物质主要是卵黄蛋白和磷脂类,这些物质是在肝脏内合成之后,经血液输送到卵泡的颗粒层,而后至卵母细胞中,卵母细胞可能将这些物质重新组合成卵黄颗粒和液体。卵黄沉积因昼夜、新陈代谢速度的差别,分浅、深两层,白天沉积的为深色,称为黄卵黄,夜间沉积的为浅色,称为白卵黄。卵母细胞随卵黄沉积,逐渐移至卵黄表面,在它原来的中心位置及移行通道上,均由白卵黄填充,因而形成卵黄心和卵黄心颈。

受精的卵细胞形成胚盘,肉眼可见有较大的白色圆点,而且有明区和暗区之分。未受精的卵细胞称为胚珠,白色圆点较小,无明、暗区的区别。

五、排卵

(一)排卵过程　卵达到成熟时,便从卵泡的无血管区称"卵带区"破裂排出。排卵时间是在母鸡前一枚蛋产出约 30 min 后,发生下一次排卵。母鸡排卵大部分是上午,如果产蛋为午后 4 时左右,则当天不发生排卵,因此时之前 6～8 h 已为白天,排卵诱导素的分泌不能实现,因而排卵被推迟到晚上,所以,翌日无蛋产出。

卵子排出后,立即落入输卵管的漏斗部。母鸡若处在不正常状态,如某种应激,特别是母鸡产蛋初期或末期,由于输卵管和卵巢的活动周期容易发生失调,使一些卵不能成功落入漏斗部,而掉到腹腔,形成"内产卵"。"内产卵"在腹腔中经 24 h 可被吸收,但过多的"内产卵"则造成腹腔炎。

排卵后破裂的卵泡膜,很快皱缩成一薄壁空囊,仍附着在卵巢上。到排卵后 10 天缩成遗迹,约 1 个月消失,破裂的卵泡膜对排卵、产蛋以及母鸡在产蛋时进巢伏窝行为起着重要作用。

（二）排卵机理 有很多解释排卵的机理，其中 Frpaps 提出一个解释：母鸡的卵泡生长和成熟是由于垂体不断地释放促卵泡素（FSH）和基础水平的促黄体素（LH）。在排卵周期中的某一时间内，因促黄体素增加而引起排卵。促使垂体释放促黄体素的是卵巢激素中的孕酮，孕酮需在一定的反应阈值内才能激发垂体，反应阈值昼夜波动，只有当光亮转为黑暗后，孕酮水平才达到激发垂体释放促黄体素的阈值，于是开始释放促黄体素，随后排卵。在每天连续释放促黄体素之后，孕酮量达不到反应阈值时，垂体就不释放促黄体素，该日就不排卵，排卵周期也于当天停止，直到第二天孕酮峰值于夜间达到反应阈值，又重新激发垂体释放促黄体素，排卵又恢复，另一个排卵周期又开始。

母鸡血浆中的促黄体素在排卵前 20~21 h, 12~14 h, 6~8 h 的浓度最高，而卵泡对排卵前 6~8 h 的促黄体素最为敏感。

（三）排卵中断 注射某些蛋白，小剂量能使母鸡延迟 6~10 h 排卵，大剂量则使卵泡迅速而广泛地萎缩；腹部手术常引起排卵暂停；输卵管损伤，如向子宫内输精而引起子宫阴道连接处受伤，就会抑制排卵；在输卵管的蛋白分泌物或峡部存有异物时也抑制排卵，这是由于异物或正在形成的蛋存在于输卵管上部，通过一种神经机制抑制排卵所需的促黄体素高峰值。

六、蛋的形成

（一）蛋白形成 成熟的卵黄从卵巢排出便落入输卵管的漏斗部，此时如与精子相遇，在 15~18 min 便发生受精作用，漏斗颈部具有管状腺，它能分泌蛋白，当卵黄在输卵管内部旋转前进至膨大部时，由于机械的旋转，而形成系带、系带层浓蛋白和内稀蛋白。

膨大部具有丰富的腺体组织，分泌蛋白，当卵黄继续进入膨大部时，又分泌一层浓蛋白。卵黄离开膨大部后，输卵管其他部位不再分泌蛋白,但也有人认为在峡部分泌少量蛋白,占总蛋白量的10%左右。膨大部的代谢非常稳定,不但卵黄通过时分泌蛋白,而且当卵黄在输卵管的其他部位或其中根本没有卵黄存在,仍分泌蛋白。只有在非产蛋期,其功能才完全停止。

(二)蛋壳膜的形成　蛋壳膜为内、外两层,当卵黄通过峡部时首先形成内壳膜,外壳膜以乳头突与蛋壳相连。两层壳膜在蛋钝端分开,形成气室。壳膜由纤维蛋白质组成,是半透性膜,作为蛋的屏障,能防止微生物入侵和蛋内水分迅速蒸发。

(三)蛋壳形成　卵沿峡部进入子宫。子宫实际上就是蛋壳腺,蛋在此停留 18~20 h。蛋进入子宫后首先渗入水和盐分,而形成稀蛋白。蛋壳的沉积开始于刚要离开峡部,而正要进入子宫之时,此时外壳上出现许多极微小的钙沉积小点。开始沉积的钙量,对以后钙的沉积量有一定作用,并且具有遗传性。最初在起始部位沉积的为内壳层,这是由碳酸钙晶体构成的海绵样乳头层,此后沉积由坚实的碳酸钙晶体构成的海绵层,这就是外壳层,其厚度为内壳层的 2 倍,最终形成的蛋壳几乎完全由碳酸钙构成,只有少量磷、镁、钠和钾。

蛋壳中沉积的碳酸钙,是由血液中提供的钙离子和碳酸根离子组成,碳酸根离子也有一部分是来自蛋壳腺。所以,减少血液中这两种离子供应,都会使碳酸钙不能充分沉积,而造成劣质蛋壳。高温环境容易引起劣质蛋壳,就是因为血液中碳酸根离子减少引起的。

造成蛋壳变薄的原因很多,除由于碳酸根离子供应不足之外,还有其他原因:母鸡产蛋后期,蛋壳一般都比较薄,这是因为产蛋后期的蛋较大,对钙的需要量也就更多,而母鸡不能为蛋壳的形成提供足够的钙;环境高温,母鸡采食量减少,钙的摄入量也就不足;鸡群受到某种应激,如疾病,患新城疫、传染性支气管炎、传染性喉气管炎等病毒性疾病都能使蛋壳变薄;应用某些药物。

（四）气孔、蛋壳颜色和壳胶膜

1.气孔　气孔形成是由于碳酸钙沉积成柱状的方解石结晶，柱状结晶没有完全同时增大，留下的间隙，间隙垂直通过气孔向蛋内提供氧并排出二氧化碳。

2.蛋壳颜色　褐壳蛋上沉积的是棕色素，棕色素在产蛋前5 h形成。对某个个体来说，蛋壳颜色深浅是固定的，并且具有遗传性，通过选择可使蛋壳颜色一致。某些疾病可使褐壳蛋的颜色变浅。

3.壳胶膜　也称为壳上膜，由蛋壳腺分泌的有机物构成，是蛋壳外层的角质膜，它在产蛋时起润滑作用，产蛋后瞬间干燥，封闭气孔，可防止水分蒸发及细菌入侵。随着蛋的存放或孵化，壳胶膜逐渐脱落，空气进入，水蒸气或胚胎呼吸产生的二氧化碳可以通过气孔排出。

（五）畸形蛋的形成原因

1.双黄蛋　双黄蛋是因为在开产盛期或盛产季节，两个卵黄同时成熟排出或一个成熟排出，另一个尚未完全成熟，但因母鸡受惊吓时飞跃，物理压力迫使卵泡缝痕破裂而与上一个蛋黄几乎同时排出。因而被漏斗部同时纳入，经过膨大部、峡部、子宫部，像正常蛋一样，包上蛋白、内外壳膜，渗入子宫液，包上蛋壳、壳胶膜，最后产出，形成双黄蛋，有时甚至可能是三黄蛋。

2.无黄蛋　无黄蛋是母鸡产出的特别小的蛋，没有蛋黄，仅在蛋的中央有一块凝固蛋白，有时中央出现一块血块，或脱落的黏膜组织。这是在盛产季节，膨大部分泌机能旺盛，输卵管蠕动，出现一块较浓的蛋白经扭转后，包上继续分泌的蛋白、蛋壳膜、蛋壳而产出体外，形成特小的无黄蛋。如果卵巢出血，卵泡膜组织部分脱落，被输卵管喇叭部纳入后，也可形成无黄蛋。

3.软壳蛋　软壳蛋是由于缺乏钙或维生素 D，子宫部分分泌机能失常，鸡输卵管内寄生有蛋蛭，或由于接种疫苗产生强烈的反应阻碍蛋壳的形成,或因母鸡受惊,输卵管壁肌肉收缩,蛋壳尚没有形成,即排出体外,都可形成软壳蛋。

4.异物蛋　异物蛋就是在系带附近或蛋白中有血块、系膜、壳膜、凝固蛋白、寄生虫等。其原因有卵巢出血、脱落卵泡膜随卵黄进入输卵管,输卵管内反常分泌的壳膜、凝固蛋白随蛋黄下行,肠道内寄生虫移行到泄殖腔,上行进入输卵管又随卵黄下行等。

5.蛋包蛋　蛋包蛋即在一个正常蛋外面包裹着蛋白、内外壳膜和蛋壳。形成这种蛋的原因是蛋移行到子宫部形成蛋壳后,由于惊吓或某些生理反常现象,输卵管发生逆蠕动,将形成的蛋推移到输卵管上部,恢复正常后蛋下行又包上蛋白、蛋壳膜和蛋壳。

第三节　公鸡的生殖生理

一、生殖器官

公鸡生殖器官的特点是:睾丸在体腔内,没有真正的阴茎,只有退化的交配器,也没有前列腺、尿道球腺等副性腺,所以精液中没有这些腺体的分泌物,只有输精管末端附近的脉管体及泄殖腔内淋巴褶所分泌的透明液。公鸡的生殖器官主要包括睾丸、附睾、输精管及退化的交配器。

1.睾丸　睾丸形状似蚕豆,悬挂于脊柱两侧、肾脏前端的正下方。成年公鸡的睾丸有一部分被后腔气囊所包围。睾丸的颜色及大小常因品种、年龄、性机能活动不同而不同。颜色通常为奶酪色,但有时全部或部分为黑色。蛋用品种轻型鸡成熟时,睾丸平均重8~12 g,中型蛋鸡15~20 g。在自然条件下,成年公鸡在春季,性机能特别旺盛,精子大量形成,睾丸颜色逐渐变白,形状和重量增大。

睾丸内无小叶间隔,由精细管、精管网和输出管组成。睾丸有无数的精细管,精细管呈不规则形状其中含有不同发育阶段的精细胞。精细胞成簇地以头部附于足细胞,而尾部伸到管腔内,由于精细胞扩展,间质细胞很少。

2.附睾 精细管在睾丸背侧,由许多精细管相互结合形成精细管网,管网延伸而成为附睾管。其表面和睾丸一起被一层白膜包被。公鸡附睾很小,精子自曲精细管进入输精管,精子不在附睾停留。

3.输精管 输精管左右两侧各一条,是弯弯曲曲的白色小管,开口于泄殖腔。它与输尿管平行。输精管由前至后逐渐变粗,后部形成囊状,囊状的末端为圆锥形,称为射精管乳突,突起于泄殖腔内。

精子从睾丸生成后,需经过附睾、输精管方能成熟,直接从睾丸取精子给母鸡输精,不能获得受精蛋,从附睾取精子输精,受精率只有19%,而从输精管下部取精子,受精率为65%,由此可见,附睾和输精管都是精子成熟的部位。精子自睾丸经输精管到泄殖腔只需24 h。

4.交配器官 公鸡退化的交配器位于泄殖腔腹面内侧,是由"八"字状襞(外侧阴茎)和生殖突起(中央阴茎体)组成。交配时,由于充血八字状襞勃起,围成输精沟,精液通过输精沟流入母鸡阴道口。鸡的泄殖腔内有淋巴褶与脉管体,交配时充血分泌的透明液加入刚从输精管射出的精液中,两者一起沿着输精沟排出体外。所以采精时,透明液混入精液中的多少,因采精熟练程度,压挤力大小而有所不同。

二、公鸡的生殖激素

鸡垂体分泌促性腺激素受下丘脑控制。垂体分泌的促卵泡素能促进精细管的生长发育和精子生成,促黄体素则刺激睾丸的间质细胞分泌雄激素,间接促进精子的形成。睾丸除产生精子外,另一个功能是分泌雄激素,当睾丸生长时,雄激素的分泌速度增加。

正在发育的小公鸡,其睾丸大小与鸡冠是密切相关,因鸡冠对雄激素是很敏感的。雄激素还控制其他第二性征,如啼鸣、雄性的性活动。数周龄的小公鸡表现交媾动作也因雄激素引起。雄激素的分泌率决定雌雄两性群居的地位和攻击行为,公鸡去势则失去群居地位,注射雄激素又可恢复。肾上腺素能抑制精子形成和使睾丸萎缩。甲状腺素缺乏,可降低精子密度及受精能力。

三、精液与精子

(一)精液 精液的数量、密度、pH值以及精子活力因品种、年龄、季节、饲养管理、交配次数(采精次数)、采精技术等不同而有很大的差异,如采精次数多,精液量和精子密度就低。在自然条件下虽然公鸡日交配次数高达 25～41 次,但并不是每次都射精,14%～30%是没有射精的。适龄的公鸡的精液量、精子密度和活力都较年老或幼龄公鸡高。

(二)精子 精子中含有各种酶,在代谢过程中起重要作用。鸡的精子在无氧条件或有氧条件下都能进行代谢活动。无氧条件下进行糖酵解,即精子能将精液或稀释液中的果糖、葡萄糖分解为乳酸;有氧条件下进行呼吸作用,精子通过呼吸作用,进一步将乳酸分解为二氧化碳和水。由于鸡精液中含有的透明液能提高精子的活动、呼吸和糖酵解,因此体外精子的代谢速度很高。精子的活动随温度的升高而加快,因而能量的消耗也快,这样就会使精子丧失受精能力,甚至死亡。因此,在人工授精过程中,为了延长精子存活的时间,抑制其活动,降低代谢,须采取降温的措施。正常的精子运动是直线前进运动,头部或尾部受损的精子只能转圈或抖动。当精液中有异物时,精子的头部往往附在异物的周围,趋向异物的这些精子无异于死精子,所以在采精时,必须防止异物污染精液。温度、渗透压、酸碱度、光照和振动等外界条件对精子的影响是很大的。在一般情况下,37～38℃时,精子可以保持运动的正常形态,但并不是最适宜的温度。在处理精子时,温度急剧上升或下降对精子的危害最大,所以绝对要避免这种情况。精子在低温下可以保持休眠状态,温度一旦上升又能恢复活力。高渗或低渗都能造成精子的死亡,在人工授精的过程中,要注意防止水混入精液产生低渗造成精子的死亡。公鸡的精液的 pH 值为 7.1～7.6,为弱碱性,因为精子的代谢活动可使精液的 pH 值降低,因此保存前可把 pH 值调至中性或弱碱性,以利于精子保存。

第四节　受精与持续受精

受精过程是精子和卵子相互结合,相互同化的过程。当精子的头部进入卵子后,精子头部慢慢膨大。由于精子激活卵子,使卵子第二次成熟,它的核也出现染色体,此时卵子的核称为"雌性原核",精子的核称为"雄性原核"。另外,精子进入卵子时还带进中心粒等物质,中心粒有几种作用,其中之一是在细胞分裂时,形成纺锤体,雄、雌原核的染色体,就是靠纺锤体连结起来,以后相互靠近,最后雌雄两性的遗传物质结合起来,发育成一个新的有机体。

成熟的卵子落入输卵管漏斗部,在此若遇有精子便发生受精,否则卵子下行至蛋白分泌部被蛋白包围,便无法受精。因卵子在漏斗部的停留时间是很短暂的,所以鸡的受精作用,是在排卵后的15～20 min 进行的。

公鸡交配或人工输精后,有部分精子能达到受精部位接近卵子,参与穿透卵黄膜,有 6～20 个精子进入卵子,但只能有一个精子的核使卵子受精,其余的精子则慢慢溶解。虽然受精只能有一个精子,但为了获得高受精率,必须使输卵管的前端(高位贮精腺)保持一定数量的精子。因为禽类的卵黄膜没有防止多精子受精的机制,精子过多会干扰胚胎发育,引起胚胎早期死亡。精子的脂糖蛋白和顶体的酶可以使卵黄膜部分地溶解,帮助精子进入卵子,使精子与卵子结合。

鸡的精子在母鸡输卵管内存活相当长的时间后,仍有受精能力。输卵管的这种适应精子存活的特殊机能,使母鸡在交配或输精后的一段时间内,有连续产受精卵的可能。试验证明母鸡输卵管内有漏斗下部的高位贮精腺和子宫阴道联合处的低位贮精腺。贮精腺有较长时间维持精子的活力并保证精子不会随蛋的形成被冲刷出输卵管的功能。精子在输卵管的寿命和持续受精时间的长短,因品种、年龄等不同而有差异。鸡输卵管内的精子虽然能存活20～32天,但持续受精的高峰在输精后的 1 周之内。所以,在实际生产中平均 1 周输精一次。

无论是从阴道进入低位贮精腺,还是从输卵管进入高位贮精腺,都依靠精子本身的活动能力。贮精腺内腺管细胞能供给精子生存所需的物质,头部接触到腺管细胞的精子,其受精能力高,反之,则受精率低。贮精腺能周期性的分泌一种物质,使精子头部倒转后而释放出贮精腺。

第五节 种公鸡的饲养管理

种公鸡的饲养管理应该和母鸡一样受到重视,其重要性是不言而喻的,尤其在种鸡笼养方式和人工授精技术普遍应用的今天更是如此。因此,国内外对种公鸡的饲养、营养和选择培育等方面已有许多研究报道。

一、小公鸡的选择与培育

(一)小公鸡的选择

1.第一次选择　6～8 周龄时选留个体发育良好、冠髯大而鲜红者,淘汰外貌有缺陷,如胸骨、腿部和喙弯曲、嗉囊大而下垂者和胸部有囊肿者。淘汰体重过轻和雌雄鉴别误差的公鸡,选留比例

1:15(公:母)。

2.第二次选择　17～18周龄开始,选留体重符合品系标准的,发育良好,腹部柔软,按摩时有性反应(如翻肛、交配器勃起和排精)的公鸡,这类公鸡可望以后有较好的生活力和繁殖力。选留比例公:母为1:(15～20)。

3.第三次选择　在20周龄,中型蛋鸡可推迟1～2周,主要根据精液品质和体重选留。通常,新公鸡经7天左右按摩采精便可形成条件反射。选留比例可达1:(20～30)。

(二)小公鸡的培育　6～8周龄前公母雏混群平养或笼养,9～17周龄应公母分开,有条件者最好平养,以锻炼公鸡的体质。笼养时应特别注意密度不能大。在此期间应严格按照品种要求饲养管理,每周称重,根据体重调整饲养,将超重和低重者分别饲养。17～18周龄转入单笼饲养。光照在9～17周龄期间可每天恒定在8 h,到育成后期每周增加30 min直至12～14 h。

(三)小公鸡营养水平　代谢能11.297～12.134 MJ/kg,蛋白质,育雏期16%～18%,育成期12%～14%,能基本满足生长期需要。

二、繁殖期种公鸡的营养水平

目前,国内用于人工授精的公鸡,多使用种母鸡的饲料。由于对育成期公鸡的培育不够重视,往往到配种时,精液品质不能满足需要时,才盲目添加大量的蛋白质饲料,如加喂鸡蛋、奶粉、鱼粉等,结果适得其反,还造成浪费。过量的蛋白质,易造成公鸡血液中酮体急剧增加,出现酸中毒的倾向,消耗过多血液中的碱性物质,并由于酸中毒而破坏钙、磷代谢,出现软骨病以及"痛风"等症状,从而降低精液品质和受精能力。繁殖期种公鸡营养水平如下:

(一)公鸡对能量和蛋白质的需要量　研究表明,繁殖期种公鸡的营养需要量比种母鸡低。采用代谢能10.878～12.134 MJ/kg,

蛋白质 11%～12%的饲料,对繁殖性能没有不良影响。虽低蛋白质饲料对体重有些影响,不但无害,反而对维持公鸡的正常体况有利。在实践中,如果种用期采精频率高,建议采用 12%～14%的蛋白质饲料,氨基酸平衡的不需要加任何动物性蛋白质饲料。

(二)对钙、磷的需要量 据报道,繁殖期种公鸡饲喂含钙量 1.0%～3.7%,含磷 0.65%～0.8%的饲料没有不良影响。在实践中的钙用量为 1.5%。

(三)对维生素的需要量 目前各育种公司和饲料公司所制定的种鸡维生素需要量均高于 NRC 标准,故在实际生产中应根据育种公司的标准来调整种公鸡的维生素用量。综合各研究资料,建议繁殖期种公鸡的维生素用量范围如下:每千克饲料中维生素 A 10 000～20 000 IU,维生素 D_3 2 000～3 850 IU,维生素 E 20～40 mg,维生素 C 0.05～0.15 g。

三、种公鸡的管理

(一)单笼饲养 繁殖期人工授精公鸡必须单笼饲养。一笼两只或群养由于应激,如公鸡相互爬跨、格斗等往往影响精液品质。试验证明,单笼饲养的种公鸡其采精量大,精子密度、体重、采精成功率、精液清洁度和公鸡存活率等各项,均高于一笼饲养两只。

(二)温度与光照 成年公鸡在 20～25℃环境下,可产生理想的精液。温度高于 30℃,暂时抑制精子产生;而温度低于 5℃时,公鸡性活动降低。12～14 h 光照时间公鸡可产生优质精液,少于 9 h 光照则精液品质明显下降。光照强度在 10 lx 就可维持公鸡的正常繁殖性能,但弱光可延缓性的发育。

(三)体重检查 为保证繁殖期公鸡的健康和产生优质精液,应每月检查体重一次,凡体重降低量在 100 g 以上的公鸡,应暂停采精或延长采精间隔,并另行饲养。

(四)断喙和断趾 人工授精的公鸡要断喙,以减少育雏、育成期的伤亡。自然交配的公鸡虽不断喙,但要断趾以免配种时抓伤母鸡。

第六节 人 工 授 精

一、人工授精的优越性

(1)可扩大公母鸡配种比例。自然交配配种,1只公鸡只能配10~20只母鸡;人工授精,1只公鸡可配30~50只母鸡。如1只公鸡采精获得0.5 mL精液,精液品质好、浓度大。用0.025 mL精液给1只母鸡输精,便可输20只母鸡。公鸡1周采精3次,可输60只母鸡,若用1:2稀释,1周可输120只母鸡。这样便可大大减少公鸡饲养量,节约饲料、鸡舍,降低成本。

(2)可以克服公鸡和母鸡体重相差悬殊而难以交配问题以及不同品种间鸡杂交困难,从而提高受精率。

(3)对腿部受伤或其他外伤的优秀公鸡,无法进行自然交配时,人工授精便可使该公鸡继续发挥作用。

(4)利于育种工作的开展,使用笼养鸡人工授精,不用单间配种,能够准确记录系谱,而且由于母鸡不接触地面,种蛋清洁、卫生,相应地提高孵化率。

(5)如果使用冷冻保存的精液,可使受精不受公鸡年龄、时间、地区以及国界的限制,可扩大"基因库",即使某优秀公鸡死后,仍可继续利用它的精液繁殖后代。

二、采精技术

(一)采精方法 采精方法有按摩法、隔截法、台鸡法和电刺激法。以按摩法最适宜于生产中使用,是目前用于采精的基本方法。按摩采精简便、安全、可靠,采出的精液干净,技术熟练者只需数秒钟即可采到精液。

按摩法通常由两人操作,一人保定公鸡,一人按摩与收集精液。

1.保定公鸡 常用的方法:一种是保定员用双手各握公鸡一只腿,自然分开,拇指扣住翅膀,使其头部向后,类似自然交配姿势。另一种是用特制的采精台,用塑料泡沫制成台面,其上再覆盖透明胶布,易于清洁。保定员将公鸡置于台上,用右手握住双腿,左手握住两翅基部。再一种是保定员将公鸡从笼内拖出,固定两腿并将公鸡胸部贴于笼门上。前两种方法有利于公鸡性反射,无损于公鸡胸部。后一种方法虽速度快,但长期使用有害于公鸡健康,影响性反射。

2.按摩与收集精液 操作者右手的中指与无名指间夹着采精杯,杯口朝外。左手掌向下,贴于公鸡背部,从翼根轻轻推至尾羽区,按摩数次,引起公鸡性反射后,左手迅速将尾羽拨向背部,并使拇指与食指分开,跨捏于泄殖腔上缘两侧,与此同时,右手呈虎口状紧贴于泄殖腔下缘腹部两侧,轻轻抖动按摩,当公鸡露出交配器时,左手拇指与食指适当压挤,精液即流出,右手便可用采精杯承接精液。

按摩采精也可一人操作,即采精员坐在凳上,将公鸡保定于两腿间,公鸡头朝左下侧,此时便可空出两手,照上述按摩方法收集精液,此法简便、速度快,可节省劳动力。

3.注意事项 不要粗暴对待公鸡,环境要安静,不污染精液。采精按摩时间不宜过久,捏挤动作用力不应过大,否则引起公鸡排粪、排尿,透明液增多,黏膜出血,从而污染精液,降低精子的密度和活力。采到的精液应立刻置于 25～30℃ 水温的保温瓶内,并于采精后 30 min 内使用完毕。

(二)采精前的准备

1.公鸡的选择 公鸡经育成期多次选择之后,还应在配种前

2～3周,最后一次选择,此时应特别注意选留健康,体重达标,发育良好,腹部柔软,按摩时有肛门外翻、交配器勃起等性反射的公鸡,并结合训练采精,对精液品质进行检查。

2.隔离与训练　公鸡在使用前3～4周,转入单笼饲养,以便于熟悉环境和管理人员。坚持隔天采精。经3～4次训练,大部分公鸡都能采到精液,有些发育良好的公鸡,在采精技术熟练情况下,开始采精训练当天便可采到精液。但也有公鸡虽多次训练仍不能建立条件反射,这样的公鸡如果属于没达到性成熟,则应继续训练,加强饲养管理,反之应淘汰,此类公鸡在正常情况下淘汰率3%～5%。

3.预防精液污染　公鸡开始训练之前,将泄殖腔外周1 cm左右的羽毛剪除。采精当天,公鸡须于采精前3～4 h禁食,以防粪、尿污染精液。所有人工授精用具,应清洗、消毒、烘干。如无烘干设备,清洗干净后,用蒸馏水煮沸消毒,再用生理盐水冲洗2～3次后方可使用。

(三)采精次数　鸡的精液量和精子密度,随射精次数增多而减少,公鸡经连续射精3～4次之后,精液中几乎没有精子。实践证明,隔日采精能够获得优质的精液,圆满地完成整个繁殖期的配种任务,也可以在1周之内连续采精3～5天,休息2天,但应注意公鸡的营养状况和体重变化,从公鸡30周龄以后使用连续采精最好。

三、输精技术

(一)输精操作　输精母鸡必须先进行白痢检疫,凡阳性者一律淘汰,同时还须选择无泄殖腔炎症,中等营养体况的母鸡,产蛋率达70%时开始输精,这样效果更为理想。输精由两人操作,助手用左手握母鸡的双翅,提起,让母鸡头朝下,肛门朝上,右手掌置于母鸡耻骨下,在腹部柔软处施以一定压力,泄殖腔内的输卵管开口便翻出。输精员将输精器插入输卵管口正中,注入精液。笼养母鸡人工授精,不必从笼中取出母鸡,只需助手的左手握住母鸡双腿,稍稍提起,母鸡胸部靠在笼门口处,右手在腹部施以压力,输卵管开口外露,输精员便可注入精液。

(二)输精注意事项 当给母鸡腹部施以压力时,一定要着力于腹部左侧,因输卵管开口在泄殖腔左侧上方,如着力相反,便引起母鸡排粪;无论使用何种输精器,均须将其对准输卵管开口中央,轻轻插入,切忌将输精器斜插入输卵管,否则,不但不能输进精液,而且容易损伤输卵管壁;助手与输精员密切配合,当输精器插入的一瞬间,助手应立刻解除对母鸡腹部的压力,输精员才能有效地将精液全部输入;注意不要输入空气和气泡;防止交叉感染,应使用一次性的输精器,切实做到1只母鸡换一套输精器,如使用滴管类的输精器,必须每输1只母鸡用酒精棉擦拭输精器。

(三)输精部位和深度 不同部位或不同深度输精,对受精率均有影响。原因是输精部位不同,精子到达受精部位的数量与时间有差异。如阴道输精(特别是当子宫有硬壳蛋或输卵管内有蛋),精子先进入子宫阴道处的贮精腺内。子宫或膨大部位输精后,全部精子可到达受精部位,而且只需15 min,因此,刚输入的精子,即可与产蛋后所排出的卵及时受精。

子宫、膨大部输精,多用于研究或冷冻精液。在生产中多采用浅阴道输精,这样更类似自然交配,而且输精速度快,受精率高。输精的深浅和鸡的品种有关,轻型蛋鸡以1~2 cm为宜,中型蛋鸡以2~3 cm为宜。

(四)输精量与输精次数 输精量与输精次数,取决于精液品质和持续受精时间的长短。根据精子在输卵管存活时间及母鸡受精规律的观察,母鸡须在1周之内,输入一定数量的优质精液,才可获得理想受精率。但由于品种、个体、年龄、季节之间的差异,不能长期以固定剂量、固定间隔时间输精,否则不能获得持续高的受精率。所以,应按上述因素调整输精剂量。

随着母鸡年龄增长,繁殖生理发生变化,输卵管内的环境发生改变,对精子发生一定影响,以相同剂量的精液给青年母鸡和产蛋末期母鸡输精,一般是前者持续受精的天数比后者长。因此,对老龄母鸡输入的精子数量应比青年母鸡多,而且输精的间隔时间也要缩短。

公鸡和母鸡的繁殖能力的下降常常是同步的,精液品质差,受精率、孵化率均不理想,必须以较高的精子数来补偿。输精量也并不是越多越好,因为贮精腺对精子的容量是有限的,不能进入贮精腺内的过多的精子,滞留在输卵管腔,输卵管腔对于长期滞留的精子不是一个有利的环境。所以,除输入一定量的精液外,应正确确定两次输精的最佳间隔时间,才能维持高受精率。

实践证明:每次给母鸡输入$(70\sim100)\times10^{6}$个优质精子,蛋鸡盛产期,每次输入 0.025 mL,每 5~7 天输一次,产蛋中、末期以0.05 mL 原精液,每 4~5 天输一次,能够取得较好的效果。

(五)输精时间 一天之内,用同样剂量精液在不同时间输精,受精率有明显差异,主要是子宫内有硬壳蛋可使输卵管内环境出现暂时性异常,从而影响精子在输卵管中存活与运行。在一天之内,于光照开始 4~5 h 母鸡产蛋与排卵最为集中,此时输精受精率一般低于下午输精,而且容易引起母鸡的卵黄性腹膜炎。建议输精时间选择在一天内大部分母鸡产蛋后,或母鸡产蛋前 4 h,产蛋后 3 h 以后输精。具体时间安排应按当时光照制度而定,通常在 16~17 时输精。

四、精液品质检查

在生产实践中,精液的常规检查项目如下:

1. 外观检查 正常精液为乳白色不透明液体。混入血液时为粉红色,被粪便污染为黄褐色,混入尿酸盐时,内有粉白色棉絮状块,过量的透明液混入,则见有水渍状。凡受污染的精液,品质均急剧下降,受精率不高。

2.精液量的检查 可用具有刻度的注射器或其他度量器,将精液吸入,然后读数。

3.活力检查 于采精后 20~30 min 进行,取精液及生理盐水各一滴,置于载玻片一端,混匀,放上盖玻片。精液不宜过多,以布满载玻片与盖玻片的间隙,而又不溢出为宜。在 37℃ 条件下,用显微镜检查。按能够直线前进运动的精子占的比例的多少评定。

4.密度检查 用血细胞计数法,即用血细胞计数板来计算精子数较为准确。先用红细胞吸管,吸取精液到 0.5 处,再吸入 3% 的氯化钠溶液至 101 处,即为稀释 200 倍。摇匀,排出吸管前的空气,然后吸管尖端放在计数板与盖玻片间的边缘,把吸管的精液注入计数室内。在显微镜下计数,然后用计算公式计算出每毫升的精子数。

第七节 种蛋的管理

一、种蛋的选择

优良种鸡所产的蛋并不全部是合格种蛋,必须严格选择。选择时首先注意种蛋来源,其次是选择方法。

(一)种蛋来源 种蛋应来自生产性能高、无经蛋传播的疾病、受精率高、饲喂营养全面的饲料、管理良好的鸡群。受精率在 80% 以下、患有严重传染病或患病初愈和有慢性病的种鸡所产的蛋,不宜用做种蛋。如果需要外购,应先调查种蛋来源的种鸡健康状况和饲养管理水平,签订供应种蛋的合同,并协助种鸡场搞好饲养管理和疫病防治工作,以确保孵化种蛋质量。

(二)种蛋的选择　种蛋选择主要从外观、照蛋透视和剖视检查三个方面着手。

1.外观

(1)清洁度。合格种蛋的蛋壳上,不应该被粪便或破蛋所污染。用脏蛋入孵,不仅孵化率很低,而且污染了正常种蛋和孵化器,增加腐败蛋和死胚蛋,导致孵化率降低和雏鸡质量下降。轻度污染的种蛋可以入孵,但要认真消毒。

(2)蛋重。蛋重过大或太小都影响孵化率和雏鸡质量。一般要求蛋用种蛋为 50～65 g,65 g 以上或 49 g 以下种蛋,孵化率均较低。

(3)蛋形。合格种蛋应为卵圆形,剔除细长、短圆、橄榄形(两头尖)等形状的不合格蛋。

(4)壳厚。蛋壳过厚的钢皮蛋,过薄的沙皮蛋和蛋壳厚薄不均的皱纹蛋,均应剔除。蛋壳过厚,孵化时蛋内水分蒸发过慢,出雏困难;蛋壳过薄,蛋内水分蒸发过快,对胚胎发育不利。可通过外观或透视来检查蛋壳的厚薄。

(5)蛋壳颜色。蛋壳颜色应符合品种的要求。

2.照蛋透视　目的是挑选出裂纹蛋,气室破裂、气室不正、气室过大的陈蛋以及血斑蛋。方法是用照蛋灯,在灯光下观察。蛋黄上浮,多系运输过程中受震引起系带断裂或种蛋保存时间过长;蛋黄沉散,系运输中受剧烈震动或细菌侵入,引起卵黄膜破裂;裂纹蛋,可见树枝状亮纹;沙皮蛋,可见很多亮点;血斑、肉斑蛋,可见白点或黑点,转蛋时随之移动;钢皮蛋,可见蛋壳透明度降低,蛋色暗。

3.剖视检查　多用于外购种蛋抽样检查。将蛋打开倒在衬有黑纸的玻璃板上,观察新鲜程度及有无血斑、肉斑。新鲜蛋,蛋白浓厚,蛋黄高突;陈蛋,蛋白稀薄如水,蛋黄扁平甚至散黄。一般用肉眼观察即可。

（三）种蛋选择的场所　一般在鸡舍里选择即可，在捡蛋过程和捡蛋完毕后，将明显不符合孵化用的蛋从蛋托上挑出，这样既减少了污染，又提高了工效。蛋破损率不高时，入孵前不再进行选择，若破损较多，可在孵化前再进行一次选择。

二、种蛋保存

种蛋如果保存不当，会导致孵化率下降，甚至造成无法孵化的后果。因为受精蛋的胚胎，在蛋的形成过程中已开始发育，因此，种蛋产出至入孵前，要注意保存温度、湿度和时间。

（一）适宜温度　蛋产出母体外，胚胎发育暂时停止，随后，在一定的外界环境下又开始发育。当环境温度偏高，但不是胚胎发育的适宜温度（37.8℃）时，则胚胎发育是不完全的和不稳定的，容易早期死亡。当环境温度长时间偏低时（如0℃），胚胎发育处于静止状态，胚胎活力严重下降，甚至死亡。鸡的胚胎发育的临界温度是23.9℃。即当环境温度低于23.9℃时，鸡胚胎发育处于休眠状态。一般在生产中保存种蛋的温度比临界温度低，因为温度过高，给蛋内的各种酶的活动以及残余细菌的繁殖创造了有利条件。为了抑制酶的活性和细菌繁殖，种蛋的保存的适宜温度应为13～18℃。保存时间短，采用温度的上限，时间长，则采用下限。

此外，刚产出的种蛋，应该逐渐降到保存温度，避免温度骤降损伤鸡胚的活力，一般降温过程以12～24 h为宜，将种蛋保存在透气性较好的瓦楞纸箱里，对降温是合适的。但如果多层堆放，则应在纸箱的侧壁上开一些直径约1.5 cm的通气孔，并使每排留有缝隙，以利空气流通。切勿将种蛋存放在敞开的蛋托上，因空气流通过大，种蛋降温过快，会造成孵化率下降。如种蛋不能装箱保存，可在蛋托上覆盖无毒塑料薄膜，以防止空气过分流通。保存时间在1周内钝头向上，超过1周的锐端向上。

（二）适宜相对湿度　种蛋保存期间，蛋内水分通过气孔不断蒸发,其速度与贮存室的湿度成反比。为了尽量减少蛋内水分蒸发,必须提高贮存室里的湿度,一般相对湿度保持在75%～80%。这样既能明显降低蛋内水分的蒸发,又可防止霉菌滋生。

(三)种蛋贮存室的要求　环境温、湿度是多变的。为保证种蛋保存的适宜温、湿度须建种蛋库。其要求是:隔热性能好,清洁卫生,防尘沙,杜绝蚊蝇和老鼠,不让阳光直射和穿堂风(间隙风)直接吹到种蛋上。

小孵化场或孵化专业户,孵化量小,一般将种蛋保存在改建的旧菜窖和地窖中。将地面夯实或铺砖,四壁用麦秸或稻草泥抹平、填缝,墙壁用石灰水刷白,堵塞鼠洞(用灭鼠药和玻璃碴填入鼠洞,外用泥糊平)。门窗要密封,门外挂棉帘或稻草帘,顶上有1～2个出气孔,孔口安纱网。此外,种蛋库不要存放农药和其他杂物。在地下水位高的地方,要防止湿度过大造成鸡蛋发霉。资金比较雄厚、全年孵化的孵化场(户)必须建立种蛋库。种蛋库一般无窗,四壁用保温砖砌成,天花板距地面约2 m,顶棚铺保温材料(如珍珠岩粉),门厚5 cm,夹层用保温材料填充,墙上安装窗式空调机,以调节库内温度。

(四)保存时间　种蛋即使保存在适宜的环境下,孵化率也会随着保存时间的延长而降低。因为随着保存时间的延长,蛋白杀菌的特性下降,蛋内水分蒸发较多,改变了蛋内的 pH 值,引起系带和蛋黄膜变脆,由于蛋内各种酶的活动,引起胚胎衰弱及营养物质变性,降低了胚胎生活力,残余细菌繁殖也会危害鸡的胚胎。

有空调设备的种蛋贮存室,种蛋保存2周以内,孵化率下降幅度小;2周以上,孵化率下降比较明显;3周以上,孵化率急剧降低。一般种蛋保存以5～7天为宜,不要超过2周。如果没有适宜的保存条件,应缩短保存时间。温度在25℃以上,种蛋保存最多不超过5天。温度超过30℃时,种蛋应在3天内入孵。原则上天气凉爽时,种蛋保存时间可以长些。

(五)保存期间的转蛋和保存方法

1.种蛋保存期间的转蛋和小头向上保存 保存期间转蛋的目的是防止胚胎与壳膜粘连,以免胚胎早期死亡。种蛋保存1周以内不必转蛋。超过1周,每周转蛋1~2次,尤其超过2周以上,更要注意转蛋。转蛋有利于提高孵化率。转蛋方法:用一块厚20~25 cm的木板,垫在种蛋箱的一头,转蛋时,将木板垫在另一头。也可以在种蛋库中配置转蛋装置,简化种蛋保存期间的转蛋工序。

2.种蛋充氮保存法 把种蛋保存在充满氮气的塑料袋里,可提高孵化率,对雏鸡质量及以后产蛋没有不良影响。种蛋在充氮密封环境里存放几小时后,蛋内水分蒸发,增加了袋中的湿度,从而降低蛋内水分蒸发。具体步骤:首先将种蛋常规消毒,然后降到保存温度,再将种蛋放入蛋箱里充满氮气的塑料袋中密封保存,这样可以防止霉菌繁殖。

三、种蛋的消毒

蛋产出母体时会被泄殖腔排泄物污染,接触到产蛋箱垫料和粪便时会使污染加重,因此蛋壳上附着很多细菌。细菌数量增加迅速,如蛋刚产出时,细菌数100~300,15 min后为500~600,1 h后达到4 000~5 000,并且有些细菌通过蛋壳上气孔进入蛋内。细菌繁殖速度随蛋的清洁度、气温高低和湿度大小而异。虽然种蛋有胶质层、蛋壳和内外壳膜等几道自然屏障,但它们都不具备抗菌性能,所以细菌仍可进入蛋内,这对孵化率与雏鸡质量都构成严重威胁。因此,必须对种蛋进行认真消毒。

(一)消毒时间 从理论上讲,最好在蛋产出后立刻消毒,这样可以消灭附在蛋壳上的绝大部分细菌,防止其侵入蛋内,但在生产实践中无法做到。比较切实可行的办法是每次捡蛋完毕,立刻在鸡舍里的消毒室或孵化场消毒。种蛋入孵后,应在孵化器里进行第二次消毒。

(二)消毒方法

1.甲醛熏蒸法 甲醛熏蒸法消毒效果好,操作简便,对清洁度较差或外购的种蛋,每立方米用 42 mL 甲醛加 21 g 高锰酸钾,在温度 20～26℃,相对湿度 60%～75%的条件下,密闭熏蒸 20 min,可杀死蛋壳上 95%～98.5%的病原体。为了节省用药量,可在蛋盘上罩塑料薄膜,以缩小空间。在入孵器里进行第二次消毒时,每立方米甲醛 28 mL、高锰酸钾 14 g,熏蒸 20 min。消毒时须注意:种蛋在孵化器里,应避开 24～96 h 胚龄的胚蛋;甲醛与高锰酸钾的化学反应很剧烈,甲醛本身也有腐蚀性,注意不要伤及皮肤和眼睛;种蛋从贮存室取出或从鸡舍送孵化室消毒室后,在蛋壳上会凝有水珠,应让水珠蒸发后再消毒,否则对胚胎有害;甲醛溶液挥发性很强,要随用随取。如果发现甲醛与高锰酸钾混合后,只冒泡产生少量烟雾,说明甲醛失效。

2.过氧乙酸熏蒸法 过氧乙酸是一种高效、快速、广谱消毒剂。消毒种蛋时,每立方米用 16%的过氧乙酸 40～60 mL,加高锰酸钾 4～6 g,熏蒸 15 min。但须注意:它遇热不稳定,应在低温下保存;如 40%以上的浓度,加热 50℃ 易引起爆炸;它是无色透明液体,腐蚀性很强,不要接触衣服、皮肤,消毒时用陶瓷盆或搪瓷盆,现配现用,稀释液保存不要超过 3 天。

3.新洁尔灭浸泡消毒法 用含 5%的新洁尔灭原液加 50 倍水,即配成 1:1 000 的稀释液,将种蛋浸泡 3 min(水温 43～50℃)。

4.碘液浸泡消毒法 将种蛋浸入 1:1 000 的碘溶液(10 g 碘片 + 15 g 碘化钾 + 1 000 mL 水,溶解后倒入 9 000 mL 清水)0.5～1 min。浸泡 10 次后,溶液浓度下降,可延长消毒时间至 1.5 min 或更换药液。溶液温度 43～50℃。

种蛋保存前不能采用溶液浸泡法消毒,因为会破坏壳胶膜,加快蛋内水分蒸发,使细菌容易进入蛋内,故仅在入孵前消毒。

5.季胺或二氧化氯喷雾消毒法 用含有 200 mg/kg 的季胺

或 80 mg/kg 的二氧化氯微温溶液喷种蛋。另外,可用二氧化氯泡沫消毒种蛋(10 mg/kg,5 min)。

种蛋消毒方法虽然很多,但迄今为止,仍以甲醛熏蒸法和过氧乙酸熏蒸法比较普遍。受某种疾病污染的种蛋,可用温差浸蛋法。入孵前将种蛋在 37.8℃ 下预热 3～6 h,再放入 32.2℃ 的抗菌药物溶液中(如硫酸庆大霉素、泰乐菌素＋碘＋红霉素)中 15 min 后取出。这样既可杀死蛋壳表面细菌,也可杀死大部分霉形体。

四、种蛋的运输

种蛋装箱运输前,必须先进行选择,剔除不合格蛋,尤其是破蛋和裂纹蛋。种蛋包装可用纸箱,蛋托最好用纸质蛋托,而不用塑料蛋托。每个蛋托放蛋 30 枚,每箱 10 托,最上层还应放一层不装蛋的蛋托。蛋托间也可用瓦楞纸板隔开。为防止种蛋晃动,每层撒一些垫料(如干燥的锯末、谷糠或切碎的麦秸等)。种蛋箱外面应注明"种蛋"、"防震"、"勿倒置"、"易碎"、"防雨淋"等字样或标记。无论哪种包装方法都应保持种蛋大头向上。运输时,要求快速平稳,防止日晒雨淋,冬天注意防冻。

第八章 鸡病防治

第一节 鸡病防治概述

一、传染病的病原、感染与发病

(一)病原 传染病是由病原微生物引起的,病原微生物分为细菌、病毒、霉形体、真菌、立克氏体、衣原体六类。例如,大肠杆菌病、沙门氏杆菌病等是由细菌引起的疾病,新城疫、传染性法氏囊病是由病毒引起的。一般病毒性疾病没有特效的药物可以治疗,但是用疫苗预防的效果比较好,而细菌可以用抗菌药物进行治疗,除霍乱外,没有可靠的疫苗进行免疫。霉形体又称支原体,其大小介于细菌、病毒之间,结构比细菌简单,但能独立生存。多种抗生素对霉形体病有效,如土霉素类药、喹诺酮类药物、泰乐菌素、泰牧霉素等。真菌病如黄曲霉菌病,可以使用克霉唑、庐山霉素等治疗。鸡很少感染衣原体病。

(二)鸡传染病的传播扩散 传染病的传播扩散必须具备传染源、传播途径和易感鸡群三个基本环节,如果打破、切断和消除这三个环节中的任何一个环节,就可以阻止疾病的流行。

1. 传染源 即病原微生物的来源。主要传染源是病鸡和带菌(毒)鸡,病鸡不仅体内有病原微生物繁殖,而且通过各种排泄物将病原微生物排出体外,传播扩散,使健康鸡发生传染病。所以,必须处理好病死鸡的尸体,避免引起疾病的暴发。隐性感染的鸡因没有外观症状,往往被人们忽视。

2. 传播途径 鸡传染病的病原微生物,由传染源向外传播的途径大体有以下几种：

饲料和饮水传播：鸡的大多数传染病，是由于摄入被病原微生物污染的饲料和饮水而感染的。病鸡的分泌物、排泄物可直接进入饲料和饮水中，也可通过污染加工、贮存和运输工具、设备、场所及工作人员而间接进入饲料和饮水中。

空气传播：有些病原微生物存在于鸡的呼吸道中，通过咳嗽、呼吸排出到空气中，被健康鸡吸入而发生感染。有些病原微生物随分泌物排泄，干燥后可附着在尘埃上，经空气传播到较远的地方。经这种方式传播的疾病有鸡传染性支气管炎、鸡传染性喉气管炎、鸡新城疫等侵害呼吸系统的疾病。

垫料和粪便传播：病鸡的粪便中含有大量的病原微生物，而病鸡用过的垫料常被含有各种各样病原微生物的粪便、分泌物和排泄物污染，如果不及时处理好粪便和更换垫料，能够将病原微生物传播给下一批鸡或相邻的鸡。

羽毛传播：鸡马立克氏病的病毒存在于病鸡的羽毛中，由于存在羽毛中的病毒的生命力非常强，存活时间长，如果这种羽毛处理不当，可成为该病的重要传播因素。

设备、用具传播：养鸡场的一些设备和用具常是传染疾病的媒介，特别是当工作任务比较重时，往往会放松消毒工作，更容易传播疾病。

配种传播：如鸡白痢、禽霍乱等，可以通过鸡的自然交配和人工授精而由病公鸡传染给健康母鸡，最后引起大批发病。

3.鸡的易感性　病原微生物是引起传染病的外因，它通过一定的传播途径侵入鸡体内，是否导致发病，还要取决于鸡的易感性和抵抗力。为减少疾病的发生，应加强饲养管理，做好疫苗的免疫工作，提高鸡的抗病力。

(三)传染病的感染与发病

1.感染的类型　某种病原微生物侵入鸡体后，必然引起鸡的免疫系统的抵抗,结果不外乎三种:一是病原微生物被消灭,不形成疾病。二是病原微生物在鸡体内定居并大量繁殖,引起病理变化和症状,称为显性感染。三是病原微生物与鸡体免疫系统的力量形成相对平衡,病原微生物在鸡体某些部位定居,进行少量繁殖,有时也引起轻微的病理变化,但没有引起症状,称为隐性感染。有些隐性感染的鸡是健康带菌、带毒者,会较长期地排出病原微生物,成为被忽视的传染源。

2.发病过程　显性感染的过程,可分为以下四个阶段。

潜伏期:病原微生物侵入鸡体内,必须繁殖到一定数量才能引起症状,从病原入侵到引起症状这段时间称为潜伏期。潜伏期的长短,与入侵的病原微生物、数量及鸡体抵抗力强弱等因素有关。一般的传染病都有大致的潜伏期时间。

前驱期:此时是鸡发病的征兆期,表现出精神不振,食欲减退,体温升高等一般症状,而没有表现出该病的特征性症状。前驱期一般只有数小时到1天。某些最急性型传染病没有前驱期,如最急性禽霍乱、最急性大肠杆菌病等。

明显期:此时鸡的病情发展到高峰阶段,表现出该病的特征症状。前驱期与明显期合称为病程。急性传染病的病程一般为数天到2周左右,慢性传染病则可达数月。

转归期:即病情发展到结局阶段,病鸡有的死亡,有的恢复健康。康复鸡在一定时期内对该病具有免疫力,但体内仍残存病原微生物,并向外排毒,成为健康带菌或带毒鸡。

二、预防疾病的基本措施

我国现代化养鸡起步较晚,但二十多年来养鸡业得到了迅速发展,家禽饲养总数已位居世界第一位。养鸡规模越来越大,集约化和专业化程度越来越高,生产效率和生产水平也明显提高。养鸡业之所以能发展这么快是因为有了良好的经济政策,优良的品种,按饲养标准加工的全价配合饲料,适宜的饲养环境,科学的经营管理,以及控制疾病的方法。但是,每只鸡所能获得的经济效益是越来越低,要想取得较好的经济效益,必须提高饲养管理水平,减少疾病的发生。不管疾病的危害程度大小,一旦发生所造成的损失是难以估量的。有些疾病,尽管不会造成高的死亡率,但是能够引起产蛋大幅度下降,而且恢复时间长。由此可见,如果鸡的疾病得不到应有的控制,要想获得较高的经济效益是不可能的。面对当前养鸡和疫病发生的实际情况,必须提高防疫意识,掌握防治疫病的原则和技术措施。

(一)疫病防治的原则

1.树立坚强的防疫意识 预防鸡的疾病是搞好养鸡业的基本要素之一。为了控制和消灭某些疫病,养鸡工作者进行了系统的、不懈的努力,取得了丰富的经验,收到了显著的效果,使某些危害较严重的疫病得到了控制,从而保证了我国养鸡业的顺利发展。

从20世纪70年代后期,我国现代化养鸡业不断发展。经营规模、生产方式、设备、管理和技术手段等许多方面都有了很大的发展和进步。但是,我们应当清楚地认识到,鸡的疫病在任何时候都是养鸡业的大敌。

国内外流通的渠道增多,范围扩大和日益频繁,带来了新的疫病的威胁和疾病的蔓延;饲养环境病原污染严重,持续地威胁着养鸡业;有的在建设鸡场时,对于建筑、设备、管理的防疫方面考虑不足,容易造成疫病的发生和蔓延;生物制品、消毒药物和器械虽然有了很大发展,但仍存在着不足,不能满足养鸡生产的需要;兽医防疫卫生规划、制度化的措施尚未完全建立或不能认真执行。在养鸡生产中仍需提高防疫意识,正确使用各种消毒药品,例如不能使用生石灰粉,而要使用石灰乳,在使用消毒药物前必须进行清扫,才能获得较好的消毒效果。

2.预防为主,综合防疫 贯彻执行预防为主的方针,采取综合的配套防疫卫生措施。综合的防疫措施包括:场址的选择,禽舍设计、建筑的合理布局,科学的饲养管理,创造适宜鸡生长、发育、生产的生态环境,供给营养全面的饲料,培育健康的种鸡群,保持清洁的饲养环境,防止病原微生物的增加和蔓延,科学的免疫接种。在这样的总体卫生防疫观念指导下,就能取得防疫灭病的主动权,使鸡群少发病或不发病,保证养鸡获得好的经济效益和社会效益,保持养鸡生产持续、稳定、健康的发展。

所谓综合的配套措施,包括疫情报告、检疫、监测、诊断、隔离、消毒、免疫接种、药物防治、淘汰和处理鸡尸体等方面,这些内容,我国广大现代化养鸡业都已有比较成功的经验,综合防疫措施是人人皆知的,但是如何能够落实才是关键。

3. 针对流行环节采取防疫措施 传染病的发生和流行是一个复杂的矛盾过程,传染病在鸡群中蔓延流行,必须具备三个相互连续的条件,即传染源、传播途径和易感鸡群。这三个条件同时存在并相互联系时,才会造成传染病的蔓延和流行。因此,我们所采取的全部防疫措施,就是针对清洁卫生或切断造成流行的三个因素的相互联系环节,找出并执行重点的针对性措施,以获得良好的防疫效果。

(二)疾病防治基本措施

1. 加强饲养管理 实行全进全出的饲养方式,加强饲养管理,提高鸡体的抗病力是防病的根本,具体的措施参照饲养管理章节。

2. 重视场址的选择,合理设计及布局 养鸡场要建筑在背风向阳,地势高燥,排水方便,水质良好,交通方便,离公路、河流、村镇、居民区、工厂、学校 500 m 以外的上风向,距离畜禽屠宰、肉类和畜产品加工厂要更远一点。

生产区与生活区必须严格分开。原种场、种鸡场、商品场必须分开,各场之间相距 500 m 以上,并有隔离措施。

兽医室、病理剖检室、病死禽焚尸炉和粪便处理场都应设在距鸡舍200 m外的下风向。粪便要在场外进行发酵处理。

要建饲料塔或饲料库,使用本场专用车将饲料送饲料塔或饲料库,装料麻袋最好本场专用,以免带入病原。

蛋盘和蛋箱消毒池建在生产区围墙同一平行线上,回场蛋盘车停在墙外,蛋盘蛋箱放入消毒池浸泡消毒4~6 h然后取出洗净备用。

养鸡场大门、生产区入口要建与大门同宽,长度大于汽车轮一周半的消毒池。各车间门口建与大门同宽,长1.5 m的消毒池。生产区门口还要建更衣消毒室和沐浴室。

场周围应建墙和防疫沟,以防闲人和动物进入。

鸡场应建深水井和水塔,用管道将水直接送入鸡舍内。

3.严格执行防疫卫生规章制度　要制定具体的兽医防疫卫生制度,明文张贴,作为全体人员的行动准则,遵照执行。本场职工进入生产区,要在消毒室洗澡消毒后,更换消毒衣裤和靴帽,经消毒后方可进入。种鸡场谢绝参观,非生产人员不得进入生产区,维修人员也须消毒后才能进入。场门口或生产区入口处的消毒池内消毒液须必须及时更换,并保持一定浓度和深度,冬季可加盐防止结冰。车辆进场时需经过消毒池,并对车身和车底盘进行喷雾消毒。保持鸡舍的清洁卫生,饲槽、饮水器定期洗刷。地面保持清洁、干燥,定期进行消毒。鸡舍保持空气新鲜,光照、通风、温度、湿度等符合饲养管理要求。进鸡前,成鸡出售、雏鸡转群后对鸡舍及用具要彻底清扫、冲洗及消毒,并空闲一定时间(10~14天)。定期进行场区环境消毒及舍内带鸡消毒。严格执行种蛋及孵化室的兽医卫生防疫要求。清理场内卫生死角,消灭蚊蝇,消除蚊蝇滋生地。饲养人员要坚守岗位,自觉遵守防疫制度,严禁串鸡舍。各鸡舍用具和设备必须固定使用。

4.免疫接种　为了减少疾病的发生,除了加强饲养管理和严格执行各种防疫卫生措施外,必须进行免疫接种,以增加鸡的特异性抵抗力,这是预防传染病的重要手段。为此,首先要对当地发生传染病的种类和流行情况有明确的了解,针对当地发生的疫病的种类,确定应该接种哪些疫(菌)苗。其次,要做好疫病的检疫和监测工作,进行有计划的免疫接种,减少免疫接种的盲目性。第三,要按照不同传染病的特点,疫苗性质,鸡只状况,环境等具体情况,建立科学的免疫程序,采用可靠的免疫方法,使用有效的疫苗,做到适时进行免疫。第四,要避免发生免疫失败,及时找出造成免疫失败的原因,并采取相应的措施加以克服。只有这样,才能保证免疫接种的效果,才有可能防止或减少传染病的发生。究竟预防哪些病使用哪些疫(菌)苗,用什么方法进行接种,可以参见"传染病"章节的介绍。

三、鸡病的诊断

诊断的目的是为了尽早地认识疾病,以便采取及时而有效的防治措施。只有及时正确的诊断,防治工作才能有的放矢,使鸡群病情得到控制,免受更大的损失。鸡病的诊断主要从流行病学调查、临床诊断和病理剖检三方面着手。

(一)流行病学调查　有许多鸡病的临床症状表现非常相似,甚至相同,但各种病的发病季节、发病年龄、传播速度、发展过程及对药物的敏感程度都会有差异,这些差异对鉴别诊断有非常重要的意义。一般可排除在疫苗保护期内的疾病。因此,在发生疫情时要进行流行病学调查,以便结合临床症状和化验结果确诊。

1. 发病时间　了解发病时间,借以推测疾病是急性还是慢性。

2. 发病年龄　若各年龄阶段的鸡发病症状相同而且发病率和死亡率都比较高,可怀疑为鸡新城疫、禽流感;若1月龄内的雏鸡大批死亡,而且是排白色的粪便,主要应怀疑为鸡白痢;单纯拉白色粪便,发病较急,呈现尖峰样死亡曲线,应考虑传染性法氏囊病;若成年鸡临床上仅表现呼吸困难,死亡率不高,可怀疑为传染性喉气管炎;单纯出现呼吸困难而引起大批死亡,则怀疑为鸡曲霉菌病;有神经症状,可怀疑为鸡脑脊髓炎和硒-维生素 E 缺乏引起的脑软化症。此外,30~50 日龄的雏鸡多发生球虫病、包涵体肝炎、锰缺乏症和维生素 B_2 缺乏症。

3. 病史及疫情　了解养鸡场的鸡群过去发生过什么重大疫情,有无类似疾病发生,借此分析本次发病与过去疾病的关系。如过去发生过禽霍乱、鸡传染性喉气管炎,而又未对鸡舍进行彻底消毒,鸡群也未进行预防注射,再发现类似的流行时可怀疑为旧病复发。

了解附近养禽场(户)的疫情情况。如果有些场(户)的家禽有经空气传播的传染病,如鸡新城疫、鸡马立克氏病、鸡传染性支气管炎、鸡痘等病流行时,可能迅速波及到本场。

了解本场引进种蛋、种鸡地区流行病学情况。有许多疾病是通过种蛋和种鸡传染的,如新引进带菌、带毒的种鸡与场内鸡群混养,常引起一些传染病的暴发。

了解本地区各种禽类的发病情况。当鸡群发病的同时,其他家禽是否发生类似疾病对诊断非常重要。如鸡、鸭、鹅同时出现急性死亡,可怀疑为禽霍乱;仅鸡发生急性传染病时可怀疑为鸡新城疫、传染性喉气管炎、传染性支气管炎。

4. 饲养管理及卫生情况　鸡群饲养管理,卫生条件不佳,往往是引起鸡新城疫免疫失败的重要因素,此时常导致鸡群中不断出现非典型性病例;饲养密度大,通风不良,常成为发生呼吸器官疾病和葡萄球菌的致病条件;饲料单一或饲粮中某些营养物质缺乏或不足,常引起代谢病的发生,进而导致鸡体抵抗力降低,容易发生继发性传染病或预防接种后不能产生良好的免疫效果。喂发霉饲料,可引起拉稀便。

5. 生产性能　影响鸡群产蛋率的主要疾病有鸡新城疫、鸡传染性喉气管炎、鸡传染性支气管炎、鸡痘、鸡脑脊髓炎、败血霉形体病、传染性鼻炎和产蛋下降综合症等。鉴别这些疾病时,应结合临床症状、病理解剖变化和化验综合判定。如没有其他明显症状,而仅表现产蛋率下降,可怀疑为鸡传染性支气管炎、鸡脑脊髓炎或产蛋下降综合症等;鸡群产软壳蛋,常见于维生素 D 代谢障碍,钙磷缺乏或比例不当及应激时。鸡群产畸形蛋,常见于输卵管炎症而机能失常,造成蛋壳分泌不正常。当鸡群患传染性支气管炎时,除蛋壳形状变化外,蛋清也变得稀薄如水。

6.疾病的传播速度　短期内在鸡群迅速传播的疾病有鸡新城疫、鸡传染性喉气管炎、鸡传染性鼻炎等。鸡群中疾病散在时,可能为慢性禽霍乱和淋巴性白血病、鸡马立克氏病初期或末期。

7.疫苗接种及用药情况　对鸡新城疫预防情况要进行细致的了解,如疫苗种类、接种时间和方法、疫苗来源、保存方法、抗体监测结果等,都可作为疾病分析和诊断的参考。对禽霍乱、鸡痘、鸡传染性法氏囊病、鸡马立克氏病的预防接种情况也要了解。此外,还要了解鸡群发病的投药情况。例如,发病后喂给抗生素及磺胺类药物后病鸡症状减轻或迅速停止死亡,可怀疑为细菌性疾病,如禽霍乱、沙门氏菌病等。

(二)临床诊断

1.观察鸡群　站在鸡舍内一角,不惊扰鸡群,静静地观察鸡群的生活状态,寻找各种异常的表现,为进一步诊断提供线索。

(1)综合观察。观察鸡群对外界的反应及吃食、饮水状况和步态等。健康鸡听觉灵敏,白天视力敏锐,周围环境稍有惊扰便迅速反应。两翅紧贴腰背、不松弛下垂,食欲良好,神态安详,生长发育良好。冠、髯红润,肛门四周及腹下羽毛整洁,无粪便污染。公鸡鸣声响亮,羽毛丰满、光洁,腿、趾骨粗壮,表皮细嫩而有光泽。

如果发现鸡冠苍白或发绀,羽毛松弛,尾羽下垂,食欲减退或拒食,两眼紧闭,精神委靡,早晨伏卧笼内一角,呼吸有声响,张口呼吸,口腔内有大量黏液,嗉囊内充满气体或液体,下腹部硬肿,极度消瘦，龙骨如刀背样，肛门周围不干净，粪便稀薄呈黄白色、黄绿色或带血等现象，表明鸡群患有某些疾病，需要诊治。如果鸡突然精神不振，不吃食，全身衰弱，步态不稳，这是急性传染病和中毒性疾病的表现。如果表现为长期食欲不佳，精神不振，则提示为慢性经过的疾病。

(2)被皮观察。鸡患病后，其被皮着色及状态出现异常变化，临床上可根据这些变化作为疾病诊断的依据。

冠苍白：多见于内脏器官、大血管出血，或受到某些寄生虫(如蛔虫、绦虫、羽虱、鸡住白细胞原虫、急性球虫等)的侵袭，也见于某些慢性病(如结核、白血病)和营养缺乏病等。

冠发绀：常见于急性热性疾病、侵害呼吸系统的疾病和中毒性疾病。

冠黄染：常见于鸡成红细胞性白血病、螺旋体病和破坏红细胞的某些原虫病。

冠萎缩：多见于一些慢性疾病。如果鸡初产时期冠突然萎缩，可提示为鸡患淋巴性白血病或马立克氏病。

肉髯肿胀：多见于慢性禽霍乱、传染性鼻炎以及肿瘤性疾病(如马立克氏病、白血病)。

冠有水疱：多见于鸡痘。

头肿大：常见于鸡传染性鼻炎。

皮炎：按发生的原因可分为传染性皮炎、营养性皮炎和寄生虫性皮炎。传染性皮炎引起皮肤坏死，如梭状杆菌、葡萄球菌感染和皮肤型鸡痘；营养性皮炎皮肤呈现粗糙和裂纹，常由于生物素、泛酸、锌缺乏而引起；鸡体羽虱太多时，可在皮肤上形成结痂。

皮肤脓肿：多因鸡的皮肤的完整性受到破坏而感染葡萄球菌、大肠杆菌等，一般多发生于胸骨的前侧和翅部。

皮肤肿瘤：鸡患马立克氏病时，可在毛囊处发生大小不同的肿瘤，呈白色，强力可破碎。

皮下气肿：常发生在鸡的头部、颈部和身体前部。多因为肌肉受到损伤，造成气囊破坏，气体窜入皮下所致。

皮下水肿：雏鸡患硒-维生素 E 缺乏症时，在胸腹部和两腿的皮下常出现水肿，水肿部位的皮肤呈蓝紫色或蓝绿色，病雏行走困难。另外，食盐中毒时，皮下有清亮透明的液体。

(3)羽毛观察。成年健康鸡的羽毛整洁、光滑、发亮，排列匀称，刚出壳的雏鸡被毛为稍黄的纤细绒毛。当鸡发生急性传染病、慢性消耗疾病或营养不良时，鸡的羽毛无光、蓬乱、逆立，提前或推迟换毛。

脱毛：多见于鸡换羽期正常脱毛，密集舍饲或受羽虱侵扰的鸡群自啄羽毛，笼养鸡的颈胸羽毛被铁网摩擦掉。

延迟生毛：多见于雏鸡患病或缺乏泛酸、生物素、叶酸、锌、硒等营养物质。

羽毛异常：种蛋中缺乏核黄素时，可引起雏鸡的绒毛卷曲。

(4)粪便观察。鸡粪便的异常变化往往是疾病的预兆。刚出壳的尚未采食的幼雏，排出的粪便为白色或深绿色稀薄液体，其主要成分是肠液、胆汁和尿液。成年鸡的粪便呈圆柱形，条状，多为棕绿色，粪表面附有白色的尿酸盐。一般在早晨单独排出来自盲肠的黄棕色糊状粪便，有时也混有尿酸盐。若饲料中蛋白质含量过多，粪便表面附有的白色尿酸盐的量增多；若饲料中碳水化合物过多，粪便呈棕红色；若长期处于饥饿状态，则会排绿色的粪便，给料后粪便又恢复正常。

鸡患急性传染病时，如新城疫、禽霍乱、鸡伤寒等，由于食欲减退或拒食，而饮水量增加，加之肠黏膜有炎症，肠蠕动加快，分泌增加，因而排出黄白色、黄绿色的恶臭粪便，常附有黏液，有时混有血液。这些粪便主要由炎性渗出物、胆汁和尿液组成。

雏鸡患白痢时，肠黏膜分泌大量黏液，同时尿液中尿酸盐成分增加，因而病雏排出白色糊状粪便或石灰状的稀便，粘在肛门周围的羽毛上，有时结成团块，把肛门口紧紧堵塞。这种情况主要发生在3周龄以内的雏鸡，可造成雏鸡大量死亡。

球虫感染时，可引起肠炎，出现血便。雏鸡多感染盲肠球虫，排棕红色稀便，甚至是血便。2～7月龄的鸡主要感染小肠球虫，排黑褐色稀便。感染球虫的鸡，通过实验室检查可找到虫卵。

雏鸡患传染性法氏囊病时，排出水样含有大量尿酸盐的稀便，患马立克氏病、淋巴性白血病、曲霉菌病时，也常出现下痢症状。

鸡有蛔虫、绦虫等肠道寄生虫时，也会出现下痢，有时还有带血黏液，在粪便中能够发现排出的虫体和节片。

(5)体态观察。鸡的两腿有无变形、关节肿大，胸肌是否呈"S"状。如果有胸左右不对称的症状多半是钙、磷代谢障碍的结果。雏鸡爪趾蜷曲，站立不稳，多见于维生素 B_2 缺乏。育成鸡的一腿伸向前，另一腿伸向后，形成劈叉姿势，常是神经型马立克氏病的特征。

(6)行为观察。鸡扭头曲颈，或伴有站立不稳及翻转滚动的动作，可见于维生素 B_1 缺乏症、呋喃类药物中毒或鸡新城疫后遗症；雏鸡头、颈和腿部震颤，伏地打滚，为鸡脑脊髓炎的特征；走路呈醉酒样，是雏鸡脑软化症的症状。软脖病是梭菌毒素中毒或叶酸缺乏的症状，瘸腿多见于葡萄球菌、大肠杆菌引起的关节炎或病毒性关节炎。鸡群发生互啄或自啄，主要是因为光照过强、饲料中某些营养元素的缺乏以及密度过大或有体外寄生虫，如发现有啄癖的现象，应注意有无这几方面的原因。

(7)呼吸观察。在正常情况下，鸡呼吸频率为每分钟10～30次。鸡的呼吸次数，主要是通过观察其泄殖腔下侧的下腹部计数。这是因为鸡无横膈膜，呼吸动作主要是由腹肌运动而完成。

观察鸡呼吸时，应尽量使鸡处于安静状态，并注意鸡的品种、年龄、外界温度、空气湿度，以便掌握正常的变化幅度。观察鸡呼吸时，要特别注意鸡群有无咳嗽、喷嚏、张嘴呼吸等现象。如鸡张嘴伸脖呼吸,多见于黏膜型鸡痘、鸡传染性支气管炎、鸡传染性喉气管炎、鸡传染性鼻炎、鸡败血霉形体病、鸡非典型新城疫、鸡热射病等。

2.病鸡个体检查 对整群鸡进行观察之后,再挑选出各种不同病型的病鸡进行个体检查。一般先检查体温,然后检查各个部位。

(1)体温测定。测温时,要固定好病鸡躯体。可双手把鸡握住,大拇指按住背部,使被检鸡保持自然状态而不动;也可一手握住两翼根部,一手握住两腿进行固定。待固定好将体温计插到泄殖腔右侧的直肠2～3 cm深处,动作要轻,不要损伤输卵管。鸡的正常体温是40.5～42℃,但品种、年龄、饲料、测温时间、季节、外界湿度等因素,均可影响体温的升降,不过变动幅度一般不大。天气过热和患感冒、急性传染病时,鸡的体温会增高;天气过冷、体质消瘦或有心血管疾病时,体温会降低。

(2)头部检查。健康鸡上喙稍长,上下喙吻合良好。

鼻有分泌物是鼻道疾病最明显的症状。鼻分泌物一般病初期为透明水样,后来变成黏液性混浊鼻液。鼻分泌物增多见于传染性鼻炎、禽霍乱、禽流感、败血性霉形体等疾病。此外,鸡患新城疫、传染性支气管炎、传染性喉气管炎、维生素A缺乏等,也会流出少量鼻液。

鸡患病后,病初眶下窦内有黏液性分泌物,多数病愈后自行消失。不过有些病例渗出物变为干酪物,造成眶下窦持久性肿胀,窦壁变厚发炎。鸡败血霉形体病时,一侧或两侧窦肿胀。许多呼吸道疾病,都伴有不同程度的窦炎。

检查鸡眼睛时,注意观察结膜的色泽,有无出血点和水肿,角膜的完整性和透明度。眼结膜发炎、水肿以及角膜、虹膜等发炎,多见于鸡传染性喉气管炎、黏膜型鸡痘、鸡曲霉菌病、鸡慢性副伤寒、鸡大肠杆菌病、鸡脑脊髓炎病等。鸡患马立克氏病时,虹膜色素消失,瞳孔边缘不整齐。鸡患维生素 A 缺乏症时,角膜干燥、浑浊或软化。

检查鸡的口腔时,用右手固定头部、鸡冠和肉髯,然后左手撬开口腔,观察舌、硬腭的完整性,颜色以及黏膜状态。口腔黏液过多,常见于许多呼吸道疾病和急性败血症,也有些病例是自身溶解的结果。嗉囊液体过多,多见于患嗉囊堵塞或垂嗉等。在口腔特别是口咽的后部,呈白喉样病变,是黏膜型鸡痘的症状。口腔上皮细胞角质化,常见于维生素 A 缺乏症。

视诊喉头时,左手固定头部,右手拇指向下掰开喙下缘,并按压舌头,然后将左手中指从腭间皮肤处向下轻压,喉头便会突出于口腔前部。喉头水肿,黏膜有出血点,分泌出黏稠的分泌物等,是鸡传染性喉气管炎症状。鸡痘时也偶尔在喉头部见到白喉样的干酪样栓子。喉头干燥、贫血,有白色伪膜,且易撕掉,多见于各种维生素缺乏症。

(3)气管检查。检查气管时,应细心通过皮肤触摸气管轮(环)。当有炎症时,紧压气管则呈现疼痛性咳嗽动作,鸡表现为甩头,张口吸气。

(4)嗉囊检查。嗉囊位于食道颈段和胸段交界处,在锁骨前方形成一个膨大盲囊,呈球形,弹性很强。一般常用视诊和触诊的方法检查嗉囊。

鸡表现为"软嗉",即嗉囊体积膨大,触诊有波动,如将鸡的头部倒垂,同时按压嗉囊,可由口腔流出液体,并有酸败味,则提示鸡患某些传染病或中毒性疾病。

鸡表现为"硬嗉",即按压嗉囊时呈面团状,则说明鸡运动和饮水不足。喂单一饲料也可导致"硬嗉"。

鸡表现为"垂嗉",即嗉囊膨大下垂,总不空虚,内容物发酵有酸味,常因饲喂大量粗饲料所致。

(5)胸廓检查。注意检查胸骨的完整性和胸肌状况,有时要检查胸廓是否有疼痛感和肋骨有无突起。检查营养状态时，可触摸胸骨两侧肌肉发达程度。

笼养鸡胸囊肿发病率高，公鸡比母鸡发病多。发病原因与饲养管理和遗传因素有关。如笼底材料粗糙或结构不合理、垫料潮湿板结、饲料中缺乏钙和维生素 D 等，均可诱发胸部囊肿。

(6)腹部检查。检查腹部，常用视诊和触诊方法。腹围增大，多见于腹水、卵黄性腹膜炎、肝脏疾病和淋巴性白血病。

触诊时很容易在腹部左侧后下部、肝的后方摸到鸡的肌胃。摸产蛋鸡的肌胃时，注意不要与蛋相混淆。肌胃呈扁圆形，两侧隆起；而鸡蛋有钝端和锐端，呈正椭圆形，靠近泄殖腔处。

肌胃弛缓时，用拇指和食指按压胃部，可感到捏粉样柔软，提示为消化不良和多种维生素缺乏症，初生雏肌胃弛缓，提示为弱雏。

触诊肠祥时，可触摸到硬粪块，触诊盲肠时，如感到呈棍棒状，可能是球虫病和组织滴虫病引起的盲肠病变。

(7)泄殖腔检查。检查泄殖腔，常用触诊和直肠检查的方法。检查时用拇指和食指翻开泄殖腔，观察黏膜色泽、完整性及其状态。直肠检查一般仅在怀疑有肿瘤、囊肿、排卵障碍时进行。在直检前先用凡士林涂擦食指，然后小心插入泄殖腔内，如有排粪动作，应立即将手指抽出，如在泄殖腔内有粪便，应将粪便取出。

检查泄殖腔时，手指可以进入直肠或输卵管。输卵管开口于泄殖腔深部的左侧，右侧为直肠开口。通过检查，可摸到输卵管扭转、肿瘤等变化。

(8)腿和关节检查。主要检查腿的完整性，韧带和关节的连接状态及骨骼的形状等。

趾关节、跗关节、肘关节发生关节囊炎时，关节部位肿胀，有波动感，有的还含有脓汁。滑膜霉形体、败血霉形体、金黄色葡萄球菌、沙门氏菌感染时常出现这些病变。

腿部肌腱肿胀、断裂，多见于鸡呼肠孤病毒感染；趾爪前端逐渐变黑、干燥，有时脱落，多由葡萄球菌和产气荚膜杆菌感染引起；脚变紫，腿鳞间有出血，见于禽流感；腿鳞逆立，多见于鸡的疥螨。

（三）病理剖检　鸡体受到外界各种不利因素侵害后，其体内各器官发生的病理变化是不尽相同的。通过解剖，找出病变的部位，观察其形状、色泽、性质等特征，结合生前诊断，确定疾病的性质和死亡的原因，这是十分必要的。凡是病死的鸡均应进行剖检。有时为诊断疾病，需要捕杀一些病鸡，进行剖检。生前诊断比较肯定的鸡只，可只对所怀疑的病变器官作局部剖检，如果所怀疑器官找不出怀疑的病变或致死原因时应作全身检查，以便随时发现传染病，找出病因，及时采取有效的防治措施。

1.处死病鸡的方法　病理剖检的对象是病鸡和死鸡。临床上处死鸡的方法很多，常用的有以下几种。

（1）断头。就是用锐利的剪刀在鸡颈部前端剪下头部。这种方法适用于幼雏。

（2）拉断颈椎。用左手提起鸡的双翅，右手食指和中指夹住鸡的头颈相连处，拉直颈部，用拇指将鸡的下颌抬起同时，食指猛然下压，这样使鸡的脊髓在寰椎和枕骨大孔连接处折断。折断后应抓住鸡的双翅以防止扑打，直到挣扎停止。这种方法适用于大雏或青年鸡。

（3）颈静脉放血。拔除颈部前端的羽毛，一只手将鸡的双翅和头部保定好，另一只手用锋利的剪刀在颈部左下侧或右下侧剪断颈静脉，使血液流出，直到鸡死亡。这种方法适用于成年鸡。

另外口腔放血法、脑部注射空气法等也可杀死病鸡。

2.剖检前的准备　剖检室应设在远离鸡舍、孵化室和料库的地方。剖检前准备好必要的器械。若要进行病原分离，所有器械要经过严格的消毒处理，同时要准备好经过灭菌处理的培养基和其他必需的器械、试剂、鸡胚或培养中的细胞等，若要采集病料进行组织学检查,还要准备好固定液和标本缸等。

3. 器官检查 在鸡尸体剖开后,一般将颈部、胸部及腹部器官摘出后一起检查,也可在各器官摘出后立即分别进行检查。

(1)皮肤、肌肉。检查皮肤、肌肉有无创伤、结痂、渗出等。如皮下脂肪有小出血点,可见于败血症;股内侧肌肉出血,可见于鸡传染性法氏囊病、葡萄球菌病;皮肤上有肿瘤,可见于鸡皮肤型马立克氏病。

(2)胸腹腔。检查胸腹膜的颜色是否正常,有无炎症、出血,胸腔内有无肿瘤、异物等。如胸膜有出血点,可见于败血症;腹腔内有坠蛋时,会发生腹膜炎;卵黄性腹膜炎与鸡沙门氏菌病、禽霍乱、鸡葡萄球菌、禽流感、大肠杆菌有关;雏鸡腹腔内有大量黄绿色渗出液,多见于硒-维生素 E 缺乏症。

(3)口腔、食管、嗉囊。检查口腔内有无黏液,口腔黏膜有无外伤、溃疡;食管、嗉囊黏膜的色泽是否正常,有无出血、溃疡及黏膜脱落,如有散在小结节,则提示为维生素缺乏症;嗉囊内充满液体和气体,发出酸败味,黏膜溃疡、出血,提示为患某些传染病或中毒性疾病。舌根部肿胀,多是由于吞食尼龙绳等引起的舌后退。

(4)鼻腔、喉头、气管。检查鼻腔黏膜是否肿胀、出血,腔内有无分泌物;喉头、气管内有无黏液,是否被黄色干酪样堵塞,黏膜是否出血、溃疡等。如鼻腔内渗出物增多,多见于鸡传染性鼻炎、鸡败血霉形体病,也可见于禽霍乱和禽流感;气管内有伪膜,提示为黏膜型鸡痘;喉头、气管内有多量奶油样或干酪样渗出物,可见于鸡的传染性喉气管炎、鸡新城疫等侵害呼吸系统的疾病。气管管壁肥厚,多见于鸡新城疫、鸡传染性支气管炎、鸡传染性鼻炎、鸡败血霉形体病。

(5)胸腺。检查胸腺是否肿胀、出血、萎缩等。如胸腺肿胀出血一般提示为新城疫、禽流感或中毒性疾病。胸腺萎缩多提示为淋巴性白血病、马立克氏病等。

(6)眼。检查角膜是否混浊等,瞳孔大小有无变化。

(7)心脏。注意心包液是否增多、混浊等。检查心脏时要注意心外膜是否光滑,有无出血斑点,是否松弛、柔软。剪开心房及心室后要注意心内膜是否出血,心肌的色泽及性状有无变化。心冠脂肪有出血点,多见于禽霍乱、禽流感、鸡新城疫、鸡伤寒等急性传染病或磺胺类药物中毒;心肌有坏死灶,可见于雏鸡白痢、鸡李氏杆菌病和弧菌性肝炎;心肌肿瘤,可见于鸡马立克氏病;心包有混浊渗出物,多见于鸡白痢、鸡大肠杆菌病、鸡败血霉形体病等。

(8)肺及气囊。观察肺的形状、色泽,用手触摸并细心感觉它的质度以及有无实变及结节,气囊是否增厚、不光滑,有无渗出物积于气囊中以及渗出物的性状等。如雏鸡肺有黄色小结节,多见于曲霉菌性肺炎;雏鸡患白痢死亡时,肺上有 $1\sim3$ mm 的白色病灶,心脏上也有结节状的病灶。禽霍乱病,可见到两侧性肺炎;肺呈灰红色,表面有纤维素,多见于鸡大肠杆菌病;气囊壁肥厚并有干酪样渗出物,多见于鸡传染性鼻炎、鸡传染性喉气管炎、鸡传染性支气管炎、鸡新城疫和鸡败血霉形体病;气囊壁附有纤维性渗出物,常见于鸡大肠杆菌病;气囊有卵黄样渗出物,为鸡传染性鼻炎的特征。

(9)腺胃和肌胃。剪开腺胃和肌胃后,检查腺胃黏膜,特别是腺胃乳头,腺胃和肌胃交界处,腺胃与食管的交界处有无出血,腺胃壁是否增厚,肌胃的角质层是否有糜烂或溃疡,角质层下是否有出血等。胃壁肿胀、黏膜出血,多见于鸡新城疫、鸡传染性法氏囊病和禽流感;腺胃和食管交界处的黏膜乳头呈带状出血,多见于传染性法氏囊病;腺胃壁肿胀可见于鸡马立克氏病、淋巴性白血病及腺胃型传染性支气管炎;肌胃角质层表面溃疡,成鸡多见于饲料中鱼粉和铜含量太高以及某些药物中毒,雏鸡多是营养不良;肌胃萎缩,发生于慢性疾病,或饲料缺少粗纤维。

(10)肠道。检查肠道内是否有寄生虫,肠内容物是否混有血液,肠黏膜有无出血、渗出、溃疡及脱落等,要特别注意肠壁是否有球虫裂殖体形成的白色小斑点,盲肠是否有出血性变化等。另外,还应检查盲肠扁桃体的变化。如小肠黏膜出血,多见于鸡的球虫病、中毒性疾病;卡他性肠炎,见于鸡大肠杆菌病、鸡伤寒病和绦虫、蛔虫感染;小肠坏死性肠炎,见于鸡球虫病,厌气性菌感染;肠浆膜肉芽肿,常见于鸡马立克氏病、鸡大肠杆菌病、沙门氏菌病等;雏鸡盲肠溃疡或干酪样栓塞,见于雏鸡白痢恢复期和组织滴虫病;盲肠内有血样内容物,见于盲肠球虫病;盲肠扁桃体肿胀、坏死和出血,盲肠与直肠黏膜坏死,可提示为鸡新城疫、禽流感。

(11)肝、脾、胆。注意观察肝、脾的形态、色泽是否正常,有无肿大,表面有无出血点、坏死灶及结节;胆囊是否肿胀,胆汁的色泽、浓稠度是否正常等。肝显著肿大,可见于马立克氏病和鸡淋巴性白血病;肝、脾有大的灰白色结节,见于鸡马立克氏病、鸡淋巴性白血病、鸡组织滴虫病和结核病;肝表面有散在点状灰白色坏死灶,见于包涵体肝炎、鸡白痢、鸡大肠杆菌病和鸡组织滴虫病等;脾表面有散在的微细白点,见于鸡马立克氏病、鸡白痢、鸡淋巴性白血病和结核;脾包膜肥厚伴有渗出物,且腹腔有炎症和肿瘤,见于鸡坠蛋性腹膜炎和鸡马立克氏病。

(12)肾及输尿管。观察肾的大小、色泽、质度和表面的变化,输尿管是否扩张,有无尿酸盐沉积等。如肾显著肿大,见于马立克氏病和淋巴性白血病;肾内有白色微细结晶沉着,输尿管膨大,出现白色结石,多由于中毒、维生素 A 缺乏、肾型传染性支气管炎、痛风等疾病。

(13)睾丸、卵泡及输卵管。检查睾丸、卵泡发育是否正常,有无肿瘤,卵泡色泽情况,有无出血、坏死、变性,输卵管黏膜有无充血、出血等。睾丸萎缩,有小脓肿,常见于鸡白痢;产蛋鸡感染沙门氏菌病后,卵巢有炎症、变形或滤泡萎缩;卵巢水泡样肿大,可见于鸡急性马立克氏病和鸡淋巴性白血病;输卵管内充满腐败的渗出物,常见于鸡的沙门氏菌病和大肠杆菌病;输卵管内充塞半干状蛋块,是由于肌肉麻痹或局部扭转、大肠杆菌等引起的输卵管炎引起;输卵管萎缩,可见于鸡传染性支气管炎和鸡产蛋下降综合症。

(14)胰腺。检查胰腺的色泽、硬度如何,有无出血、坏死、肿瘤等。如雏鸡胰腺坏死,多发生于硒-维生素 E 缺乏症。如有白色或红色的颗粒状物,多半是鸡住白细胞原虫病。

(15)法氏囊。检查法氏囊的大小、色泽情况,有无分泌物、出血,如法氏囊肿大并出血和表面黏膜水肿,多为传染性法氏囊病的初期,发生非自然性萎缩则可能是传染性法氏囊病后期;鸡患淋巴性白血病时,法氏囊常有稀疏的直径 2~3 cm 的肿瘤。

(16)脑及神经。观察脑时主要注意脑膜是否充血、出血,脑表面有无软化灶。检查周围神经时主要注意左右侧的神经是否粗细相等,色泽如何,横纹是否清晰,有无肿瘤。如小脑出血、软化,多发生于幼雏的硒-维生素 E 缺乏症;外周神经肿胀、水肿、出血,两侧坐骨神经粗细不等,多见于鸡马立克氏病。

四、药敏试验

测定细菌对抗菌药物敏感性的试验称为药物敏感试验,简称药敏试验。由于养鸡业中抗菌药物的广泛使用,导致抗药菌株越来越多,盲目用药效果不佳。进行药物敏感试验已成为正确使用抗菌药物的必要手段,因为简便实用,得到了广泛应用。药物敏感试验的方法有多种,如纸片扩散法、试管法、挖洞法等。其中,纸片扩散法简便,出结果快,是目前生产中最常用的方法,介绍如下:

1. 干燥药敏纸片的制备 用 1 号定性滤纸制成直径 6 mm 的圆形纸片,每 50 片分装在一个干净的青霉素瓶内,以单层牛皮纸包扎封口,高压蒸汽灭菌 30 min,取出后放入 60~100℃烘干箱内,使其完全干燥。于每瓶内放入配制好的抗菌药溶液 0.25 mL,

并使纸片均匀浸吸药液,置 4℃ 冰箱中浸泡 30~60 min,然后放入 37℃ 温箱中烘干。干燥后加盖密封,低温保存备用,若不受潮,有效期 3~6 个月。

2. 药物稀释液的配制

(1) pH 3.0 枸橼酸缓冲液。取枸橼酸 7 g、磷酸氢二钠 (Na_2HPO_4) 3 g、蒸馏水 1 000 mL,加热溶解,测其 pH,符合要求时高压蒸汽灭菌备用。

(2) pH 6.0 磷酸盐缓冲液 (PBS)。取磷酸氢二钾 (K_2HPO_4) 2 g、磷酸二氢钾 (KH_2PO_4) 8 g、蒸馏水 1 000 mL,加热溶解,测其 pH,符合要求时高压蒸汽灭菌备用。

(3) pH 7.8~8.0 磷酸盐缓冲液 (PBS)。取磷酸氢二钾 (K_2HPO_4) 16.73 g、磷酸二氢钾 (KH_2PO_4) 0.523 g、蒸馏水 1 000 mL,加热溶解,测其 pH,符合要求时高压蒸汽灭菌备用。

(4) 0.1 mL/L 盐酸溶液。先配制 5 mL/L 盐酸溶液,在 500 mL 蒸馏水中缓慢加入浓盐酸 (36%) 420 mL,然后用蒸馏水加至 1 000 mL。使用时将 5 mL/L 盐酸溶液稀释 50 倍,即得 0.1 mL/L 盐酸溶液。然后按照标准药敏纸片的制备方法配备药液。

3. 药敏培养基的制备

(1) 普通肉汤琼脂。又称营养琼脂。蛋白胨 10 g、氯化钠 15 g、磷酸氢二钾 1 g、琼脂 20 g、牛肉浸出液 1 000 mL(可用牛肉浸膏 10 g 浸于 1 000 mL 蒸馏水代替)。

牛肉浸出液的配制方法:取瘦牛肉去掉脂肪、腱膜等,绞碎或切碎,按 500 g 牛肉加 1 000 mL 蒸馏水混合,置 4℃ 冰箱中过夜,取出后加热到 80~90℃,经 1 h 后,以数层纱布滤除肉渣并挤出肉水,再用脱脂棉过滤,量其体积并用蒸馏水补足至 1 000 mL,即制成牛肉浸出液。

将以上其他成分加入到牛肉浸出液中,加热溶解,冷却后调

pH 至 7.6,煮沸 10 min,用滤纸过滤后分装,再以 $1.04×10^5Pa$ 高压蒸汽灭菌 25 min,取出后冷却至 55℃ 左右,在 90 mm 直径灭菌的平皿上倾注成 4 mm 厚的平板。做好平板,密封包装后可在冰箱中保存 2~3 周。使用前应将平皿置 37℃ 温箱中培养 4 h,确认无菌后再用于试验。

(2)鲜血琼脂。将灭菌的营养琼脂加热熔化,冷却至 45~50℃ 时加入无菌鲜血 5%(每 100 mL 营养琼脂中加入鲜血 5~6 mL)倾注平皿。无菌鲜血,用无菌手术取健康动物(绵羊或家兔等)的血液,加入盛有 5% 无菌柠檬酸钠溶液的容器内,置冰箱中保存备用。

4.试验方法 取临床上分离到的细菌进行纯培养。用灭菌的接种环挑取被检菌的纯培养物划线或涂布于平板上,并尽可能密而均匀。用灭菌镊子将药敏纸片平放于平板上并轻压使其紧贴平板上。直径 9.0 cm 的平皿可贴 7 张纸片,纸片间距不少于 24 mm,纸片与平皿边缘距离不少于 15 mm。贴好后将平板底部朝上置 37℃ 温箱中培养 4 h,取出观察结果。

5.结果判定 凡对被检菌有抑制力的抗菌药物,由于药物向周围扩散,抑制细菌的生长,故在纸片周围出现一个无细菌生长的圆圈,称为抑菌圈。抑菌圈越大,说明该菌对此种药物敏感度越高,反之越低。如果无抑菌圈,则说明该菌对药物具有耐药性。所以,判定结果时,以抑菌圈直径的大小来作为细菌对该药物敏感度高低的标准。

一般来说,抑菌圈 20 mm 以上为极度敏感,15~20 mm 为高度敏感,10~15 mm 为中度敏感,10 mm 以下为低敏感,无抑菌圈为不敏感。对多粘菌素类药物,抑菌圈在 10 mm 以上者为高度敏感,6~9 mm 为低敏感。经过药敏试验后,应该选择极度敏感或高度敏感的药物进行治疗。同时,也应当考虑到药物在体内的分布及肠道吸收程度问题。

五、鸡的投药方法

在养鸡生产中,为了促进鸡群生长,预防和治疗某些疾病,经常需要进行投药。鸡的投药方法很多,大体上可为三类:全群投药法、个体给药法和种蛋给药法。

(一)全群投药法

1.混水给药 混水给药就是将药物溶解于水中,让鸡自由饮用。此法适用于已患病、采食量明显减少而饮水状况较好的鸡群。投喂的药物应该是较易溶于水的药片、药粉和药液,如葡萄糖、高锰酸钾、强力霉素、卡那霉素、喹诺酮类、丁胺卡那霉素、地克珠利、马杜拉霉素等。应用混水给药时还应注意以下几个问题:对油剂及难溶于水的药物不能采用此法给药,微溶于水且又易引起中毒的药物片剂,要充分研碎研细,而且还要进行适当处理,对水溶液稳定性较差的药物,如青霉素等;要现配现用,一次配用时间不宜过久。为了保证药效,最好在用药前停止供水1~2 h,然后再喂给药液,以便鸡群在较短时间内将药液饮完。要准确掌握药物的浓度。用药混水时,必须计算好用药量,饮用的药量实质是根据体重计算出来的。应根据鸡的可能饮水量计算药液量。鸡的饮水量多少与其品种、饲养方法、饲料种类、季节及气候等因素紧密相关,生产中要给予考虑。如冬天饮水量一般减少,配给药液就不宜过多,否则会使鸡饮用的药少而达不到效果;而夏天饮水量增加,配给药液必须充足,否则就会造成部分鸡只饮水过少,影响药效。当饮水量低于平时的时候,要给予充分考虑,不能只按说明的对水量使用,而应适当加大药的浓度。当饮水量高于平时的饮水量时,要降低药液的浓度。

2.混料给药 混料给药就是将药物均匀混入饲料中,让鸡吃料时能同时吃进药物。此法简便易行,适用于长期投药,是养鸡生产中最常用的投药方式。适用于混料的药物比较多,尤其对一些不溶于水的而且适口性差的药物,采用此法投药更为恰当,如土霉素,新诺明,某些不溶于水的磺胺类药物,抗球虫药。混料给药应该注意:药物与饲料的混合必须均匀,尤其对一些易产生不良反应的药物,如马杜拉霉素、盐霉素等毒性较大药物,不仅用量要准确,而且必须确保混合均匀。大批量饲料混药,还需多次逐步混合才能达到混合均匀的目的。要注意饲料中药物的浓度。药物与饲料混合时,应注意饲料中添加剂与药物的关系。如长期应用磺胺类药物则应补给维生素 B_1 和维生素 K。

3.气雾给药　气雾给药是指让鸡只通过呼吸道吸入药物或使药物作用于皮肤黏膜的一种给药法。这里只介绍通过呼吸道吸入方式。由于鸡肺泡面积很大,并具有丰富的毛细血管,因而应用此法给药时,药物吸收快、作用出现迅速,不仅能起到局部作用,也能经肺吸收后迅速出现作用,吸收速度仅次于静脉注射。采用气雾给药时应注意以下几个问题:

(1)要选择适用于气雾给药的药物。要求使用的药物对鸡的呼吸道无刺激性,而且又能溶解于其分泌物中,否则不能吸收。药物对呼吸系统如有刺激性,则易造成呼吸道黏膜的炎症。

(2)要控制气雾微粒的大小。气雾微粒越小,进入肺部越深,但在肺部的保留率越差,大多数从呼气排出,影响药效。若气雾微粒较大,则大部分落在上呼吸道的黏膜表面,不能进入肺部,因而吸收较慢。一般来说,进入肺部的气雾微粒的直径以 $0.5 \sim 5.0 \mu m$ 为宜。

(3)要掌握药物的吸湿性。要使气雾微粒到达肺的深部,应选择吸湿慢的药物;要使气雾微粒分布在呼吸系统的上部,应选择吸湿快的药物,因为吸湿快的药物在通过湿度很高的呼吸道时,其直径能逐渐增大,影响药物到达肺泡。

(4)要掌握气雾剂的剂量。同一种药物,其气雾剂的剂量与其他剂型的剂量不一定相同,不能随意套用。

4.外用给药　此法多用于鸡的体表用药,以杀灭体外寄生虫或微生物,也常用于消毒鸡舍、周围环境和用具等。采取外用给药时应注意:

(1)要根据应用的目的选择不同的外用给药法。如对体外寄生虫可采用喷雾法,将药液喷到鸡体、产蛋箱和栖架上,杀灭体外微生物则常采用熏蒸法。

(2)要注意药物浓度。抗寄生虫药和消毒药对寄生虫或微生物具有杀灭作用,但毒性也较大,如应用不当、浓度过高,易引起中毒。因此,在应用易引起中毒的药物时,要严格掌握浓度和使用方法。使用熏蒸法时,要注意熏蒸时间。

(二)个体给药法

1.口服法　若是水剂,可将定量的药液吸入滴管,滴于喙内,让鸡自由咽下。其方法是助手将鸡抱住,稍抬头,术者用左手拇指和食指抓住鸡冠,使喙张开,用右手把滴管药液滴入,让鸡咽下。若是片剂,将药片分成数等份,开喙塞进即可。若是粉剂,可溶于水按水剂使用,不溶于水的药物,可用黏合剂制成丸剂,塞进喙内即可。

口服法的优点是给药剂量准确,并能让每只鸡都服入药物。但是,此法花费人工较多,而且较注射给药吸收慢。

2.静脉注射法　此法可将药物直接送入血液循环中,因而药效发挥快,适用于急性严重病例和对药量要求准确及药效要求确实的病例。另外,需要注射某些刺激性药物及高渗溶液时,也必须采用此法,如注射氯化钙等。此法虽然剂量准确,效果确实,但花费人工较多,只对有较高经济价值的鸡使用。

静脉注射的部位是翅下静脉基部。其方法是:助手用左手抱住鸡,右手拉开翅膀,让腹面朝上。术者用左手压住静脉,使血管充盈,右手握好注射器,针头刺入静脉后,调整好针头,固定好,松开左手,缓慢注射。

3.肌肉注射法　肌肉注射法的优点是药物吸收速度较快,药物作用的出现也比较稳定。剂量准确,效果确实,可以大面积使用。

4.嗉囊注射　要求药量准确的药物,或对口咽有刺激性的药物,或暂时性吞咽困难的病鸡,多采用此法。

(三)种蛋及鸡胚给药法　此种给药法常用于种蛋的消毒和预防各种疾病,也可治疗胚胎病。常用的方法有下列几种:

1.熏蒸法　将经过洗涤或喷雾消毒的种蛋放入罩内、室内或孵化室内,并内置药物(药物的用量根据体积计算),然后关闭门窗或孵化器的进出气孔和鼓风机,熏蒸 30 min 后方可进行孵化。

2.浸泡法　即将种蛋置于一定浓度的药液中浸泡 3～5 min,以杀灭种蛋表面的微生物。用于种蛋浸泡的药物主要有高锰酸钾、碘溶液、抗生素溶液、新洁尔灭溶液。

3.注射法　可将药物注射于种蛋的气室内,可预防蛋源性疾病。

六、鸡的免疫接种

鸡的免疫接种,是将疫苗或菌苗用特定的方法接种于鸡体,使鸡在不发病的情况下产生抗体,从而在一定时期内对某种传染病具有抵抗力。

疫苗和菌苗是用毒力较弱或已被处理的病毒、细菌制成的。用病毒制成的叫疫苗,用细菌制成的叫菌苗,含活的病毒、细菌的叫活苗,含死的细菌、病毒的叫灭活苗。疫苗和菌苗按规定方法使用没有致病性,但有良好的抗原性。

(一)疫(菌)苗的保存、运输与使用

1.疫(菌)苗的保存　各种疫(菌)苗在使用前和使用过程中,必须按说明书上规定的条件保存,绝不能马虎大意。一般活菌苗要保存在 2～15℃ 的环境内,但对弱毒疫苗,则要求低温保存。有些疫苗,如双价马立克氏病疫苗,要求在液氮容器中超低温(-190℃)条件下保存。这种疫苗对常温非常敏感,离开超低温环境几分钟就失效,因而应随取随用,不能取出来再放回。一般情况下,活毒疫(菌)苗保存期越长,病毒细菌死亡越多,因此要尽量缩短保存期限。灭活苗随着保存时间的延长,其抗原性会逐渐丧失。

2.疫(菌)苗的稀释　各种疫(菌)苗使用的稀释剂、稀释倍数及稀释方法各有一定的要求,必须严格按规定处理。否则,疫(菌)苗的滴度就会下降,影响免疫效果。例如,用于饮水免疫疫(菌)苗的疫(菌)苗稀释剂,最好是用蒸馏水或去离子水,也可用洁净的深井水,因为自来水中含有消毒剂不能使用。又如用于气雾免疫的疫(菌)苗的稀释剂,应该用蒸馏水或去离子水,如果水中含有盐,雾滴喷出后,由于水分蒸发盐类浓度提高,会使疫(菌)苗灭活。如果能在饮水或气雾的稀释剂中加入0.1%的脱脂奶粉,能够保护疫(菌)苗的活性。在稀释疫(菌)苗时,应用注射器先吸入少量稀释液注入疫(菌)苗瓶内,充分震摇溶解后,再加入其余的稀释液。如果疫(菌)苗瓶太小,不能装入全量的稀释液,需要把疫(菌)苗吸出放在另一容器内,再用稀释液把疫(菌)苗瓶冲洗几次,使全部疫(菌)苗所含病毒(细菌)都被冲洗下来并将所有的疫(菌)苗液合并在一起。

3.疫(菌)苗的使用　疫(菌)苗在临用前由冰箱中取出,稀释后应尽快使用。一般说来,活毒疫(菌)苗应在4 h内用完,马立克氏病疫苗应在30 min内使用完。当天未能使用完的疫(菌)苗应废弃,并妥善处理,不能隔天再用。疫(菌)苗在稀释前后不能受热或被阳光直射,更不许接触消毒剂。稀释疫(菌)苗的一切用具,必须洗涤干净,煮沸消毒。混饮疫(菌)苗的容器必须用清水洗干净,使之无消毒药残留。

(二)免疫程序的制定　鸡在什么时候接种什么疫苗的计划,称为免疫程序。制定免疫程序应考虑以下几个因素:当地家禽疾病的流行情况及严重程度,母源抗体的水平,上次免疫接种引起的抗体的水平,鸡的免疫应答能力,免疫接种的方法,各种疫苗接种的配合,免疫对鸡群健康及生产能力的影响等。

(三)免疫接种的常用方法　不同的疫苗、菌苗有不同的接种方法,归纳起来,主要有滴鼻、点眼、饮水、刺种、肌肉注射及皮下注射等几种方法。

1.滴鼻、点眼法　主要适用于鸡新城疫Ⅱ系、F系、Ⅳ(Lasota)系疫苗,鸡传染性支气管炎疫苗及鸡传染性喉气管炎弱毒型疫苗的接种。

滴鼻、点眼可用滴管、空眼药水瓶或 5 mL 注射器(针尖磨秃),事先用 1 mL 试一下,看有多少滴。2 周龄以下的雏鸡以每毫升 50 滴为好,每只鸡 2 滴,每毫升滴 25 只鸡,如果一瓶疫苗是用于 250 只鸡的,就稀释成 10 mL(250÷25)。比较大的鸡以每毫升 25 滴为宜,上述一瓶疫苗就要稀释成 20 mL。

疫苗应当用生理盐水或蒸馏水稀释,不能用自来水,以免影响免疫接种的效果。

滴鼻、点眼法的操作方法:左手握住鸡体,食指与拇指固定住小鸡的头部,右手用滴管吸取药液滴在鼻孔或眼内,当药液滴在鼻孔上不吸入时,可用右手食指把鸡的另一个鼻孔堵住,药液便会很快吸入。

2.饮水法　滴鼻、点眼免疫接种虽然剂量准确,效果确实,但对于大群鸡,尤其是日龄较大的鸡群,要逐只进行免疫接种,费时费力,且不能在短时间内完成免疫。因此,生产中常采用饮水法,即将某些疫苗混于饮水中,让鸡在较短的时间内饮完,以达到免疫接种的目的。

适用于饮水法的疫苗有新城疫Ⅱ系、Ⅳ系疫苗,鸡传染性支气管炎 H_{52}、H_{120}疫苗,鸡传染性法氏囊弱毒苗等。为使饮水免疫接种达到预期效果,必须注意:在接种疫苗前,要依据季节的不同,停水 3~5 h,以使鸡群有较强的饮欲,保证能在 2 h 内把疫苗水饮完。配制鸡饮用的疫苗水,需在用时按要求配制,不可事先配制备用。稀释疫苗的用水量要适当。在正常情况下,每 500 头份疫苗,2 日龄至 2 周龄用水 5 L,2~4 周龄 7 L,4~8 周龄 10 L,8 周龄以上 20 L。水槽的数量应充足,可以供给全群鸡同时饮水。因金属离子可以使疫苗病毒死亡,应避免使用金属饮水槽,水槽在使用前不应消毒,但应充分洗刷干净,不含有饲料或粪便等杂物。水中不能含氯和其他杀菌物质。盐、碱含量较高的水,应煮沸、冷却待杂质沉淀后再用。在夏季要选择一天当中较凉爽的时间使用疫苗,疫苗应远离热源。有条件时可在疫苗水中加 5%脱脂奶粉,对疫苗有一定的保护作用。

3. 翼下刺种法 主要适用于鸡痘疫苗。进行接种时,先将疫苗用生理盐水或蒸馏水按一定倍数稀释,然后用接种针或蘸水笔尖蘸取疫苗,刺种于鸡翅膀内侧无血管处。小鸡刺种一针即可,较大的鸡可刺种两针。

4. 肌肉注射法 主要适用于鸡新城疫Ⅰ系疫苗、禽霍乱弱毒苗。使用时,一般按规定倍数稀释后注射于胸部肌肉、翼根内侧肌肉或腿部外侧肌肉。

5. 皮下注射法 主要适用于接种鸡马立克氏病弱毒苗和各种油苗。接种鸡马立克氏病弱毒疫苗,多采用雏鸡颈背皮下注射法。注射时先用左手拇指和食指将雏鸡颈背部皮肤轻轻捏住并提起,右手持注射器将针头刺入皮肤与肌肉之间,然后注入疫苗。

6. 气雾法 主要适用于接种鸡新城疫、鸡传染性支气管炎、传染性喉炎疫苗等,压缩空气通过气雾发生器,使稀释的疫苗液形成直径为 1~10 μm 的雾化粒子,均匀悬浮于空气中,随呼吸而进入鸡体内。气雾免疫接种应注意:所用疫苗必须是高价的、倍量的;稀释疫苗应该用去离子水或蒸馏水,最好加 0.1%的脱脂奶粉或明胶;雾滴大小适中,一般要求喷出的雾粒在 70%以上,成鸡雾粒的直径应在 5~10 μm,雏鸡 30~50 μm。喷雾时房舍要密闭,要遮蔽直射阳光,保持一定的温、湿度,最好在夜间鸡群密集时进行,待 10~15 min 后打开门窗;气雾免疫接种对鸡群的干扰较大,尤其会加重鸡毒支原体及大肠杆菌引起的气囊炎,应加以注意,必要时气雾免疫接种前后在饲料中加入抗菌药物。

(四)免疫接种的保护率与免疫期

1.保护率　鸡群经过某一项免疫接种之后,由于个体差异及接种操作上的疏忽等种种原因,并不是所有的鸡都能产生坚强的免疫力。接种后能抵抗强毒侵袭的鸡占鸡群的比率,称为保护率。若保护率在 90% 以上,说明免疫效果比较好,能避免鸡群严重发病。

2.免疫期　不同的疫苗、菌苗接种之后,产生抗体快慢不一样。一般经几天至十几天可达到抵抗强毒的水平,自此时间起,到抗体水平下降到不足以抵抗强毒为止,称为免疫期。各种疫苗、菌苗的免疫期,厂家均有说明。

(五)接种反应与免疫干扰

1.接种反应　弱毒疫苗、菌苗接种之后,由于病毒、细菌在鸡体内繁殖,在几天内鸡表现轻微的精神不振、食欲减退和产蛋率下降等,这均属正常现象。反应的轻重与毒、菌株的种类、接种剂量和鸡的体质等因素有关。在目前常用的弱毒疫苗中,禽霍乱弱毒菌苗、大肠杆菌苗接种后反应较大,甚至个别鸡死亡;鸡新城疫Ⅰ系苗用于产蛋鸡时,对产蛋量有一定的影响。其他疫苗接种后,一般无明显反应。

由于弱毒苗中的病毒、细菌在鸡体内能够繁殖,所以正常的预防性免疫接种,疫苗的用量只要达到规定的标准,即能收到预期的免疫效果。不要随意加大用量,以免引起不良反应。一般说来,采取注射接种,疫苗的用量应按规定使用。而滴鼻、点眼、饮水等方法,用量可加大 1 倍,但不宜太多。

2.免疫干扰　鸡群接种某种疫苗后,由于受到某些因素的影

响,其免疫效果受到一定影响。一般情况下,干扰免疫效果的因素主要有以下几种:

(1)母源抗体。种鸡的免疫抗体可经蛋传递给初生雏,并在雏鸡体内维持一定时期才消失,在母源抗体消失前接种抗原,接种的抗原就会被母源抗体中和。解决这个问题的方法有多种,一是等母源抗体基本消失后再首次免疫;二是通过两次免疫接种来解决;三是使用不受母源抗体影响的疫苗,如雏鸡早期使用油乳剂灭活苗,及早产生坚强的免疫力;四是加大疫苗用量。

(2)其他疫苗。在目前常用疫苗中,鸡新城疫疫苗与鸡痘疫苗之间相互干扰。法氏囊疫苗接种后,在法氏囊的功能暂受到抑制时期内,再接种其他疫苗后,不会取得较好的免疫效果,因此在接种法氏囊疫苗后1周内,最好不接种其他疫苗。

(3)病理状态。雏鸡的体液免疫力主要靠法氏囊产生,因而一些可损害法氏囊的疫病,如鸡传染性法氏囊病、鸡马立克氏病、鸡传染性贫血等都可使疫苗的免疫效果降低。伴随而来的是对许多传染病的易感性增加,从而又进一步降低疫苗的免疫效果。

(4)其他因素。鸡只的体质、环境条件、饲料品质等也影响免疫效果。例如,饲料中蛋白质与维生素不足,可使疫苗的免疫效果降低。

(六)免疫接种应注意的问题　鸡群的免疫接种应注意以下问题:

(1)在接种前,应对鸡群进行详细了解和检查,注意营养状况和有无疾病。鸡群健康,饲养管理和卫生环境良好,一般可保证接种的安全并能产生较强的免疫力。相反,饲养管理条件不好,就可能出现明显的接种反应,产生的免疫力差,甚至发病。

(2)给幼雏接种时,应考虑母源抗体的滴度。一般来说,鸡传染性支气管炎的母源抗体可持续2周左右,鸡传染性法氏囊的母源抗体可持续2~3周,鸡新城疫的母源抗体在3周后完全消失。

而雏鸡的母源抗体又受种鸡循环抗体的影响。由于种鸡免疫接种的时间不同,或者孵化的种蛋来自不同的鸡场,其后代雏鸡的母源抗体水平就会有较大的差异,所以就很难规定一个适用于各场的免疫程序。一般来说,对于母源抗体水平低而个体差异又较小的雏鸡,首次接种鸡新城疫疫苗应在早期进行;反之,母源抗体水平高的雏鸡,应推迟接种。对于母源抗体参差不齐,而又受到疫情威胁的雏鸡,应早接种,以提高母源抗体水平低的雏鸡的免疫力;以后再接种1次,以使原来母源抗体水平较高的雏鸡,也能对疫苗接种有良好的应答。这种重复接种,可根据检测红细胞凝集抑制(HI)抗体的情况而定。如果多数鸡的 HI 抗体下降 1∶16 以下时,就应进行强化免疫。

(3)在接种弱毒活菌苗前后各5天内,鸡群应停止使用能够造成免疫抑制的药物,以免影响免疫效果。

(4)要考虑好各种疫苗接种的相互配合,以减少相互之间的干扰作用,保证免疫接种的效果。为了保证免疫效果,对当地流行最严重的传染病,最好能单独接种,以便产生坚强的免疫力。

(5)疫苗的保存、运输、稀释倍数、接种方法等要按要求进行,以确保免疫效果。

(6)免疫接种后,要注意观察鸡群接种反应,如有不良反应或发病情况等,应根据情况具体分析,采取适当的措施。

(七)免疫接种失败的原因 鸡群经免疫接种后,抵挡不住相应特定疫病的流行或抗体检查不合格,均认为免疫接种失败。分析免疫接种失败原因,可从以下几个方面考虑:

1.接种时存在母源抗体 如果在雏鸡体内母源抗体未降低或消失时就接种疫苗,母源抗体就会与疫苗抗原发生中和作用,导致不能产生良好的免疫效果,即免疫失败。

2.疫苗失效 疫苗保存或运输不当,或超过有效期,均可导致疫苗失效或减效。

3.疫苗间相互干扰　如接种鸡法氏囊疫苗之后一段时间内，再接种其他疫苗，将影响另一种疫苗的免疫效果。

4.接种方法不当　疫苗接种方法很多，但应根据疫苗的性质、鸡只日龄，选择合适的接种方法、稀释浓度、接种剂量。如疫苗使用不当，也不能获得良好的免疫效果。

5.鸡群隐性感染某些传染病　当接种疫苗时，若鸡群潜伏着传染性法氏囊病、马立克氏病等免疫抑制性疾病，则不会达到免疫的目的。

（八）疫苗接种后的免疫监测　一般情况下，鸡群免疫接种后，多不进行免疫监测，但在疫病严重污染地区，为了确保鸡群获得可靠的免疫效果，应当在疫苗接种之后，测定鸡只是否确实获得了免疫力。因为在某些因素的影响下，如疫苗质量差、用法不当或机体应答能力低等，虽然作了疫苗接种，但鸡群没有获得坚强的免疫力，若不再次免疫接种，就不能抵抗一些传染病的侵袭。根据鸡体和疫苗应用情况，可将免疫监测分为四种情况。

1.从未免疫的鸡群　疫苗接种后，若鸡群出现阳性血清反应，则认为免疫获得成功，否则认为免疫失败。某些疫病尚要求血清达到一定效价，才认为是免疫成功。

2.曾免疫过的鸡群　再次疫苗接种时，比较免疫前和免疫后血清效价，若免疫后血清效价有明显的升高时，则认为免疫成功，否则需要重新进行免疫。

3.观察疫苗在接种部位的反应　疫苗经皮肤刺种后，在刺种部位出现反应时，则认为免疫成功。若无反应，需重新接种。如鸡痘苗的接种。

4.其他监测法　有些菌苗对鸡免疫后，既无局部反应，也不出现阳性血清反应，需要采取其他的特殊监测方法，如鸡伤寒9R菌苗即属于此种类型。

凡是经过监测之后，证明未能产生满意的免疫效果，一律需要重新再作免疫,直至获得满意的免疫效果为止。

第二节 传 染 病

一、新城疫

鸡新城疫又称亚洲鸡瘟,民间俗称鸡瘟,是由鸡新城疫病毒引起的以呼吸困难,下痢,神经机能紊乱,黏膜和浆膜出血,出血性纤维素性坏死性肠炎为主要特征的急性高度接触性传染病。本病分布广泛,是危害养鸡业最严重的疾病之一。

1.流行特点 所有鸡科动物都可能感染本病。不同新城疫毒株所致疾病的严重程度有很大差异。各种年龄的鸡均可感染,2年以上老鸡的易感性较低,幼龄鸡的易感性较高。一般情况下,鸡的日龄越小,发病越急。本病可发生在任何季节,但以春秋两季多发,夏季较少。新城疫自然感染的潜伏期是3~5天。

本病的主要传染源是病鸡,病鸡与健康鸡接触,通过消化道和呼吸道传染。

2.症状 临床症状与病毒毒株有很明显的关系。年龄、免疫状态、是否与其他疾病混合感染、环境应激、感染途径及病毒剂量是影响疾病严重程度的重要因素。

(1)一般分型方法。

最急性型:突然发病,常无特征性症状而迅速死亡。

急性型:病雏表现为食欲降低,精神委顿,垂头缩颈,眼半闭,状似昏睡,鸡冠及肉髯变为暗红色。产蛋鸡产蛋量下降,畸形蛋增多。随着病程的发展,表现为伸直头颈、张口呼吸,病鸡发出"咯咯"的声音。病鸡嗉囊内充满酸臭的液体内容物,口角常流出大量黏液,为排除黏液,病鸡常做摇头动作。病初排出稀薄的粪便,呈黄绿色或黄白色,后期排蛋清样粪便。病初体温升高达43~

44℃,后期体温下降。有的病鸡还会出现神经症状,如翅、腿麻痹等。

慢性型:多由急性转变而来,病鸡常表现为站立不稳,头颈向后或一侧扭转,伏地旋转,共济失调,受刺激后症状加重。除部分可康复外,一般经10～20天死亡。有的在无外界刺激的情况下,外观正常。多出现在新城疫流行后期或由某些中发毒株的疫苗引起。

(2)在国外,常将新城疫分为如下五个类型:

速发性嗜内脏型:又名 Doyle 氏型,所有日龄的鸡均可出现鸡急性致死性感染,常见消化道出血性病变。

速发性嗜肺脑型:又名 Beach 氏型,一种急性,通常为致死性感染,所有日龄鸡均易感,其特征是表现为呼吸和神经症状,因此称之为速发性嗜肺脑型。

中发型:又名为 Beaudette 氏型,一般仅限于幼禽发病。引起该类型的病毒为中发型,该类病毒可用做二次免疫的活疫苗。

缓发型:又名 Hitchner 氏型,由缓发型毒株引起的轻度或隐性呼吸道感染,这一类毒株一般用于制作活疫苗。

无症状肠型:主要是缓发型病毒肠道感染,不引起明显的疾病。

新城疫病型的形成,既与病毒的毒力有关,也与受感染鸡的免疫状况有关。例如,对于高致病力毒株或速发型毒株,如果感染非常敏感的鸡群(如没有接种过疫苗、免疫失败或接种疫苗时间很长,特异性免疫力已经基本消失的),则临床症状往往会出现典型的新城疫(最急性型、急性型、Doyle 氏型)。但当同样的毒株感染有不同程度免疫力的鸡群时,则可能出现不同的症状和病变。例如,当循环抗体不能完全阻止病毒在体内的扩散时,一些病毒可能侵入到中枢神经系统中,引起病鸡神经症状的出现,出现慢性型或Beach 氏型新城疫的神经症状;而当循环抗体能阻止病毒在体内扩散,病毒虽未能进入中枢神经系统内,但由于呼吸道黏膜的局部免疫力不足,则病鸡可能出现类似 Beach 氏型新城疫的呼吸道症状。至于 Beaudette 及 Hitchner 氏型新城疫或非典型新城疫,则既可以由非高致病力的中发型或缓发型的毒株感染敏感鸡而引起,但也可以由高致病力、速发型毒株感染免疫保护力已很强、但仍有缺陷的鸡群而形成。例如,当循环抗体已很高,但局部免疫保护力不足的鸡群感染高致病力毒株时,也可能出现仅见轻度呼吸道症状、产蛋率下降的非典型新城疫。因此当发现典型新城疫时,可以肯定病毒是高致病力的,但当遇到非典型新城疫时,则一定要作病原的鉴定,分清鸡场内存在的新城疫病毒到底是高致病力毒株还是中发型、缓发型的疫苗株,这对我们在制定防疫措施的决策上是至关重要的。

3.病理变化 本病的病理变化具有败血症的特征,全身黏膜、浆膜出血,一般消化道和呼吸道最明显,淋巴系统肿胀、出血和坏死。

(1)最急性型。由于发病急,多数没有肉眼可见的病变,个别鸡可见胸骨内面、鸡心外膜上有出血点。

(2)急性型。病变比较典型:口腔内有多量黏液和污物,嗉囊内充满多量酸臭液体和气体,食管和腺胃交界处常见有出血斑或出血带,腺胃乳头肿胀,乳头出血,严重者乳头间腺胃壁出血,肌胃角质膜下层可见出血点;整个肠道充血或严重出血,十二指肠和直肠后段最严重,十二指肠常呈弥漫性出血,直肠黏膜常密布针尖大小的出血点,肠淋巴滤泡肿胀,常突出于黏膜表面,局部肠管膨大,充满气体和粥样内容物;盲肠扁桃体严重肿胀、出血和坏死,病程稍长者,肠黏膜上可出现纤维素性坏死灶,去掉坏死假膜,即可见溃疡。心外膜、心冠脂肪上可见出血点,严重者肠系膜及腹腔脂肪上也有出血点,喉头、气管内有大量黏液并严重出血。产蛋鸡卵黄膜严重充血、瘀血,卵黄破裂,形成卵黄性腹膜炎。

(3)亚急性或慢性型。剖检变化不明显,个别鸡可见肠卡他性炎症,盲肠扁桃体肿胀、出血,小肠黏膜上有纤维素性坏死。

由于疫苗使用方法、使用途径、疫苗选择不当等原因,非典型新城疫发病比较多。非典型新城疫一般不呈暴发性流行,多散发,发病率 5%～10%。临床上缺乏特征性呼吸道症状,鸡群精神良好,饮食正常。个别鸡出现精神沉郁,食欲降低,嗉囊空虚,排黄色粪便等症状。从出现症状到死亡,一般为 1～2 天。产蛋鸡出现产蛋量下降,产软壳蛋等。

非典型新城疫的特征性病理变化表现在小肠上有数个大小不等的黄色泡状肠段。剪开该肠段可见肠内容物呈橘黄色、稀薄,肠黏膜脱落,肠壁变薄,呈橘黄色,缺乏弹性,肠壁毛细血管充血或出血,与周围界限明显。腺胃变软、变薄,腺胃乳头间有出血。产蛋鸡除上述病变外,卵泡变形,严重者卵黄破裂,形成卵黄性腹膜炎。

4. 鉴别诊断

(1)新城疫与禽霍乱的鉴别。禽霍乱可以感染各种家禽,鸭最易感,而新城疫一般只感染鸡,有神经症状。禽霍乱病程较短,一般 1～2 天死亡,而新城疫多于 3～5 天死亡。患禽霍乱死亡的鸡,剖检可见肝脏上有灰黄色坏死点,肠黏膜上无溃疡,而新城疫肝脏无坏死点,肠道黏膜上多有溃疡。

(2)新城疫与鸡传染性喉气管炎的鉴别。传染性喉气管炎,传播快,发病率高,但死亡率不高,有呼吸困难症状,但无消化道症状,病理变化局限于气管和喉部,呈出血性或假膜性气管炎症状。

(3)新城疫与住白细胞原虫病的鉴别。住白细胞原虫病(俗称白冠病)的剖检变化和鸡新城疫极为相似。但患住白细胞原虫病的鸡,鸡冠苍白,肾脏出血,肌肉和内脏器官上有红色或白色的小结节,无呼吸道症状。

5. 防治　本病无特效治疗药物,主要依靠建立并严格执行各项预防制度和切实做好免疫接种工作,来预防本病的发生。

(1)疫苗的选择和免疫程序的制定。目前,常用的疫苗包括两大类,一类是灭活的油乳剂疫苗,另一类是弱毒活疫苗,活疫苗又分为中发型毒株的活疫苗,如Ⅰ系疫苗株(Mukteswar)、H株、Komarov和Rokin株疫苗,缓发型疫苗如Lasota、克隆30、Ⅱ系(B_1)、Ⅲ系(F株)等。因为中发型毒株能使鸡带毒和排毒,所以在有条件的鸡场和地区应逐步少用或不用中发型毒株的活毒疫苗。在制定免疫程序时,最好将弱毒疫苗和灭活疫苗结合起来使用,因为它们之间各有所长,彼此间是不能完全替代的。活毒疫苗和灭活疫苗均可诱导鸡群产生较高的HI抗体,而且灭活疫苗引起的HI抗体滴度往往明显高于弱毒疫苗,比较均匀,且维持时间较长。但是灭活疫苗毕竟不能完全取代活疫苗的功能,活的病毒和灭活的病毒的抗原性并不完全相同。而HI抗体滴度只是检测鸡体免疫力的众多指标的一种,由活病毒诱发的,更多的已知或未知的、直接的或间接与免疫力有关的因素,至今尚未能够和/或甚少对其进行全面的评估,然而可以肯定,灭活疫苗不能取代弱毒疫苗的作用。比如说:当弱毒疫苗病毒进入鸡体后,病毒有一个适应和复制的过程,然后经体液循环而分布于体内不同组织器官内,在那里定位、复制、扩散,同时对机体产生刺激作用,从而诱导抗体和对病毒有杀伤作用的各种免疫物质或功能的形成,然后逐渐将已进入机体内部的病毒杀灭,从而形成对病毒感染的坚强免疫力。活病毒这种在不同组织器官的定位、复制和刺激作用过程,对机体形成免疫保护力是相当重要的,尤其是对诸如呼吸道、消化道、生殖道黏膜的局部免疫力的形成是相当重要的。而灭活疫苗抗原进入机体后,虽然可以诱导机体产生高滴度循环抗体,但却缺乏病毒在体内复制或病毒对机体很多器官组织的直接刺激作用。在疫苗接种途径方面,要做到油苗注射,活疫苗饮水、滴眼、滴鼻结合使用。使呼吸道、消化道都能获得良好的局部免疫,这样才能形成全方位的免疫保护力。

(2)期望有一个确保鸡群不患新城疫的相同的免疫程序是不切合实际的。由于环境条件的不同,技术水平和经验不同,免疫程序也不尽相同。鸡群选用哪种疫苗、何时应用,取决于鸡的日龄、母源抗体水平、当地的新城疫流行情况等。有条件的鸡场最好根据抗体效价监测结果确定免疫的最适宜时间。首免时间可根据如下公式进行推算:雏鸡出壳后,抽检0.5%雏鸡测定其血凝抑制抗体效价,并求其对数平均值,然后计算首免时间。首免日龄 = 4.5×(1日龄血凝抑制抗体对数值 - 4) + 5。一个较为成功的免疫程序应根据本场或本地的实际情况来制定。然后在实践中不断调整使之更为完善。这其中应注意几个方面的问题:即使相当成功的免疫程序,也只能避免鸡群出现由高致病力病毒引起的严重损失,而难以避免鸡群的带毒、散毒或偶尔出现的非典型新城疫。对于免疫体系已比较成熟的鸡群,(一般指2月龄以上),经过合理的疫苗接种后,基本上可以避免新城疫的发生,有时受高致病力病毒的感染,也可以毫无症状和病变出现,而只是在不知不觉中抗体滴度突然上升。但对于免疫体系尚未完全成熟的鸡群(一般指2月龄以下),即使已按照认为是万无一失的程序进行免疫接种,也难以完全避免新城疫,尤其是以呼吸道症状为主的新城疫的发生。所以除做好疫苗接种外,也应加强饲养管理,搞好综合防治。

(3)鸡群发病后,无特异治疗方法,应采取紧急免疫的措施。视鸡的日龄大小,分别用Ⅳ系疫苗倍量点眼或饮水,产蛋鸡用Ⅳ系疫苗饮水,以避免应激反应。发病急时应避免使用Ⅰ系疫苗,以免引起大批死亡。

二、禽流感

禽流感是A型流感病毒中的任何一型引起的一种感染综合征。本病于1978年首次发现于意大利,目前在世界上有许多国家都有该病发生。感染家禽有多种疾病综合征,从亚临床症状,轻度上呼吸道疾病、产蛋下降,到急性全身致死性疾病。

1. 流行病学 家禽中以鸡和火鸡的易感性最高,其次是珠鸡、野鸡和孔雀。鸭、鹅、鸽很少感染。

感染禽从呼吸道、结膜和粪便中排出病毒。因此,可能的传播方式有感染禽和易感禽的直接接触和间接接触两种。因为感染禽能从粪便中排出大量病毒,所以,被病毒污染的任何物品,如鸡粪、饲料、水、设备、物资、笼具、衣物、运输车辆和昆虫等,都能传播疾病。本病能否垂直传播,现在还没有充分的证据证实,但当母鸡感染后,鸡蛋的内部和表面可存有病毒。人工感染母鸡,在感染后3~4天几乎所产的全部鸡蛋都含有病毒。

2. 症状 该病潜伏期较短,一般为4~5天。因感染毒株的不同,病鸡的症状各异,轻重不一。一般表现为体温急剧上升,病初可达42℃以上,精神沉郁,活动减少,昏睡,停食。肉髯增厚变硬,向两侧开张,头、冠呈紫红色,两眼突出,形若金鱼头。眼睑肿胀流泪,眼角有小气泡,眼内有黏性或干酪样分泌物,严重者失明。鸡冠、肉髯出血、发绀、坏死,脚鳞有出血斑,是本病特异性的表现之一。有的病鸡出现咳嗽,打喷嚏,呼吸困难,张口呼吸,突然尖叫,副鼻窦肿大,鼻液增多以及下痢等症状。也有的出现抽搐,头颈后扭,运动失调,瘫痪等神经症状,鸡群感染后通常发病率很高,但死亡率很不一致,急性者一般2天左右死亡。蛋鸡发病后2~3天产蛋量开始下降,至7~8天下降幅度最大,持续1~5周后又逐步回升,一般1个月才能恢复到正常水平。常出现软壳蛋、劣蛋壳,产蛋下降14%~75%不等,种蛋的孵化率也明显下降。

本病的发病率和死亡率差异很大,取决于禽类种类、年龄、毒株以及环境等因素。最常见的情况为高发病率和低死亡率。在高致病力病毒感染时,发病率和死亡率可达100%。

3. 病理变化 最急性死亡的病鸡常无眼观变化。急性可见头部和颜面浮肿,鸡冠、肉髯肿大达3倍以上,皮下有黄色胶样浸润、出血,胸、腹部脂肪有紫红色出血斑,心包积水,心外膜有点状或条纹状坏死,心肌软化。消化道变化表现为腺胃乳头水肿、出血,角质层下出血,肌胃与腺胃交界处呈带状或环状出血,十二指肠、盲肠扁桃体、泄殖腔充血、出血,肝、脾、肾脏瘀血肿大,有白色小坏死灶。呼吸道有大量炎性分泌物或黄色干酪样坏死。胸腺萎缩,有程度不同的点、斑状出血;法氏囊萎缩或呈黄色水肿,有充血、出血。母鸡卵泡萎缩、变形、坏死,发育停止,体腔内往往见不到成熟的卵泡,有的发生卵黄性腹膜炎,公鸡睾丸变性坏死。

4.鉴别诊断

(1)禽流感与新城疫的鉴别。两者有许多相似症状和病变。但新城疫病鸡头部水肿少见,而禽流感病鸡头部常出现水肿,眼睑、肉髯极度肿胀。新城疫病鸡剖检后主要表现在消化道和呼吸道黏膜出血,而禽流感病鸡除消化道、呼吸道黏膜外,肝脏、肺脏、腹膜等也呈现严重出血。

(2)禽流感与禽霍乱的鉴别。禽霍乱流行范围比较窄,禽流感流行范围广。在症状上,禽流感可见到神经症状,禽霍乱则无此症状,而偶见有关节炎表现。在剖检时禽流感可见腺胃乳头出血,并在与肌胃交界处形成出血或出血带,禽霍乱则无此病变。

5.治疗　该病属法定的畜禽一类传染病,本病目前尚无特异性治疗方法,只能够使用金刚烷胺、利巴韦林、病毒灵配合抗菌药物减轻症状。

三、传染性法氏囊病

传染性法氏囊病是由传染性法氏囊病毒引起的一种以破坏鸡的淋巴组织,特别是法氏囊为特征的急性、高度接触性传染病。该病的特征是排白色稀粪,法氏囊肿大,浆膜下有胶冻样渗出。该病在生产上导致的经济损失主要表现在两个方面:某些毒株使3周龄以上的小鸡发病、死亡,死亡率高达20%,同时导致一定程度的免疫抑制;3周龄以下的小鸡感染,可导致严重的、长期的或永久性的免疫抑制。

1.流行病学　鸡、鸭、鹅都能感染。各品种的鸡都能感染,其中白来航鸡反应最重,死亡率最高。鸡对本病的最易感日龄为3~6周龄,2~15周龄易感。多数雏鸡感染后不表现临床症状,但能导致严重的免疫抑制。本病一年四季都能发生,但以6~7月份较多。本病的传播方式是通过直接接触而感染,也可通过带毒的中间媒介物,如饲料、饮水、垫料、尘土、空气、用具、昆虫等传播。本病主要通过消化道感染,也可通过呼吸道感染,是否能垂直传播,现在还不清楚。

2.症状　本病的特征是幼、中雏突然发病,羽毛逆立无光泽,嘴插入羽毛中,常蹲在墙角下,严重时伏卧不动。体温升高,可达39℃。随后病鸡排白色奶油状粪便,食欲减退,饮水增加,嗉囊中充满液体。部分鸡有自啄肛现象。出现症状后1~3天死亡,群体病程一般不超过2周。

3.病理变化　肝脏一般不肿大,呈土黄色,死后由于肋骨压迫造成红黄相间的条纹,周边有梗死灶。肾脏肿胀,输尿管内充满尿酸盐沉积,形成典型的花斑肾。严重者在病鸡的腿部、腹部及胸部肌肉出现出血条纹或出血斑。

法氏囊是本病的靶器官,其病变具有诊断意义。在感染早期,法氏囊由于充血、水肿而增大,其体积增大到正常的2倍左右,表面的纵行条纹清晰可见,法氏囊本身由正常的白色变为奶油样,严重时出血,法氏囊呈紫黑色、紫葡萄状。囊腔皱褶上有出血点或出血斑,囊腔内有脓性分泌物。浆膜覆盖有淡黄色的胶冻样渗出物。一般在感染后5天左右法氏囊开始萎缩,在感染后第8天后法氏囊仅有正常的1/3左右的重量。法氏囊呈纺锤状,因炎性渗出物消失而变为深灰色。有些病程较长的慢性病例,外观法氏囊的体积增大,但囊壁变薄,囊内有干酪样物。

4.诊断 根据流行特点、症状和剖检变化可做出初步诊断。进一步的诊断需要进行病毒分离及血清学试验。

5.鉴别诊断 传染性法氏囊病在诊断上注意与磺胺类药物中毒、新城疫、葡萄球菌感染区别。根据法氏囊与肝脏的变化，可以与上述疾病相区别。

6.预防与治疗 免疫接种是控制该病发生的主要方法。因为传染性法氏囊病的发生主要是通过接触感染，所以加强平时的卫生管理，可以减少该病的发生。应当加强种鸡群的免疫，以提高雏鸡的母源抗体水平，防止雏鸡的早期感染。

在生产中可以参考以下免疫方案：种鸡群，2～3周龄弱毒苗饮水，4～5周龄中等毒力疫苗饮水，开产前油乳剂灭活疫苗肌肉注射。

发现传染性法氏囊病后，及时注射法氏囊高免卵黄抗体或高免血清。应当在高免卵黄抗体或高免血清中加入抗菌药物，如庆大霉素或恩诺沙星，防止继发感染细菌病和注射引起的伤口感染。因肾脏遭到破坏，机体严重脱水，应饮用口服补液盐以补充体液。患传染性法氏囊病后，机体的免疫力下降，抵抗力降低，容易导致球虫病和大肠杆菌病的发生，可在饲料中加入抗生素防止这种继发感染。

四、传染性支气管炎

传染性支气管炎是鸡的一种急性、高度接触性的呼吸道疾病。以咳嗽，喷嚏，雏鸡流鼻液，产蛋鸡产蛋量下降，呼吸道黏膜呈卡他性浆液性炎症为特征。现在有肾型传染性支气管炎、腺胃型传染性支气管炎等。

1.流行病学 本病仅发生于鸡，其他家禽均不感染。各种年龄的鸡均可发病，一般以40日龄以内的鸡多发，雏鸡最为严重，死亡率也高。随着日龄的增长，对致肾炎、输卵管病变抵抗力增强。

本病主要经呼吸道传染,病毒从呼吸道排出后,通过空气的飞沫传给易感鸡。也可通过被污染的饲料、饮水及饲养用具经消化道感染。本病一年四季均可发生,但以冬春季节多发。鸡群拥挤、过热、过冷、通风不良、缺乏维生素和矿物质,以及饲料供应不足或配合不当,均可促使本病发生。

2.症状　潜伏期1~7天,平均3天。传染性支气管炎的特征性症状是呼吸困难、咳嗽、打喷嚏、气管罗音和流鼻涕,眼睛湿润,偶尔出现鼻窦肿胀。发病突然,并迅速波及全群。病鸡精神沉郁、羽毛蓬乱,翅下垂,昏睡,怕冷,常拥挤在一起。

产蛋鸡感染后产蛋量下降25%~50%,同时产软壳蛋、畸形蛋或粗壳蛋。若感染传染性支气管炎病毒变异株,则呼吸道症状轻微,但产蛋量下降,平均下降20%~40%,多的可达50%以上。产蛋下降期间,蛋壳颜色变浅。产蛋率在下降10~15天后开始缓慢回升,回升时可出现部分白壳蛋、薄壳蛋、畸形蛋和小蛋。种鸡感染后,受精率明显降低,弱雏数增加。

感染肾型支气管炎病毒后其典型症状分为三个阶段:第一阶段,病鸡表现轻微的呼吸道症状,鸡被感染后24~48 h开始气管发出罗音,打喷嚏、咳嗽,持续1~4天,这些呼吸道症状一般很轻微,有时只有在晚上安静的时候才听得清楚,因此常被忽略。如果有并发感染,则呼吸道症状加重,鼻腔有黏性分泌物,时间变长。第二个阶段,病鸡表面康复,呼吸道症状消失,鸡群没有可见的异常表现。第三个阶段,受感染鸡群突然发病,并于2~3天逐渐加剧。病鸡积堆,厌食,排白色稀粪,粪便中几乎全是尿酸盐。病鸡体重减少,胸肌发暗,腿胫干瘪。肛门周围羽毛沾满水样白色稀粪,死亡率约30%。死亡高峰见于感染后的第10天,感染后21天可停止死亡,部分不死鸡可逐渐康复。从未发生过本病又未经过免疫的成年鸡感染本病时,呼吸道症状轻微,症状出现率也低,但可出现产蛋量下降,蛋壳粗糙,蛋畸形。症状消失2周后产蛋量可逐渐恢复正常,但蛋壳质量的恢复需较长的时间。蛋雏鸡感染后,可引起输卵管及卵巢的损伤,导致产蛋率不高,甚至绝产。

3.病理变化 主要病变见于气管、支气管、鼻腔等呼吸器官。表现为气管环出血,管腔内有黄色或黑黄色栓塞物。幼雏鼻、鼻窦充血,鼻腔中有黏性分泌物,肺脏水肿或出血,产蛋鸡的卵泡变形,甚至破裂。

肾型传染性支气管炎时,可见肾脏肿大、苍白,肾小管充满尿酸盐结晶,外形呈白线网状,俗称花斑肾。输尿管扩张,充满白色的尿酸盐,严重的病例在心包和腹腔脏器表面均可见白色的尿酸盐沉着。有时可见法氏囊充血、出血,囊腔内积有黄色胶冻状物,肠黏膜呈卡他性炎症变化,全身皮肤和肌肉发绀,肌肉脱水。

4.诊断 根据流行病学特点、症状和病理变化,可做出初步诊断。进一步诊断需要病毒分离与鉴定及其他实验室诊断方法。血清学诊断有琼脂扩散试验、血凝试验、免疫荧光抗体技术、酶联免疫吸附试验等。

5.鉴别诊断 本病应与新城疫、鸡传染性喉气管炎及传染性鼻炎区别。鸡新城疫一般发病较本病严重,在雏鸡常可见神经症状。鸡传染性喉气管炎的呼吸道症状和病变比传染性支气管炎严重;传染性喉气管炎很少发生于幼雏,传染性支气管炎则幼雏和成年鸡都能发生。传染性鼻炎的病鸡常见面部肿胀,这在本病是很少见到的。肾型传染性支气管炎易与痛风相混淆,痛风一般无呼吸道症状,无传染性,且多与饲料配合不当有关,通过饲料中蛋白、钙、磷的分析即可确定。

6.防治

(1)预防。加强饲养管理,降低饲养密度,避免鸡群拥挤,注意温度变化,避免过冷、过热。加强通风,防止有害气体刺激呼吸道。合理配比饲料,防止维生素尤其是维生素 A 的缺乏,以增强鸡体的抵抗力。适时接种疫苗。预防本病所用的疫苗有传染性支气管

炎 H_{120} 弱毒苗和传染性支气管炎 H_{52} 弱毒苗。首免可在 7～10 日龄接种传染性支气管炎 H_{120} 弱毒苗,二免可在 20～30 日龄接种传染性支气管炎 H_{52} 弱毒疫苗。对肾型传染性支气管炎,可于 7～10 日龄肌肉注射肾型传染性支气管炎油乳剂苗,每只 0.25 mL,种鸡在开产前再注射一次,每只肌肉注射 0.5 mL。

(2)治疗。本病目前尚无特异性治疗方法,改善饲养管理条件,降低鸡群密度,在饲料或饮水中添加抗生素对防止该病有一定作用。防止继发感染:麻黄、大青叶各 300 g,石膏 250 g,制半夏、连翘、黄连、金银花各 200 g,蒲公英、黄芩、杏仁、麦冬、桑皮各 150 g,菊花、桔梗各 100 g,甘草 50 g,煎汁,为 5 000 只雏鸡 1 天拌料用量。对于呼吸极度困难者可以使用喉症丸口服,具有一定作用。对肾型传染性支气管炎,发病后应降低饲料中蛋白的含量,并注意补充钾离子和钠离子,同时紧急接种传染性支气管炎油苗具有一定的治疗作用。

五、鸡传染性喉气管炎

传染性喉气管炎是由传染性喉气管炎病毒引起的一种急性呼吸道传染病。本病的特征是呼吸困难、咳嗽和咳出含有血液的渗出物。剖检可见喉头、气管黏膜肿胀、出血和糜烂,在病的早期患部细胞可形成核内包涵体。本病传播快,对养鸡业危害较大。

1. 流行病学 在自然条件下,本病主要侵害鸡,虽然各种年龄的鸡均可感染,但以成年鸡的症状最为严重。病鸡及康复后的带毒鸡是主要传染源。

经上呼吸道及眼内传染。易感鸡群与接种了疫苗的鸡作长时间的接触,也可感染本病。被污染的垫草和用具可成为传播媒介。本病一年四季都能发生,但以冬春季节多见。鸡群拥挤,通风不良,饲养管理不善,维生素 A 缺乏,寄生虫感染等,均可促进本病的流行。发病在同群鸡传播速度快,群间传播速度较慢,常呈地方性流行。本病感染率高,但致死率低。

2.症状　本病的潜伏期为6~12天。症状随病鸡的年龄不同而有所差异。温暖季节比寒冷季节轻,幼鸡比成年鸡轻。急性病例鼻孔有分泌物,病鸡呼吸困难,当吸气时,眼半闭,尽力吸气,同时可听到咯咯声或罗音。当痉挛性咳嗽时,猛烈摇头,试图排出气管内的堵塞物,常咳出带血的黏液。从口腔可以看到喉部黏膜有淡黄色凝固物附着,鸡冠呈青紫色,排绿色粪便,产蛋量急剧下降。病程5~6天,多因窒息死亡,耐过者5天以上者多能康复。症状较轻的病鸡生长迟缓,产蛋减少,流泪,眼结膜充血,轻微的咳嗽,眶下窦肿胀,流鼻液,鸡体逐渐消瘦。

3.剖检变化　病变主要在喉部和气管,由黏液性炎症到黏膜坏死,病变严重程度不同,并伴有出血。严重病例气管中可见脱落的黏膜上皮、干酪样物,以及它们两者混合形成的黄白色假膜,也常见血凝块。气管病变在靠近喉头处最重,往下稍轻。此外,还可出现支气管炎、肺炎及气囊炎。病变轻者可见眼睑及眶下窦充血。

4.诊断　本病突然发生,传播快,成年鸡多发,发病率高,死亡率低。临床症状较为典型:张口呼吸,气喘,有干罗音,咳嗽时咳出带血的黏液,喉头及气管上部出血明显。根据症状可以做出初步诊断,但要确诊需要实验室诊断。

5.鉴别诊断　本病在鉴别诊断上,应注意同传染性支气管炎、新城疫及慢性呼吸道病的区别。传染性支气管炎多发于雏鸡,呼吸音低,病变多在气管下部。新城疫死亡率高,剖检后病变较典型。慢性呼吸道病传播较慢,为湿性罗音,消瘦。

6.防治

(1)预防。坚持严格的隔离、消毒等防疫措施是防止本病流行的有效方法。由于带毒鸡是本病的主要传染源,故有易感性的鸡切不可和病愈鸡或来历不明的鸡接触。新购进的鸡必须用少量的易感鸡与其作接触感染试验,隔离观察2周,易感鸡不发病,证明不带毒,此时方可合群。在本病流行的地区可接种疫苗。目前使用的疫苗有两种,一种是弱毒苗,是在细胞培养上继代致弱的,或在鸡的毛囊中继代致弱的,或在自然感染的鸡只中分离的弱毒株。弱毒疫苗的最佳途径是点眼,但会引起轻度的结膜炎且可导致暂时的眼盲,如有继发感染,甚至可引起1%～2%的死亡,故有人用滴鼻和肌肉注射法,但效果不如点眼好。另一种为强毒疫苗,只能作擦肛,绝对不能接种到眼、鼻、口等部位,否则会引起疾病的暴发。擦肛后3～4天,泄殖腔出现红肿反应,此时就能抵抗病毒的攻击。强毒疫苗免疫效果确实,但未确诊有此病的鸡场、地区不能使用。一般在4～5周龄时进行首免,12～14周龄时再接种一次。肉鸡可在5～8日龄进行首免,4周龄时再接种一次。

(2)治疗。发病鸡群可采取对症治疗的方法。

①此病如继发细菌感染,死亡率会大大增加,结膜炎的鸡可用氯霉素眼药水或氢化可的松眼膏点眼,同时用其他抗生素饮水或拌料。

②应用平喘药物可缓解症状。盐酸麻黄碱每只鸡每天10 mg,氨茶碱每只鸡每天50 mg,饮水或拌料投服。

③个体治疗。对有喘鸣音者,可用氢化可的松或地塞米松与卡那霉素或其他抗生素配合,向口腔中滴注,每天1次,连用3天。喉头有堵塞物的,用尖嘴镊子除去。

④0.2%氯化铵饮水,连用2～3天。

⑤中药治疗。中药喉症丸或六神丸对症治疗效果也较好。每只每天2～3粒,每天1次,连用3天。

六、马立克氏病

鸡马立克氏病,是由B群疱疹病毒引起的鸡淋巴组织增生性传染病。其特征是外周神经、性腺、虹膜、各内脏器官、肌肉和皮肤等发生淋巴样细胞增生,形成肿瘤性病灶。

1.流行病学　本病的易感动物是鸡,据报道,火鸡、山鸡也能感染发病。病鸡和带毒鸡是本病的传染源,感染鸡的羽毛囊上皮中有囊膜的病毒粒子可脱离细胞而存在,附着在皮屑上的病毒对外界的抵抗力很强,常能随空气流动到处传播而污染环境。病鸡和易感鸡直接或间接的接触是本病的重要传播方式。鸡一旦感染后可以长期带毒与排毒。马立克氏病病毒对初生雏鸡的易感性最高,1日龄雏鸡的易感性比成年鸡大 1 000~10 000 倍,比 50 日龄雏鸡的易感性大 12 倍。病鸡终生带毒,母鸡的发病率比公鸡高。不同病毒株毒力差异很大。本病具有高度接触传染性,直接或间接接触都可传染。病毒主要随空气经呼吸道进入体内,其次是消化道。病毒进入机体后,首先在淋巴系统,特别是法氏囊和胸腺细胞中增殖,然后在肾脏、毛囊和其他器官的上皮中增殖,同时出现病毒血症。其结果可能是出现症状,也可能保持潜伏性感染,这随病毒的毒力、宿主的抵抗力及外界其他应激因素的影响而定。因此,病毒一旦侵入易感鸡群,其感染率几乎可达 100%,但发病率却差异很大,可从百分之几到 70%~80%,发病鸡都以死亡为转归,只有极少数能康复。

2.症状　本病是一种肿瘤性疾病,从感染到发病有较长的潜伏期。1日龄雏鸡接种后第 2 或 3 周开始排毒,第 3~4 周出现症状及眼观病变,这是最短的潜伏期。病毒毒株、剂量,鸡的年龄及品种等因素与潜伏期长短有很大关系。马立克氏病多发于 2~3 月龄鸡,但 1~18 周龄鸡均可感染。因其病变发生部位及临床症状不同,可分为内脏型、神经型、眼型和皮肤型,其中以内脏型发病率最高。

(1)内脏型。病鸡精神委靡,羽毛蓬乱无光泽,行动迟缓,常缩颈蹲在墙角下。病鸡脸色苍白,常排绿色稀便,消瘦。但病鸡多有食欲,往往发病 15 天左右死亡。

(2)神经型。由于病变部位的不同,症状有很大区别。当支配腿部运动的坐骨神经受到侵害时,病鸡开始只见走路不稳,逐渐看到一侧或两侧腿麻痹,严重时瘫痪不起。典型症状是一腿向前伸,一腿向后伸的"大劈叉"姿势。病侧肌肉萎缩,有凉感,爪子多弯曲。当支配翅膀的臂神经受侵害时,病侧翅膀松弛无力,有时下垂,如穿"大褂"。当颈部神经受侵害时,病鸡的脖子常斜向一侧,有时见大嗉囊,病鸡蹲在一处呈无声张口气喘的症状。

(3)眼型。病鸡一侧或两侧眼睛失明,病鸡眼睛的瞳孔边缘不整齐呈锯齿状,虹彩消失,眼球如鱼眼呈灰白色。

(4)皮肤型。病鸡退毛后可见体表的毛囊腔形成的结节及小的肿瘤状物。在颈部、翅部、大腿外侧较为多见。肿瘤呈灰黄色,突出于皮肤表面,有时破溃。

另外,在临床上我们发现另一种类型的马立克氏病,病鸡消瘦,内脏器官萎缩,但无肉眼可见的肿瘤变化。通常称之为衰竭型。

3.病理变化　内脏型病鸡的肿瘤多发于肝脏、腺胃、心脏、卵巢、肺脏、肌肉、脾脏、肾脏,其中以肝脏、腺胃的肿瘤发病率最高。

肝脏:肿大、质脆,有时为弥漫性的肿瘤,有时见粟粒大小至黄豆大小的灰白色肿瘤,几个至几十个不等。这些肿瘤质地坚韧,稍突起于肝表面,有时肝脏上的肿瘤如鸡蛋黄大小。

腺胃:肿大、增厚,质地坚实,浆膜苍白,切开后可见黏膜出血或溃疡。

心脏:在心外膜见黄白色肿瘤,常突起于心肌表面,米粒大至黄豆大。

卵巢:肿大4~10倍不等,呈菜花状。

肺脏:在一侧或两侧见灰白色肿瘤,肺脏呈针尖大小或米粒大小的肿瘤结节。

肌肉:肌肉的肿瘤多发于胸肌,呈白色条纹状。

神经型病变:多见于坐骨神经、臂神经、迷走神经,神经肿大,神经表面光亮,粗细不均,银白色纹理消失,神经周围的组织水肿。

4.诊断 根据病鸡的典型症状、流行特点及病理剖检变化进行综合分析,可做出初步诊断。

5.防治 本病目前尚无有效的药物治疗,只有采取综合性的防治措施,才能减少本病造成的损失,预防的主要措施是搞好卫生消毒和免疫预防。

(1)孵化箱及种蛋的消毒。在孵化前1周对孵化器及其附件进行消毒,蛋盘、水盘、盛蛋用具等先用热水洗净,再用500~1 000倍稀释的新洁尔灭溶液喷雾消毒,或用新洁尔灭洗刷。然后对孵化器及其附件,用福尔马林熏蒸消毒,每立方米体积用高锰酸钾7 g,福尔马林14 mL,水7 mL。熏蒸时将福尔马林及水倒入深一点的瓦盆中,盆的体积是福尔马林的50倍,然后迅速倒入高锰酸钾,关闭孵化器的门,密闭10 h以上,密闭不好的孵化器应用胶带粘贴,不得漏气。

种蛋先用500~1 000倍稀释的且高于蛋温的新洁尔灭浸洗或喷雾,洗净的蛋放在蛋盘上,用根据蛋架大小制作的塑料罩罩上,20℃条件下按上述福尔马林、水、高锰酸钾的量熏蒸30 min,然后入孵。

(2)育雏期措施。育雏室在进雏前应彻底清扫羽毛、皮屑、蜘蛛网,然后对门窗、地面、顶棚等喷洒500~1 000倍稀释的新洁尔灭,地面及墙壁喷2%火碱水,进雏前再用福尔马林熏蒸一次。饲养人员进育雏室前要更换工作服及鞋,饲喂雏鸡前应洗手消毒。非工作人员不要进入育雏室。根据1~30日龄雏鸡最容易感染马立克氏病的特点,在这段饲养期间严格禁止与其他鸡群和雏鸡接触。要保证雏鸡足够量的维生素、蛋白质及微量元素,以增加雏鸡的抗病力,并认真防治球虫病、鸡白痢等疾病。

(3)坚持经常性消毒。鸡舍和运动场应经常消毒,每天用2%火碱水或10%~20%石灰乳消毒一次。食槽每天清洗,每周用2%火碱或500倍稀释的新洁尔灭消毒一次。运动场每年去3~5 cm的土。要经常观察鸡群,对发病鸡要做到早发现、早淘汰,防止疾病蔓延。

(4)加强免疫预防。目前应用的主要是冻干疫苗。这种疫苗在病鸡场保护率为80%~90%,一般在3周内产生免疫力,保护期在20周左右。使用时注意:稀释后的疫苗每只鸡头部皮下接种0.2 mL。疫苗必须在稀释后2 h内用完。使用中避免阳光直射,稀释后疫苗注意混匀。2~4 h后疫苗效价下降20%~80%,因此必须现用现配。注射疫苗后的小鸡在3周内要严格隔离饲养,严防马立克氏病病毒入侵,否则将严重影响疫苗的效果。

七、禽痘

禽痘是家禽和鸟类的一种缓慢扩散的、接触性传染病。病的特征是在无毛或少毛的皮肤上有痘疹,或在口腔、咽喉部黏膜上形成纤维素性坏死性假膜。在大型鸡场易流行,可使鸡增重缓慢、消瘦,产蛋鸡受感染时,产蛋量下降。若并发其他传染病、寄生虫病或在恶劣的环境条件下,则可发生大面积感染而导致较高的死亡率。

1. 流行病学 本病主要发生于鸡和火鸡,鸽有时也可发生,鸭、鹅的易感性低。各种年龄、性别和品种的鸡都能感染,但以雏鸡和中雏最常发病,雏鸡死亡多。本病一年四季都能发生,秋冬两季最易流行,一般在秋季发生皮肤型鸡痘较多,在冬季以黏膜型(白喉型)鸡痘为多。病鸡脱落和破散的痘痂,是散布病毒的主要形式。它主要通过皮肤或黏膜的伤口感染,不能经健康皮肤感染,亦不能经消化道感染。库蚊、按蚊等吸血昆虫在传播本病中起着重要作用。蚊虫吮吸病灶的血液之后即带毒,带毒的时间可长达10~30天,其间易感鸡经带毒的蚊虫刺吮后而传染,这是夏秋季节流行鸡痘的主要传播途径。打架、啄毛、交配等造成外伤,鸡群过分拥挤、通风不良、鸡舍阴暗潮湿、体外寄生虫、营养不良、缺乏维生素及饲养管理太差等,均可促使本病发生或加剧病情。如有传染性鼻炎、慢性呼吸道病并发感染,可造成大批死亡。鸡痘的发病率、死亡率与病毒的强弱,饲养管理条件,是否及时采取防治措施有很大的关系。

2.症状　鸡痘的潜伏期4～10天,根据病鸡的症状和病变,可以分为皮肤型、黏膜型和混合型三种病型,偶有败血型。

(1)皮肤型。皮肤型鸡痘是在鸡冠、肉髯、眼睑和喙角,亦可在泄殖腔的周围、翼下、腹部及腿等无毛和被毛稀少的部分出现一种灰白色的小结节,逐渐成为红色的小丘疹,很快增大为绿豆大,呈黄色或灰黄色,干硬的结节。临近的痘疹相互融合,成为更大的疣状结节。痂皮一般在3～4周后脱落,形成一个平滑的灰白色疤痕。皮肤型鸡痘一般没有全身性的症状,但是幼雏出现精神委靡、食欲减退、体重减轻,甚至引起死亡。产蛋鸡则产蛋量显著减少。

(2)黏膜型。又称为白喉型,多发于小鸡和中鸡,病变主要发生在口腔、咽喉和眼等黏膜表面,口腔黏膜的病变甚至可以延伸至气管、食道和肠。病初表现为类似鼻炎的症状,从鼻孔流出黏性鼻液,2～3天后在黏膜上形成一种黄白色的小结节,稍突起于黏膜表面,以后小结节逐渐增大融合在一起,形成一层黄白色干酪样的假膜,覆盖在黏膜上面,很像人的"白喉",故称白喉型鸡痘或鸡白喉。随着假膜的增大和增厚,可阻塞口腔和喉部,使病鸡表现为呼吸和吞咽障碍,病鸡作张口呼吸,发出"嘎嘎"的声音。病鸡因采食困难,体重迅速减轻,最后因窒息而死亡。病情严重的鸡,鼻和眼部也受到侵害,先是眼结膜发炎,眼和鼻孔流出水样分泌物,以后变成淡黄色浓稠的脓液,眶下窦充满脓性或纤维素性渗出物,致使眼部肿胀,可以挤出干酪样的凝固物质,甚至可以引起角膜炎而失明。

(3)混合型。是指皮肤和黏膜同时发生病变,此型的病情更为严重,死亡率较高。

(4)败血型。败血型很少发生,若发生则以严重的全身症状开始,继而发生肠炎。病鸡有时迅速死亡。有时急性症状消失,转为慢性腹泻而死。

3.诊断　根据病鸡的冠、肉髯、口腔和咽喉部病变可以做出初步诊断。鸡痘和维生素 A 缺乏类似,都会在眼内蓄积纤维素性渗出物,但鸡痘随着病程的发展在其他部位可出现痘疹,以此可以鉴别。

4.防治

(1)预防。除了加强鸡群的卫生、管理等一般预防措施之外,可靠的办法是接种疫苗。目前应用的疫苗有三种:鸡痘鹌鹑化弱毒疫苗、鸡痘蛋白筋胶弱毒苗(鸡痘原)、鸡痘蛋白筋弱毒苗(鸽痘原)。鸡痘鹌鹑化弱毒苗的接种方法是在鸡翅内侧无血管处皮下刺种 1～2 针。鸡痘蛋白筋胶弱毒苗(鸡痘原)采用肌肉注射的方法,而鸽痘原鸡痘蛋白筋胶弱毒苗稀释后用小毛刷涂在拔去羽毛的腿外侧的毛囊内。

凡接种过鸡痘苗的鸡,应于 7～10 天进行抽查,检查局部是否结痂或毛囊是否肿胀。如局部有反应,表示疫苗接种成功,如无变化应补种。

(2)治疗。目前无特效治疗药物,主要采取对症疗法,以减轻病鸡的症状,防止并发症。皮肤上的痘痂,一般不作治疗,必要时可用清洁镊子小心剥离,伤口涂碘酒、红汞或紫药水。对白喉型鸡痘,应用镊子剥掉口腔黏膜上的假膜,用 1% 高锰酸钾清洗后,再用甘油、鱼肝油涂擦。病鸡眼部如果发生肿胀,眼球尚未发生损坏,可将眼部蓄积的干酪样物挤出,用 2% 的硼酸溶液清洗。剥下的假膜、痘痂或干酪样物都应烧掉,严禁乱丢,以防散毒。隔离发病鸡,鸡舍内用消毒剂消毒,可以减轻鸡群的发病,最好用含碘的消毒剂。

八、禽传染性脑脊髓炎

禽传染性脑脊髓炎是一种能引起雏鸡、雉、鹌鹑和火鸡感染，以共济失调和头颈快速震颤为特征的一种传染病。

1. 流行病学　禽传染性脑脊髓炎实际上是全球发生，但出现临床症状的发生率却很低，除非种鸡不接种疫苗并在产蛋后被感染。

本病既可水平传播，又能垂直传播。在自然条件下，基本上是肠道感染，常见的感染途径是摄食，呼吸道的感染是次要的。粪便的排毒在一定程度上与鸡的日龄有关，3周龄以下的雏鸡排毒时间可以超过2周以上，而3周龄以上雏鸡感染排毒时间仅为5天。一旦病毒侵入鸡舍，很快在鸡与鸡间传播。如果没有特别的预防措施，就会引起鸡舍间的传播。不同日龄分开饲养的鸡群比各种日龄混养的鸡群感染机会少。笼养比地面饲养传播慢。

2. 症状　潜伏期为6~7天，典型症状多出现于雏鸡。患病初期表现为反应迟钝，继而出现共济失调，雏鸡不愿走动而蹲坐在跗关节上，驱赶时勉强以跗关节着地走路，走动时摇摆不定，向前猛冲后倒下。或出现一侧或双侧腿麻痹，一侧腿麻痹时，走路跛行，双腿麻痹则完全不能站立，双腿呈一前一后的劈叉姿势，或双腿倒向一侧。肌肉震颤大多出现在共济失调之后，在腿、翅，尤其是头颈部可见明显的阵发性震颤，频率较高，在受到惊吓时更为明显。多数病鸡有食欲和饮欲，常借助于翅膀行走、采食和饮水。但许多病重的鸡不能移动，因饥饿、缺水，受到同群鸡的践踏而死亡，死亡率一般在10%~20%，最高可达50%。4周龄感染以后，除血清学为阳性外，很少出现临床症状。产蛋鸡感染后，惟一可以察觉的症状是1~2周的产蛋率有轻度的下降，下降幅度为10%~20%。种鸡被感染后的2~3周所产的种蛋的孵化率会降低，而且可以垂直传播给雏鸡。因为引起产蛋率下降的原因很多,往往被忽视。

3.病理变化 病鸡惟一肉眼可见的变化是腺胃肌层有细小的灰白区,个别鸡可发现小脑水肿。组织学变化表现为非化脓性脑炎、脊髓背根神经炎、神经胶质增生、脑部血管有明显的套管现象,可以作为诊断的依据。

4.诊断 根据疾病仅发生于3周龄以下的雏鸡,无明显的肉眼可见的病理变化,以瘫痪和头颈震颤为主要症状,药物治疗无效可做出初步诊断。确诊需要实验室检查。

5.鉴别诊断 禽传染性脑脊髓炎在症状上易与新城疫、维生素B_1缺乏症、维生素B_2缺乏症、维生素E和微量元素硒缺乏症相混淆。鸡新城疫常有呼吸困难、呼吸罗音,剖检时可见喉头、气管、肠道出血,这些症状与传染性脑脊髓炎不同。维生素B_1缺乏症主要表现为头颈扭曲,抬头望天的角弓反张症状,在肌肉注射维生素B_1后大多可以康复。雏鸡维生素B_2缺乏主要表现为绒毛卷曲、指爪向内侧屈曲、关节肿胀和跛行,在添加大剂量的维生素B_2之后,大群中不出现新的病例,轻症病例可以恢复。维生素E缺乏,主要表现为头颈扭曲、前冲后退、转圈等神经症状,但此病的发病日龄多在3~6周龄,有时可发现皮下有蓝紫色胶冻样液体。

6.防治 本病没有特效的治疗方法。发现本病后,立即将发病鸡挑出,作无害化处理,保护其他雏鸡。

采取一般的传染病的卫生防疫措施即可,同时给鸡群接种疫苗。有两种疫苗可以选择:一种是致弱了的活病毒疫苗,可以采用饮水、点眼的方法在10~12周龄进行接种;另一种是灭活油乳剂疫苗,在开产前的1个月肌肉注射。因为本病主要危害3周龄内的雏鸡,所以主要应对种鸡进行免疫接种。

种鸡如果在饲养管理正常而无任何症状的情况下产蛋率突然下降,应进行实验室诊断。若确诊,自产蛋下降之日起至少15天以内的种蛋应作商品蛋处理。

九、产蛋下降综合症

鸡产蛋下降综合症(EDS-76),是由腺病毒引起的使鸡群产蛋下降的一种传染病。其主要特征为产蛋量下降,蛋壳退色,产软壳蛋或无壳蛋。本病可使鸡群产蛋率下降30%～50%,蛋的破损率可达30%～40%,无壳蛋、软壳蛋可达15%,给养鸡业造成了严重的经济损失。

1.流行特点 本病的易感动物主要是鸡,任何年龄、任何品种的鸡均可感染,尤其是褐壳蛋鸡,白壳蛋鸡的易感性较低。幼鸡感染后不表现任何临床症状。在30周龄前后,本病的发病率最高。

本病的主要传染源是病鸡和带毒母鸡,既可垂直感染,也可水平感染。病毒主要在带毒鸡生殖系统增殖,感染鸡种蛋内容物中含有病毒,蛋壳还可被含病毒的粪便所污染,因而可以经孵化传染给雏鸡。本病水平传播较慢,并且不连续,通过一幢鸡舍大约需几周。鸡粪是发病鸡水平感染的主要方式,因而平养鸡比笼养鸡传播快。鸡可以从喉及粪便排出病毒,此外,鸡蛋和盛蛋工具在鸡场间传播中是一种重要传播媒介。

2.症状 发病鸡群的临床症状并不明显,发病前期可发现少数鸡拉稀,个别排绿色粪便,部分鸡精神不佳,闭目似睡,受惊后变得有精神。有的鸡冠表现苍白,有的轻度发紫,采食、饮水略有减少,体温正常。发病后鸡群产蛋突然下降,每天可下降2%～4%,连续2～3周,下降幅度最高可达30%～50%,以后逐渐恢复,但很难恢复到正常水平或达到产蛋高峰。在开产前感染时,产蛋率达不到高峰。蛋壳退色(褐壳变为白色),产异状蛋、软壳蛋,无壳蛋的数量明显增加。

3.剖检变化 本病基本上不造成鸡只死亡,病死鸡剖检的病变明显。剖检产无壳蛋或异状蛋的鸡,见其输卵管及子宫黏膜肥厚,腔内有白色渗出物或干酪样物,有时也可见到卵泡软化,其他脏器无明显变化。

4.鉴别诊断 诊断本病时必须与传染性喉气管炎、鸡新城疫、脂肪肝综合症、传染性脑脊髓炎及钙、磷缺乏症等相区别。

(1)EDS与传染性喉气管炎的鉴别。传染性喉气管炎除产蛋下降外,还有呼吸道症状如气管罗音、咳嗽等。

(2)EDS与非典型新城疫的鉴别。非典型新城疫也能引起产蛋下降、软壳蛋,但鸡群中同时出现病死鸡,当检测抗体时,抗体很低或很高。死鸡剖检时,鸡的腺胃、肠道黏膜有出血。

(3)EDS与脂肪肝综合症的鉴别。脂肪肝综合症是鸡的一种代谢病,以肝异常脂肪变性,产蛋突然下降,死亡率高,鸡冠苍白为特征。主要发生于肥胖鸡,剖检可见肝肿大,易碎,呈黄褐色,肝破裂出血。

(4)EDS与钙、磷、维生素缺乏症的鉴别。钙、磷、维生素A、维生素D缺乏症也可引起产蛋下降,产软壳蛋、无壳蛋等,但当饲料中加钙、磷和维生素A、维生素D后很快恢复。

(5)EDS与应激因素引起产蛋下降的鉴别。天气突变,饲料变更,惊吓等皆可引起产蛋下降,但这时一般无软壳蛋,产蛋下降幅度小。

5.防治 本病尚无有效的治疗方法,只能从加强管理、免疫、淘汰病鸡等多方面进行预防。在发病时,如果有必要,也可喂给抗菌药物,以防继发感染。

(1)加强卫生管理。无EDS的清洁鸡场,一定要防止将本病引入。不要从疫区引种,因已证实,本病可通过蛋垂直传播。原则上,要引种必须从无本病的鸡场引入,引后需隔离一定时间,虽然这一点执行起来很难,但是十分关键。

EDS污染鸡场要严格执行兽医卫生措施。本病除垂直传染外,也可水平传播,污染鸡场要想根除本病是较为困难的。为防止水平传播,场内鸡群应隔离,按时进行淘汰。做好鸡舍及周围环境清扫和消毒,粪便进行合理处理。防止饲养管理用具混用,防止人员互相串舍。产蛋下降期的种蛋和异常蛋,坚决不能留做种用。加强鸡群的饲养管理,喂给平衡的配合日粮,特别要保证必需氨基酸、维生素和微量元素的平衡。

(2)免疫预防。免疫接种是本病主要的防治措施。预防本病主要是使用油乳剂灭活苗,一般是用EDS与新城疫制成的二联苗或三联苗。种鸡场发生本病时,无论是病鸡群还是同一鸡场其他鸡群,都不能否定垂直传播的可能,即使雏鸡在开产前抗体阴性,也不能认为没有垂直传播的可能,因为开产前病毒才开始活动,使鸡发病,才有抗体产生。所以,这些鸡必须注射疫苗,在开产前4～10周进行初次接种,开产前3～4周进行第二次接种。

十、鸡传染性贫血

鸡传染性贫血是由鸡传染性贫血病毒引起的雏鸡的亚急性传染病,以再生障碍性贫血和全身淋巴组织萎缩造成免疫抑制为特征。因此,鸡患传染性贫血后,往往会继发其他病毒、细菌和真菌性疾病。鸡传染性贫血病毒感染是2～4周龄的鸡群中发生传染性贫血综合征的病因。病鸡生长受阻,死亡率一般介于10％～20％,但偶尔可达60％。此病诱发的疾病已经成为一个严重的经济问题。

1.流行病学　鸡是传染性贫血病毒已知的惟一宿主。所有年龄的鸡对此病均易感,但是1～3周龄有完全免疫力的雏鸡对该病的易感性迅速降低。在实验性感染的病例,病毒经非胃肠道接种后8天就可见到贫血症状和明显的组织变化。一般在接种后10～14天后出现临诊症状,12～14天开始出现死亡。然而也可能在14～21天以上才出现贫血症状。在野外条件下,先天感染的雏鸡在10～12日龄可表现出临诊症状和死亡率开始上升,在17～

24日龄出现死亡高峰。严重感染的鸡群,在30～34日龄可出现第二个死亡高峰,这可能是由于水平感染造成的。本病既可垂直传播,也可水平传播。水平传播虽然也可发病,但通常只产生抗体反应,而不表现症状。鸡对本病具有年龄抵抗力,免疫功能完善的雏鸡在第1周就具有年龄抵抗力,在第3周,甚至更早些就具有完全的年龄抵抗力。如果感染其他免疫抑制性传染病可以延迟年龄抵抗力的形成。

2.症状　本病感染惟一的特征是贫血症状,感染后14～16天达到高峰。血细胞容积为6%～27%,这是贫血的特征。病鸡精神沉郁,皮肤略显苍白。出现症状后2天,病鸡开始出现死亡,死亡高峰发生在症状出现后的5～6天,其后逐渐下降,再过5～6天恢复正常。濒死鸡可能有腹泻,有的全身出血或头颈部皮下出血、水肿。血稀薄如水,血凝时间延长,白细胞数显著减少,可分别降到每毫升 1×10^6 个和每毫升5 000个以下。

3.病理变化　剖检变化主要表现为骨髓萎缩,呈黄白色,胸腺和法氏囊显著萎缩,心脏变圆,脾、肝、肾肿大、退色。有时肝脏黄色有坏死灶,质脆。骨骼肌和腺胃固有层黏膜出血,严重贫血者可见肌胃黏膜糜烂或溃疡。部分病鸡有肺实质病变,心肌、真皮及皮下出血。

病鸡的特征性病理组织学变化是再生障碍性贫血和全身淋巴组织萎缩。骨髓在感染后骨腔内及血管外间隙中的细胞群减少,窦的中央区成熟红细胞显著减少,窦内的血小板系和窦外的粒细胞均严重发育不全。窦内外的造血灶几乎完全被脂肪细胞代替,显示不能再生性变化。胸腺皮质中淋巴细胞消失,皮质的淋巴细胞几乎完全被网状细胞和纤维细胞所取代,小叶明显萎缩。法氏囊淋巴滤泡萎缩,偶尔有小的坏死灶,上皮细胞水肿变性,网状细胞增生。脾脏淋巴样滤泡和脾椭圆体鞘内的淋巴样组织萎缩、网状细胞增生。

4.诊断 血细胞的比容显著降低和骨髓变成黄白色是该病最突出的特征,所以根据症状及剖检变化可做出初步诊断。确诊需要实验室检查。

5.防治 对传染性贫血引起的病鸡特异治疗方法,通常应用广谱抗生素控制继发感染。为了防止子代暴发传染性贫血,必须在开产前数周对种鸡进行免疫,种鸡在免疫后6周才能产生坚强的免疫力,能持续到60～65周龄,种鸡免疫6周后所产的种蛋可留做种用。同时应做好马立克氏病、传染性法氏囊病的免疫预防,因为传染性贫血病毒常与这类病毒混合感染而增加机体对其的易感性。

十一、鸡沙门氏菌病

鸡沙门氏菌病是由沙门氏菌属的细菌引起的急性或慢性疾病。鸡的沙门氏菌病的病原体依据抗原结构不同可分为三种:鸡白痢沙门氏菌、鸡伤寒沙门氏菌和其他有鞭毛能运动的沙门氏菌。由于沙门氏菌可以通过生殖道污染鸡蛋及鸡蛋有关的食品,因此此病在公共卫生上有重要意义。

(一)鸡白痢 鸡白痢是由鸡白痢沙门氏菌引起的一种常见传染病,主要侵害雏鸡,在出壳后2周内发病率与死亡率最高,以白痢、衰竭和败血症为特征,常导致大批死亡。成年鸡感染后多取慢性经过或不表现症状,病变主要局限于卵巢、卵泡、输卵管和睾丸。此病多发生于大型鸡场,能够引起雏鸡大批死亡,产蛋鸡产蛋量、孵化率下降,鸡生长迟缓,造成严重的经济损失。

1.流行病学 鸡白痢主要流行于2～3周龄的雏鸡,一年四季均可发生。不同品种鸡的易感性有明显的差异,轻型鸡较重型鸡的阳性率低,褐壳蛋鸡的易感性最高,白壳蛋鸡的抵抗力稍强,雏鸡感染恢复后或成鸡感染后长期带菌,带菌鸡产出的受精卵约有1/3被污染,卵黄中含有大量的病菌,不但可以传给后代雏鸡,发生垂直传播,而且可以污染孵化器,造成更为广泛的传染。

鸡白痢的传播方式主要是通过消化道感染。病鸡和带菌鸡是本病的传染源,病鸡排出的含有大量病菌的粪便污染饲料、饮水和用具是本病的主要传播方式。患有白痢的公鸡的精液中也会存在沙门氏菌,可以通过交配进行传播。饲养管理条件差,饲养密度大,通风不良,温度过高或过低,饲料品质差,以及其他疫病发生都可以成为暴发鸡白痢的诱因。

2.症状　不同日龄的鸡发病后的症状有很大的差异,2～3周龄死亡率最高,4周龄死亡迅速减少。

(1)雏鸡。雏鸡在5～6日龄时开始发病,2～3周龄是雏鸡白痢发病和死亡的高峰,严重污染的种鸡场,可造成20%～30%的死亡,甚至更高。病鸡精神沉郁,低头缩颈,羽毛蓬松,食欲下降,由于体温升高怕冷寒战,病雏常扎堆拥挤在一起。病雏突出的表现是下痢,排出灰白色的粪便,泄殖腔周围常被干燥的粪便糊住,病雏排便困难。有的雏鸡生前不见下痢症状,如果肺部有病变则出现呼吸困难,伸颈张口呼吸。病雏生长缓慢,消瘦,脐孔愈合不良,脐部周围的皮肤易发生溃烂,卵黄吸收不良,腹部膨大。有时可见关节肿大,以跗关节最为多见,行走不便,跛行或伏地不动,其他关节也可出现。若防治不当,病雏生长发育不良,长成后有较高的带菌率。

(2)育成鸡。多发生于40～80日龄的鸡,地面平养的鸡群发生此病的较网上育雏要多。另外,育成鸡发病还受应激因素的影响,如鸡群密度过大,环境卫生条件恶劣,饲养管理粗放,气候突变,饲料突然改变或品质差。本病发生突然,鸡群中不断零星出现下痢和精神不振的鸡,常突然死亡,不会出现死亡高峰。病程较长者可达20～30天,死亡率可达10%～30%。

(3)成年鸡。成年鸡群不表现急性感染的特征,感染可在鸡群内传播很长时间,但不出现明显的症状。通常可观察到不同程度的产蛋率、孵化率下降,这主要取决于感染程度。当感染比率较大时,可明显影响产蛋量,产蛋高峰不高,维持时间短,死淘率增高。有的鸡鸡冠萎缩,有的鸡开产时鸡冠发育尚可,随后则表现为鸡冠逐渐变小、发绀。病鸡有时下痢。

3.病理变化　雏鸡、育成鸡、成年鸡的病理变化不尽相同。

(1)雏鸡。在育雏的早期患病的幼雏常突然死亡,病变不明显。急性病例,肝肿大、充血,可见大小不等数量不一的坏死点,有时有条纹状出血,胆囊扩张,充满多量胆汁,如为败血症死亡时,其他内脏器官也充血。慢性病例可见病死鸡脱水,眼睛下陷,脚趾干枯,脾脏肿大、卵泡吸收不良,外观呈黄绿色,内容物稀薄,严重者卵黄破裂,卵黄散落于腹腔内形成卵黄性腹膜炎。病程稍长者可见肺脏有黄白色的坏死灶或灰白色结节,心包增厚,心脏上可见坏死或结节,略突出于表面,肝肿大、充血或苍白色贫血,肠道呈卡他性炎症,盲肠膨大,内有白色干酪样物质。日龄较大的病雏,可见到肝脏有灰黄色结节或灰色肝变区,心肌上的结节增大而使心脏变形。肾脏肿大、瘀血,输尿管中有尿酸盐沉积。

(2)育成鸡。育成鸡突出的变化是肝脏肿大,有的肝脏较正常肝脏肿大数倍。打开腹腔,整个腹腔被肝脏覆盖,肝脏质地脆弱。肝被膜下可看到散在或较密集的出血点或坏死点,这样的肝脏很容易破裂,有的见到血块覆盖在肝脏被膜下,有的则见整个腹腔充盈血水。脾脏肿大。心包增厚,心包扩张,心包呈黄色不透明。心肌可见有数量不一的黄色坏死灶,严重的心脏变形、变圆。整个心脏几乎被坏死组织代替。相同的变化还经常见于肌胃,偶尔在大肠和盲肠的肠壁上也可见到,盲肠内容物可能有干酪样栓子。

(3)成年鸡。成年鸡常为慢性带菌鸡,主要变化在卵巢,卵巢皱缩不整,有的卵巢尚未发育或略有发育,输卵管细小。卵泡变形,呈三角形、梨形、不规则形,变色,呈黄绿色、灰色、黄灰色、灰黑色等异常色泽。有的卵泡内容物呈米汤样,有的稀薄如水,有的内含油脂状或干酪样物质,外面包有增厚的包膜。由于卵巢和输卵管功能失调,可造成输卵管阻塞,或使卵泡落入腹腔形成包囊,卵泡破裂形成卵黄性腹膜炎,以及腹腔脏器粘连。有时可见到亚急性感染鸡,死亡鸡消瘦,心脏肿大变形,见有灰白色结节,肝脏肿大呈黄绿色,表面覆有纤维素性渗出物,脾易碎,内部有坏死灶,肾肿大呈实质变性。公鸡的睾丸可见白色坏死灶或结节。偶尔,在肺脏和气囊上有干酪样肉芽肿。

4.病理组织学变化 鸡白痢的病灶常是广泛性的。最急性病例,所有器官特别是肝脏、脾脏和肾脏有严重的充血。急性、亚急性病例,肝脏中有肝细胞广泛的坏死,纤维素的集聚和异嗜细胞的渗出。慢性病例,特别是心脏有大结节的病例,肝脏有慢性被动充血。急性期,脾脏严重充血或血管窦有纤维素性渗出,随后单核吞噬细胞严重增生。雏鸡的盲肠可发生黏膜及黏膜下层广泛性坏死,且在盲肠腔中混有纤维素和异嗜细胞的坏死性碎片。心肌灶性坏死,支气管炎,卡他性肠炎,肝、肺、肾间质性炎症。绝大多数病鸡可见浆膜炎,特别是心包、胸腹膜及肠道等浆膜的炎症,这是本病的特征性病变。

5.诊断 根据本病的流行特点、症状及剖检病变综合分析可做出初步诊断。本病的确诊有赖于病菌的分离培养鉴定。成年鸡呈慢性和隐性经过,可应用凝集反应进行诊断。凝集反应有试管法和平板法两种。后者又可分为全血平板凝集试验和血清平板凝集试验,以全血平板凝集试验应用最为普遍。

(1)细菌的分离鉴定。将自病、死鸡的心、肝、脾、卵巢和睾丸等器官采集的病料,接种于普通琼脂上,即可获得纯培养物。从孵化室的废弃物、饲料、垫料、饮水、粪便中分离细菌时,须将被检材料接种于四硫磺酸盐煌绿肉汤中。42℃培养24～48 h后,再接种煌绿琼脂或 SS 琼脂,37℃培养24 h,进行菌落、染色形态特点、生化特点检查。

（2）玻片凝集试验。将待检鸡血1滴置于玻片上，加入2滴有色抗原（每毫升含菌10^{11}个，以结晶紫染色，枸橼酸钠抗凝），轻摇，在室温下2 min内出现凝集者为阳性。

（3）试管凝集试验。被检鸡血12.5倍稀释，取1 mL置于试管内，再加入等量的抗原（每毫升含菌10^{11}个），经37℃水浴20 min，出现凝集者为阳性。

6.防治

（1）检疫净化鸡群。鸡白痢沙门氏菌可通过种蛋传递，因此种鸡中应严格消除带菌者。可通过血清学试验，检出阳性反应者。首次检查可在阳性出现最高的60～70日龄进行，第二次检查可在16周龄时进行，以后每隔1个月1次，发现阳性鸡及时淘汰，直至全群的阳性率不超过0.5%为止。

（2）严格消毒。孵化场要对种蛋、孵化器和其他用具进行严格消毒，种蛋最好在产蛋后2 h内就进行熏蒸消毒，防止蛋壳表面的细菌进入蛋内。雏鸡出壳后再进行一次低浓度的甲醛熏蒸。育雏舍和蛋鸡舍做好地面、用具、饲槽、笼具、饮水器等的清洁消毒，并定期对雏鸡进行带鸡消毒。

（3）加强雏鸡的饲养管理。在养鸡生产中，育雏始终是关键，也是重点，饲养中应十分细心，温度、湿度、通风、光照应严格控制。应给予雏鸡颗粒化饲料，并少给勤添，以最大限度地减少鸡白痢沙门氏菌经污染的饲料传入鸡群的可能性。密切注意鸡群动态，发现糊肛鸡应及时隔离或淘汰。

（4）及时投药预防。在鸡白痢沙门氏菌流行的地区，雏鸡出壳后可饮用2%～5%乳糖或5%红糖水，效果较好，或在饲料中添加抗生素。

（5）治疗。磺胺类及其他抗生素对本病都有较好的疗效，用药物治疗急性病例，可以减少雏鸡的死亡，但痊愈后仍能带菌。

发病时可在饲料中加入0.01%的氟苯尼考（氟甲砜霉素），连用3～5天;四环素或土霉素按0.2%的用量加入饲料中,连用5～7天;磺胺甲基异噁唑,按0.5%的浓度拌料,或与三甲氧苄氨嘧啶配合,按0.02%混入饲料,连用5～7天;氟哌酸或环丙沙星等喹诺酮类药物按50 mg/kg饮水,连用3～5天。此外,也可用庆大霉素、新霉素等拌料或饮水。

(二)鸡伤寒　鸡伤寒是鸡的一种败血性疾病,呈急性或慢性经过。病原是鸡伤寒沙门氏菌,主要发生于鸡、火鸡,特殊条件下可感染鸭、雉鸡、孔雀、珍珠鸡等其他禽类,死亡率中等或较高,主要与鸡伤寒沙门氏菌的毒力及鸡群的抵抗力和环境卫生等因素有关。

1.流行病学　本病最初发生于鸡,火鸡、珍珠鸡、孔雀、鹌鹑、松鸡、雉鸡等都发现有自然暴发的病例。虽然鸡伤寒主要引起成年鸡发病,但也有许多关于雏鸡发生此病的报道。本病与鸡白痢一样,造成的损失常始于孵化期,与鸡白痢不同的是损失持续到产蛋期。鸡伤寒也有许多传播方式,受感染的鸡是蔓延与传播的最重要传染源,这些鸡不仅通过水平传播将病原传给其他鸡只,而且还可经卵将病原传给下一代。野鸟、动物和苍蝇可成为中间宿主,尤其是当它们吃过死鸡的尸体或孵化室的鸡胚内脏时,则更加危险。

2.症状　鸡伤寒虽然较常见于成年鸡,但也可通过种蛋传播,在雏鸡中暴发。在雏鸡中见到的症状与鸡白痢相似。本病的潜伏期4～5天,根据细菌的毒力和鸡的健康状况不同而有不同,病程约为5天。在鸡群中,由此病而引起的死亡可以延长至数周,然后逐渐恢复。如果种蛋带菌则可在出雏器中可见到死雏和不能出壳的死胚。病雏体弱,发育不良,虚弱嗜睡,没有食欲,泄殖腔周围粘有白色粪便,肺出现病灶时,出现呼吸困难的症状。

中雏和成年鸡急性暴发本病时,饲料消耗减少,精神委顿,羽毛松乱,鸡冠和肉髯贫血,体温升高1～3℃,饮欲增加,排黄绿色稀粪,病程约为1周,死亡率5%～30%。成年鸡可能无症状而成为带菌鸡,有时还可发生慢性腹膜炎,呈企鹅式站立。

3.病理变化　最急性病例剖检无病变或病变十分轻微,幼鸡多发生肝、脾和肾脏的红肿。亚急性和慢性病例则肝肿大呈铜绿色,有粟粒大灰白色或浅黄色坏死灶。心包积水,有纤维素性渗出物,病程长时则与心外膜粘连,心肌有凸出的灰白色坏死灶。肾肿大充血,肌胃角质膜易剥离,肠道外观贫血,肠黏膜有溃疡,以十二指肠较严重,卵黄囊变形,卵黄膜充血,呈灰黄色或浅棕色,有时呈黑绿色,卵黄破裂易引起卵黄性腹膜炎而死亡。发生慢性腹膜炎时,腹膜内有纤维素性渗出物,并造成内脏和肠壁粘连。输卵管内有大量的卵白和卵黄物质。睾丸肿胀并有大小不等的坏死灶。急性败血症死亡的鸡心外膜出血,浆膜出血,浆液性纤维素性心包炎,出血性肠炎,脾肿大,其他器官无异常变化。

4.诊断　鸡群的病史、症状和病变能为本病提供重要的诊断线索,但是要做出确切诊断,必须进行细菌的分离和鉴定。从急性死亡鸡的肝和脾可分离到细菌,慢性病例多为局部感染,确诊需经血清学检查证实,被感染的部位可能没有可见病灶,因此需要对内脏各器官作本菌的分离培养。雏鸡病例诊断可用卵黄囊培养,牛肉汁或浸液或胰胨琼脂都适于首次培养。所得培养物若为纯培养物,则可用血清学和细菌学方法进行鉴定。若培养物不纯,可挑选单个菌落接种三糖铁琼脂斜面,培养后若斜面呈红色,底部变黄并产气,产生硫化氢则可判定为鸡伤寒沙门氏菌可疑,可进一步进行生化鉴定和血清学鉴定。我国目前用于鉴定的抗原是鸡白痢和鸡伤寒沙门氏菌混合抗原,该抗原既可用于检查鸡白痢,也可用于检查鸡伤寒。常用的几种血清学检查方法有细菌凝集试验、血凝试验和间接血凝试验。

5.免疫预防　许多研究者对灭活苗与致弱活苗进行了评估,据报道,用光滑型 9S 或粗糙型 9R 弱毒苗给鸡口服可产生良好的免疫力,9R 菌苗的免疫期大约为 12 周,9S 菌苗可维持 34 周。如果在免疫接种前 10 min 先给鸡使用碳酸氢钠或硫酸镁,然后再口服 9R 菌株,可产生抗强毒菌株的巨大保护力。

(三)鸡副伤寒 鸡副伤寒是由沙门氏菌属中的一种能运动的杆菌引起的一种急性或慢性传染病。由于各种家禽都能感染发病,故广义上称为禽副伤寒。在沙门氏菌属中,除鸡白痢和鸡伤寒沙门氏菌外,其他沙门氏菌引起的疾病都称为禽副伤寒。

鸡副伤寒主要侵害幼鸡,常造成大批死亡。成年鸡多为隐性或慢性感染。但产蛋率、受精率、孵化率明显降低。本病的特征是一种人畜共患病,对人主要引起食物中毒。

1.流行特点 各种家禽及野禽对本病均可感染,并能相互传染。雏鸡、雏鸭、雏鹅均十分敏感,常出现暴发性流行。鼠类和苍蝇等是副伤寒菌的主要带菌者,是本病的重要媒介。感染家畜后可引起肠炎、败血症及流产等。人类食用带有副伤寒病原的食品能引起急性胃肠炎和败血症。

本病的主要传染源是病禽、带菌禽及其他带菌动物,主要通过消化道感染。病禽的粪便中排出病原菌污染周围环境,从而传播疾病。本病也可通过种蛋传染,沾染于蛋壳表面的病菌能钻入蛋内,侵入蛋黄部分,在孵化时能污染孵化器和育雏器,造成本病在雏鸡中传播。带有病菌的飞沫,也可由呼吸道感染。

雏鸡在胚胎期和出雏器内感染本病的,常于 4~5 日龄发病,这些雏鸡的排泄物使同舍的其他雏鸡感染,这些雏鸡多于 10~21 日龄发病、死亡。以后随着日龄增大,逐渐有抵抗力,青年鸡和成年鸡很少发生急性副伤寒,一般为慢性或隐性感染。

2.症状 本病的潜伏期为 12~18 h,有时稍长些,急性病例(败血症)主要见于幼雏,慢性病例多发生于青年鸡和成年鸡。在孵化器内感染的急性病例常在孵出后数天内发病,一般见不到明显症状而死亡。10 日龄以上的雏鸡发病后,身体虚弱,羽毛蓬乱,精神委靡,头、翅下垂,缩颈闭目,似昏睡状。食欲减退或废绝,饮水增加。怕冷,靠近热源或积堆。下痢,排水样稀便,肛门周围有粪便污染。有的发生眼炎失明,有的表现呼吸困难。病程1~2天,按全群计算,死亡率10%~20%,严重时可达80%。

成年鸡常为慢性带菌者,病菌主要存在于肠道,较少存在于卵巢。有时可见成年鸡食欲减退,消瘦,轻度腹泻,产蛋量减少,孵化率降低。

3.剖检变化 急性病例中往往无明显病变,病程较长的可见肠黏膜充血,卡他性及出血性肠炎,尤以十二指肠较为严重,肠壁增厚,盲肠内常有淡黄色豆渣样物堵塞。肝脏肿大、充血,可见有针尖大小到粟粒大黄白色坏死灶。胆囊肿胀并充满胆汁。脾脏肿大。常有心包炎,心内膜积有纤维素性浆液性渗出物。肾充血、肿胀。肺脏有时可见浆液性纤维素性炎症。

成年鸡慢性副伤寒的主要病变为肠黏膜有溃疡或坏死灶。肝、脾、肾不同程度肿大,母鸡卵巢有类似慢性鸡白痢的病变。

4.诊断 根据本病的流行特点、临床症状及剖检病变可做出初步诊断,但本病无论是雏鸡或成年鸡,与白痢、伤寒都比较难区别。不过这三种病的治疗药物基本相同,只要不与其他疾病相混淆,对于治疗并没有多大的影响。从食品卫生的角度来说,通过实验室检查进行最后确诊具有重要意义。

5.防治 预防本病的两项重要措施:一是严防各种动物进入鸡舍,并防止其粪便污染饲料、饮水及养鸡环境;二是种蛋及孵化器要认真消毒,出雏时不要让雏鸡在出雏器中停留过久。其他预防措施与鸡白痢相同。氟苯尼考(氟甲砜霉素)、庆大霉素、喹诺酮类(氧氟沙星等)、卡那霉素等药物对本病有效。育雏时,用药物防治雏鸡白痢,也就同时防治了雏鸡副伤寒。

十二、大肠杆菌病

鸡大肠杆菌病是由不同血清型的大肠埃希氏菌所引起的一系列疾病的总称。它包括大肠杆菌性败血症,气囊炎,关节炎及滑膜炎,卵黄性腹膜炎等。

1.流行特点 大肠杆菌在自然界广泛存在,也是畜禽肠道的正常栖息菌,许多菌株无致病性,而且对机体有益,能合成维生素 B 和维生素 K,供寄主利用,并对许多病原菌有抑制作用。大肠杆菌中一部分血清型的菌株有致病性,当机体健康、抵抗力强时不致病,而当机体健康状况下降,特别是在应激情况下就表现出其致病性,使感染的鸡群发病。

鸡、鸭、鹅等家禽均可感染大肠杆菌,鸡在 4 月龄以内感染性较高。本病的传染途径有两种:一是由于蛋壳上所沾的粪便等污染带菌,在种蛋保存期间和孵化期间侵入蛋的内部;二是接触传染,大肠杆菌从消化道、呼吸道、肛门及皮肤创伤等门户都能侵入,饲料、饮水、垫草、空气等是主要传播媒介。

鸡大肠杆菌病可以单独发生,也可是一种继发感染,继发于鸡白痢、伤寒、副伤寒、慢性呼吸道病、传染性支气管炎、新城疫、禽霍乱等。

2.症状

(1)大肠杆菌性败血症。本病多发于雏鸡和 6～10 周龄的幼鸡,死亡率一般为 5%～20%,有时也可达 50%。寒冷季节多发,打喷嚏、呼吸障碍等症状和慢性呼吸道病相似,但无面部肿胀和流鼻液等症状,有时多和慢性呼吸道病混合感染。幼雏大肠杆菌病夏季多发,主要表现为精神委靡,食欲减退,最后因衰竭而死亡。有的出现白色乃至黄色的下痢,腹部膨胀,与白痢和副伤寒不易区分,死亡率多在 20% 以上。纤维素性心包炎为本病的特征性病变,心包膜肥厚、浑浊,纤维素和干酪样渗出物混合在一起附着在心包膜外面,有时和心肌粘连。常伴有肝包膜炎,肝肿大,包膜肥厚、浑浊、纤维素性沉着,有时可见到有大小不等的坏死灶。脾脏充血、肿胀,可见到小坏死点。

(2) 全眼球炎。本病一般发生于大肠杆菌性败血症的后期,少数鸡的眼球由于大肠杆菌侵入而引起炎症,多数是单眼发生炎症,也有双眼发生炎症的。表现为眼皮肿胀,不能睁眼,眼内蓄积脓性渗出物,角膜混浊,严重时失明。病鸡精神委靡,蹲伏少动,觅食也有困难,最后因衰竭而死亡。剖检时可见心、肝、脾等器官的病变。

(3)气囊炎。本病通常是一种继发性感染。鸡群感染慢性呼吸道病、传染性支气管炎、新城疫时,对大肠杆菌的易感性增高,如吸入含有大肠杆菌的灰尘就很容易继发本病。一般5~12周龄的鸡发病较多。病鸡气囊增厚,附着多量豆渣样渗出物,病程较长的可见心包炎、肝周炎等。

(4)关节炎及滑膜炎。多发于雏鸡和育成鸡,在跗关节周围呈竹节状肿胀,跛行。关节液浑浊,腔内有时出现脓汁或干酪样物,有的发生腱鞘炎,步行困难。内脏变化不明显,有的鸡由于行动困难不能采食而消瘦死亡。

(5)肝周炎。肝脏肿大,肝脏表面有一层黄白色的纤维素附着。严重者肝脏渗出的纤维蛋白与胸壁、心脏、胃肠道粘连。肝脏变形,质地变硬,表面有许多大小不一的坏死点。脾脏肿大,呈紫红色。

(6)输卵管炎。产蛋鸡感染大肠杆菌病时,常发生慢性输卵管炎,其特征是输卵管高度扩张,内积异形蛋样渗出物,表面不光滑,切面呈轮层状,输卵管黏膜充血、增厚。镜检上皮下有异染性细胞集聚,干酪样团块中含有许多坏死的异染性细胞和细菌。

(7)卵黄性腹膜炎。由于卵巢、卵泡和输卵管感染发炎进一步发展成为广泛的卵黄性腹膜炎,故大多数病鸡突然死亡。剖检可见腹腔中充满淡黄色腥臭的液体和破坏的卵黄,腹腔脏器的表面覆盖一层淡黄色、凝固的纤维素性渗出物。肠系膜发炎,使肠祥互相粘连,肠浆膜散布针尖大小的点状出血。卵巢中的卵泡变形,呈灰色、褐色或酱色等不正常色泽,有的卵泡皱缩。积留在腹腔中的卵泡,如果时间较长即凝固成硬块,切面呈层状。破裂的卵黄则凝结成大小不等的碎片。输卵管黏膜发炎,有针尖状出血点和淡黄色纤维素性渗出物沉着,管腔中也有黄白色的纤维素性凝片。

(8)鸡胚与幼雏早期死亡。由于蛋壳被含有大肠杆菌的粪便污染,或产蛋母鸡患有大肠杆菌性卵巢炎,致使鸡胚卵黄囊内容物,从黄绿色黏稠物质变为干酪样物质,或变为黄棕色水样物。也有一些鸡胚在出壳后直至3周龄这段时间陆续死亡,除卵黄变化外,多数病雏还有脐炎,生活4天以上的鸡雏经常伴发心包炎。被感染的鸡胚或鸡雏也可能不死亡,则常表现卵黄不吸收与生长不良。镜检,受感染的卵黄囊囊壁呈现水肿,卵黄囊的外层为结缔组织,接着是含有异染细胞和巨噬细胞的炎性细胞层,随后则是一层巨细胞,一层坏死异染细胞和细菌团块,最内层为感染的卵黄。

(9)脑炎型。幼雏及产蛋鸡多发。脑膜充血、出血,脑实质水肿,脑膜易剥离,脑壳软化。

3.诊断　根据本病的流行特点、症状及病理变化可做出初步诊断,但确诊需进行细菌的分离鉴定。本病在临床上易与败血霉形体病相混淆,霉形体也引起气囊炎、心包炎等变化,但其呼吸道症状较为突出,发病慢、病程长,多发生于1~2月龄鸡。

4.防治

(1)预防。加强卫生是预防本病的关键。大肠杆菌病是条件性致病菌引起的一种疾病,该病的发生与外界各种应激因素有关,防治的原则首先是改善饲养环境条件,加强鸡群的饲养管理,改善鸡舍的通风条件,认真落实鸡场卫生防疫措施,控制霉形体等呼吸道疾病的发生。加强种蛋的收集、存放和孵化的卫生消毒管理,做好常见病的预防工作,减少各种应激因素,避免诱发性大肠杆菌病的流行与发生,特别是育雏期保持舍内的温度,防止空气及饮水的污染,定期进行鸡舍的带鸡消毒。在育雏期适当的添加抗生素,有利于控制本病的暴发。如在雏鸡出壳后3~5日龄及4~6周龄分别给予2个疗程的抗生素,可以起到有效的预防作用。

因为大肠杆菌的血清型比较多,采用本地、本场菌株制作的疫苗效果较好。大肠杆菌蜂胶苗效果比较好,但是接种后有比较强的接种反应,表现精神沉郁、喜卧、采食减少,大约1天即可恢复。

(2)治疗。鸡群发生大肠杆菌病后,可以用药物进行治疗,但是大肠杆菌对药物容易产生耐药性,所以在使用药物前,最好进行药敏试验,或选用过去本场很少用过的药物进行全群治疗,而且要注意交替使用药物。在生产中可以使用以下药物:0.03%复方磺胺-5-甲氧嘧啶,连用5～7天;氟苯尼考0.01%的浓度拌料,连用3～5天;环丙沙星或恩诺沙星50～100 mg/kg饮水,连用3～5天。也可用丁胺卡那霉素纯粉40 mg/kg饮水。

十三、传染性鼻炎

传染性鼻炎是鸡的一种急性或亚急性呼吸道传染病。主要特征是鼻黏膜发炎、流鼻涕、眼睑水肿和打喷嚏。本病多发生于育成鸡和产蛋鸡群,使产蛋鸡产蛋量下降10%～40%,使育成鸡生长停止,开产期延迟和淘汰率增加,造成严重经济损失。

1.流行病学　除鸡以外,偶尔也可能感染火鸡、鹌鹑、珠鸡和雉。本病可发生于各种年龄的鸡,以4～12月龄的鸡最易感。7日龄内雏鸡鼻腔内人工接种本菌,5%～10%出现鼻炎症状,大多数表现隐性感染,4～8周龄雏鸡人工接种后90%出现典型鼻炎症状。13周龄鸡可100%被人工感染,病情也比幼龄鸡严重。

本病虽无明显季节性,但以5～7月份和11月份至翌年1月份较多发,这与春雏和秋雏此时刚好已达易感年龄有关,与此时多替换鸡群、多移动鸡群、饲养密度提高、卫生管理放松有关,也与气候变化利于病菌侵袭鼻黏膜等一些能使鸡抵抗力下降的诱因密切相关。所以,不同日龄鸡混群饲养、鸡舍环境差、维生素A缺乏、禽痘疫苗接种、寄生虫病或传染病等,都能促使鸡群发病。

病鸡(尤其是慢性病鸡)和隐性带菌鸡是主要传染源。它们排出的病原菌通过空气、尘埃、饮水、饲料等传播。被病原菌污染的饮水,常是引起初次感染鸡群暴发本病的主要原因。由于病原抵抗力弱,离开鸡体后4~5 h即死亡,故通过人、鸟、兽、用具等传播的机会不大。病鸡群迁走以后,如鸡舍消毒不彻底或空舍时间太短,新进入的鸡群常可能在2~3周后又暴发此病。

一般情况下本病发病率高而死亡率低,但病程长短、病情轻重、发病率、死亡率等,与鸡的年龄、发病季节、鸡群易感性、鸡群饲养管理好坏、菌株毒力、有无并发感染等因素有关。鸡的年龄大,秋冬季节,鸡群饲养管理差,鸡群易感性强,菌株毒力大,并发鸡痘、慢性呼吸道病、传染性支气管炎等,常导致病程延长,病情加重,病死率增高。

2.症状　病鸡除了发热、精神不振、食欲减退、消瘦等一般性全身症状外,最具有特征性的症状表现为流浆性到黏液性鼻液,脸部浮肿(公鸡则肉髯肿胀),结肠炎,淌眼泪。病初流稀薄鼻液和眼泪,同时或次日脸部肿胀,由面颊逐渐扩展到一侧或两侧,甚至肿得连眼睛也睁不开,症状出现后第3天左右起,鼻液变得黏稠,常在鼻孔形成结痂而堵塞鼻孔。病鸡气管内有分泌物,喉部肿胀,呼吸时发出呼噜呼噜的声音,有时打喷嚏,摇头欲将咽喉部的分泌物咳出。病鸡腹泻,排绿色粪便,公鸡肉髯肿大,青年鸡下颌或咽喉部浮肿。母鸡群发出一种恶臭气味。如咽喉部积附大量黏稠的分泌物,病鸡可能窒息而死。少数严重病例,可能由于发生副嗜血杆菌性脑炎而出现急性神经症状并死亡。

人工感染病例,100%出现流鼻液和面颊肿胀,70%出现流眼泪,56%腹泻,30%排绿色粪便,30%呼吸不正常,15%肉髯或喉部肿胀。

自然发病病例,其病程长短和死亡率的高低因鸡的日龄大小和外界环境因素而异,一般情况下病程在2周左右,死亡率较低。

3.病理变化　鼻、鼻窦、喉和气管呈急性卡他性炎症,充血肿胀,表面覆有大量黏液,鼻窦内积有渗出物或干酪样坏死物。下颌部以下组织呈现明显浆液性浸润。内脏一般无病变,偶有支气管炎和气囊炎。

产蛋鸡输卵管内黄色干酪样分泌物,卵泡松软、血肿、坏死或萎缩,腹膜炎,公鸡睾丸萎缩。

组织学变化表现为上呼吸道细胞肿大、增生、裂解、脱落,固有层到黏膜下层组织有明显炎性水肿及异染细胞浸润。

下呼吸道受到损害的鸡,呈现急性卡他性支气管肺炎,第2和第3支气管的管腔内充满异染细胞和细胞碎片,毛细管上皮细胞肿大、增生。气囊卡他性炎症,其特征是细胞肿大、增生并有大量异染细胞浸润。

4.诊断　根据流行特点、鸡舍内有恶臭气味、症状及剖检变化即可做出初步诊断,确诊需要进行实验室检查。

5.鉴别诊断　实际工作中,本病需要与慢性呼吸道、传染性支气管炎、黏膜型鸡痘相鉴别。慢性呼吸道病以侵害中雏为主,特征性症状为流脓性鼻液、咳嗽、打喷嚏,很少出现颜面肿胀现象,用磺胺类药物治疗无效。两者混合感染时,与单独感染本病相比,病情严重,病程延长,呈慢性鼻炎症状。传染性支气管炎时,虽有呼吸困难症状,但无颜面肿胀现象。黏膜型鸡痘时无颜面肿胀症状,眼睑肿胀多呈糜烂状,流泪严重,严重者上、下眼睑黏合在一起,使眼失明,主要发生于冬季,多侵害幼雏和中雏,而不感染成年鸡,磺胺类药物治疗无效。

6.预防

(1)加强卫生管理。首先是防止病原菌侵入。若病原菌已经侵入,则设法清除。不要从外场购入替补种用公鸡、青年母鸡或产蛋鸡,因带菌鸡是本病的主要传染源。鸡场万一发生本病,1～2个月暂停育雏和引入外来鸡,并通过淘汰、消毒、隔离、检疫、治疗等措施将病原清除。出于经济目的,病鸡群要隔离饲养并进行治疗,直到有新鸡群替换时再淘汰。病愈鸡虽对本病有免疫力,但常是带菌者,故不要继续留养,更不能与健康鸡群并群。10日龄内雏鸡,即使感染了本病也不呈现明显症状,故外来雏鸡必须进行隔离饲养和临床观察,如有病,则不得留做种用。隔离孵化的1日龄雏鸡在隔离饲养条件下育成,使之更替有病鸡群。被病鸡污染的鸡舍和用具,必须进行彻底的清洁消毒并至少空舍7天以上,才能用以饲养新鸡群。否则,虽说病原体离开鸡体4~5 h即死,但如把病鸡淘汰或隔离后就用原舍饲养新鸡群,常会出现新鸡群100%被感染的情况。鸡舍要保持合理通风换气和防寒,避免饲养密度过高。否则,易于并发葡萄球菌病、慢性呼吸道病或大肠杆菌病而使病情加重。鸡舍可用0.2%过氧乙酸或其他安全有效的消毒剂进行带鸡消毒。

(2)接种疫苗。自然感染或人工感染的鸡都能产生不同程度的免疫力。小母鸡在发育阶段发生过本病,对以后产蛋性能不产生影响。个别鸡经窦内人工接种后,不到3周就可能产生免疫力。

疫苗的保护率约80%,有20%接种过疫苗的鸡仍会发病,但症状轻、康复快、损失小。接种疫苗后,一般约3周都能产生充分的免疫力,4~5周达高峰,以后逐渐下降。第一次疫苗接种后的免疫期,幼雏和中雏约2个月,大雏及成鸡约3个月,为了延长免疫期,隔1.5~2个月以上再补充接种一次,但不可提前进行,以免抗体下降。

十四、葡萄球菌病

葡萄球菌病是由金黄色葡萄球菌引起的人、畜、禽共患传染病。葡萄球菌在自然界中分布很广,健康禽类的皮肤、眼睑、黏膜、肠道都有葡萄球菌存在。同时该菌还是家禽孵化、饲养、加工环境中的常见细菌。鸡群发病后死亡率为2%～5%不等。葡萄球菌感染可以侵害皮肤、气囊、卵黄囊、心脏、脊髓和眼睑,并可引起肝、肺的肉芽肿,有时也可引起败血症。

1.流行病学　金黄色葡萄球菌在自然界中分布很广,所有禽类都可感染,尤其是鸡和火鸡。鸡中以肉鸡最易感,各种年龄鸡都可感染,但发病以40～60日龄的鸡最多,成年鸡发病较少。鸡对葡萄球菌的易感性,与表皮或黏膜创伤的有无、机体抵抗力的强弱、葡萄球菌污染程度,以及鸡所处的环境有密切的关系。创伤是主要的感染途径,但也可以通过消化道和呼吸道传播,雏鸡脐带感染也是常见的途径。某些疾病或人为因素是发生葡萄球菌病的诱因,如刺种鸡痘、带翅号、断喙、脐带感染、饲养管理不善、通风不良、饲料单一、缺乏维生素及矿物质等。免疫系统由于传染性法氏囊病病毒或马立克氏病病毒等感染而遭到破坏,容易发生败血性葡萄球菌病,并导致感染鸡急性死亡。

2.症状

(1)急性败血型。病鸡精神不振或沉郁,不爱跑动,常呆立一处或蹲伏,两翅下垂,缩颈,眼半闭呈嗜睡状。羽毛蓬松零乱,无光泽。饮、食欲减退或废绝。部分鸡下痢,排出灰白色或黄绿色稀粪。较为特征的症状是胸腹部(甚至波及嗉囊、大腿内侧)皮下浮肿,局部羽毛脱落,或用手一摸即可脱落,有的病处可见自然破溃,流出茶色或暗红色液体,周围羽毛被沾污,局部污秽,有的鸡在翅膀及其腹面、翅尖、尾、脸、背及腿等不同部位的皮肤出现大小不等的出血、炎性坏死,局部干燥结痂,暗紫色,无毛。早期病例局部皮下湿润,暗紫红色,溶血,糜烂。这些症状多发生于中雏,病鸡在2～5天死亡,急性者1～2天死亡。有时在急性病鸡群中也可见到关节炎症状的病鸡。

(2)关节炎型。病鸡可见多个关节肿胀,特别是趾、指关节,呈紫红色,有的破溃,并形成污黑色结痂,病鸡多表现跛行,不喜站立、伏卧,一般仍有饮、食欲,多因采食困难,而被其他鸡只践踏,病鸡逐渐消瘦,最后衰弱死亡。有的病鸡出现趾瘤,脚掌肿大。有的趾尖发生坏死,呈黑紫色,较干涩,此型病程多为10余天。有的病鸡趾端坏疽,干燥脱落。

(3)脐炎型。是孵出不久雏鸡发生葡萄球菌病的一种病型。由于某些原因,鸡胚及新出壳的雏鸡脐孔闭合不全,葡萄球菌感染后,引起脐炎。病鸡除一般症状外,可见脐部肿大,局部呈黄红、紫黑色,质地稍硬,有时有分泌物。脐炎病鸡在出壳后2~5天死亡。

(4)眼病型。是甘孟侯1987年在国内首次报道的病型。除在败血型后期出现外,也可单独出现。表现为上下眼睑肿胀,闭眼,有脓性分泌物,并见有肉芽肿,病久者,眼球下陷,有的失明,有的见眶下窦肿胀。最后病鸡饥饿,被践踏,衰竭死亡。

(5)肺型。主要表现为全身症状及呼吸障碍。有的同时表现肺型和败血型症状。

葡萄球菌还可引起1周龄内雏鸡发病和死亡,这在已经控制了鸡白痢的鸡场,要引起足够的重视。

3.病理变化

(1)急性败血型。病死鸡胸部、前腹部羽毛稀少或脱毛,皮肤呈紫黑色或浅绿色浮肿,有的自然破溃则局部沾污。整个胸、腹部皮下充血、溶血,呈弥漫性紫红色或黑红色,积有大量胶冻样、粉红色、浅绿色或黄红色水肿液,水肿可延至两腿内侧、后腹部,前达嗉囊周围,但以胸部为多。同时,胸腹部甚至腿内侧有散在的出血斑点或条纹,特别是胸骨柄处肌肉有弥散性出血斑或出血条纹。肝肿大,淡紫红色,有花纹或花斑样变化,小叶明显。在病程稍长的病例,肚脐表面还可见数量不等的白色坏死点。脾肿大,紫红色,有白色坏死点。腹腔脂肪、肌胃浆膜等,有时可见紫红色水肿或出血。心包积液,呈黄红色半透明状。心冠状沟脂肪及心外膜偶有出血。有时还可见肠炎变化。

(2)关节炎型。关节肿大,滑膜增厚,充血或出血,关节囊内有浆液,或有黄色脓性或浆液性纤维素性渗出物。病程较长的慢性病例形成干酪样坏死,甚至出现关节周围结缔组织增生及畸形。

（3）脐炎型。脐部肿大,呈紫红或紫黑色,有暗红色或黄红色液体,时间稍久则为脓样干涸性坏死物。肚脐有出血点。卵黄吸收不良,呈黄红或黑灰色液体状或内混絮状物。

（4）眼病型。可见与生前症状相应的病变。

（5）肺型。肺部以瘀血、水肿和实变为特征,有时可见黑紫色坏疽样病变。

（6）葡萄球菌死胚。枕下部皮下水肿,胶冻样浸润,色泽不一,杏黄或黄红色,甚至粉红色,严重者头部及胸部皮下出血。卵黄膜充血或出血,内容物稀薄,混有血丝;少数脐部发炎,肝见有出血点,胸腔积有暗红色液体。

4. 诊断　鸡葡萄球菌病的诊断主要根据发病特点、发病症状及病理变化做出初步诊断,最后确认还需要结合实验室检查来综合诊断。

十五、禽霍乱

禽霍乱又称为禽出血性败血症、禽巴氏杆菌病,是鸭、鹅、鸡和火鸡的一种急性败血性传染病。临床上分为急性型和慢性型两种,急性型表现为败血症,发病率和致死率都很高,慢性型表现为肉髯水肿、关节炎,发病率和致死率都比较低。

1. 症状　自然感染的潜伏期一般为2～9天,人工感染通常在24～48 h发病,有时在引进病鸡后48 h内亦会突然发病。由于家禽的抵抗力和病菌的致病力强弱不同,在疾病流行时家禽所表现的症状亦有差异。一般根据其临床症状分为最急性、急性和慢性型三种病型。

（1）最急性型。常发生于该病的流行初期,特别是成年高产蛋鸡易发生。该型生前不见任何症状,晚间一切正常,次日发现死于鸡舍内。有时见病鸡精神沉郁,倒地挣扎,拍翅抽搐,迅速死亡。

（2）急性。此型在流行过程中占较大比例,发病急,死亡快,有的鸡在死前数小时出现症状。病鸡表现精神沉郁,羽毛蓬松,缩颈闭目,头缩在翅下,不愿走动,离群呆立。病鸡体温升高达43~44℃,少食或不食,饮水增多。呼吸困难,鸡冠、肉髯发紫,有的病鸡肉髯肿胀,有热痛感。口、鼻分泌物增加,常自口中流出浆液性或黏液性液体,挂于嘴角。病鸡腹泻,排黄白色或绿色稀粪,产蛋停止,最后发生衰竭,昏迷而死亡。病程短,约2天死亡。

(3)慢性型。一般发生于流行后期或本病常发生地区,有的是毒力较弱的菌株感染所致,有的则是有急性病例耐过而转变成慢性。病鸡精神、食欲时好时坏,多表现局部感染,如一侧或两侧肉髯肿大,翅或腿关节肿胀、疼痛,脚趾麻痹,因而发生跛行。病鸡鼻孔常有黏液性分泌物流出,鼻窦肿大,喉头积有分泌物而影响而呼吸。病鸡经常腹泻,消瘦,精神委顿,鸡冠苍白。本病的病程可拖延至1个月以上。

2.病理变化

(1)最急性型。常见不到明显的变化,或仅表现为心外膜散布针尖大小的点状出血,肝脏有细小的坏死灶。

(2)急性型。其特征性变化在肝脏,表现为肝脏稍肿大,呈棕色或黄棕色,质脆,在被膜下和肝实质中有弥漫性、数量较多的密集的灰白色或黄白色针尖大至针头大的坏死点。心脏扩张,心包积液,心脏积有血凝块,心肌质地变软。心冠脂肪有针尖大小的出血点,心外膜有出血点或块状出血。出血点也常见于病鸡的腹膜、皮下组织及腹部脂肪。小肠特别是十二指肠呈急性卡他性炎症或急性出血性炎症,肠管扩张,浆膜散在出血点,透过肠浆膜见全段肠管呈紫红色。肠内容物为血样,黏膜高度充血与出血。肺脏高度瘀血和水肿,偶见实变区。脾脏一般无明显变化,或稍肿大,质地柔软。

(3)慢性型。所表现的病理变化因病原菌侵害的器官不同而有差异。当以呼吸道症状为主时,其内脏特征性病变是纤维素性坏死性肺炎。肺炎为大叶性,一般两侧同时受害。肺组织由于高度瘀血与出血,变为暗紫色。肺炎病灶常出现于背侧,病变范围大小不等,严重时可使大半肺组织实变,呈暗红色,局部胸膜上常有纤维素性凝块附着。切面干硬,由于肺实质存在坏死灶,故切面呈灰白色的花纹状结构。鼻孔、鼻窦及喉头等处黏膜肿胀,积有纤维素性渗出物。胸腔经常有淡黄色、干酪样化脓性纤维素性凝块。侵害关节的病例,常见足、翅各关节呈慢性纤维素性或化脓性纤维素性关节炎。关节肿大、变形,关节腔内含有纤维素性或化脓性凝块。母鸡发生慢性霍乱时,炎症可波及卵巢,引起卵泡坏死、变形或脱落于腹腔内,大多数肝脏仍见有小坏死灶。少数病例,肝脏高度肿大,表面由红褐色与灰黄色的小结节相间组成,结节大小不一,肝脏表面高低不平,质地坚硬。鸡冠、肉髯在瘀血的基础上发生结缔组织水肿,继之有纤维素性渗出,致使冠和冠髯显著肿大、变硬,切面各层间有纤维素性渗出物所构成的凝块,时间稍长可发生坏死。

3.诊断　禽霍乱可以根据流行病学、发病症状及病理变化进行初步诊断,但要确诊还要结合细菌学检查结果来综合判定。

4.鉴别诊断　本病在临床上需要与鸡伤寒、中暑相鉴别,伤寒时肝脏肿大,呈青铜色,表面有弥漫性针尖大小的坏死点,质脆易碎,脾脏肿大。而禽霍乱时,肝脏呈黄褐色,坏死点较大,脾脏不肿大。中暑时家禽也会出现突然死亡,但这时可见胸腔瘀血,而禽霍乱无此表现。涂片镜检是根本的鉴别措施,如为禽霍乱则可见两极浓染的巴氏杆菌。

5.防治

(1)预防。多杀性巴氏杆菌具有复杂的抗原性,因此在制造灭活苗时,应选用与流行病原菌同一血清型的菌株作为生产菌株,或用多个血清型的菌株制成多价苗以达到较好的免疫效果。禽霍乱疫苗有灭活苗、弱毒苗、亚单位苗、脏器苗、蜂胶苗。现在的疫苗都存在着免疫期短、保护率低的问题。生产中使用的比较少,多数采用药物预防的方法。

禽霍乱不能垂直传播,雏鸡在孵化场内没有感染的可能性。健康禽的发病是在鸡舍内接触病鸡或其污染物而感染的,因此,杜绝禽霍乱病原传入鸡舍是十分重要的。新引进的后备鸡应放在一个与老鸡群完全隔离的环境中饲养。

(2)治疗。多种药物对禽霍乱都有治疗作用,实际疗效在一定程度上取决于治疗是否及时和用药是否恰当,长期使用某一种药物还会产生抗药性,影响疗效。可以使用土霉素、强力霉素、磺胺类、喹诺酮类药物等。

十六、禽曲霉菌病

禽曲霉菌病是由各种曲霉菌引起的多种禽类的一种真菌性疾病。本病的特征是呼吸道发生炎症和在内脏器官形成小结节,故又称为霉菌性肺炎。本病主要发生于雏鸡,呈急性群发性暴发,发病率和死亡率较高。引起曲霉菌病的两个主要病原为烟曲霉和黄曲霉,此外黑曲霉、赭曲霉、土曲霉、灰绿曲霉等也有不同程度的致病性。

1.症状　雏禽开始减食或不食,不愿走动,翅膀下垂,羽毛蓬乱,嗜睡,对外界反应淡漠。接着出现呼吸困难、气喘、呼吸次数增加等症状,但与其他呼吸道疾病不同,一般不发出明显的咯咯声。病雏头颈伸直,张口呼吸,流眼泪、鼻液,食欲减退,饮欲增加,迅速消瘦,体温下降,后期腹泻,若食道黏膜受到侵害,出现吞咽困难。病程一般在1周左右,发病后如不及时采取措施,死亡率可达50%以上。放养在户外的家禽对曲霉菌的抵抗力很强,几乎能避免传染。

有些雏鸡可发生曲霉菌性眼炎,通常是一侧眼的瞬膜下形成黄白色干酪样小球,致使眼睑鼓起,有些鸡还可在角膜中央形成溃疡。有的禽类还会发生脑炎型或脑膜炎型曲霉菌病,病雏斜颈、共济失调。

2.病理变化　肺部病变最为常见,肺、气囊和胸腔浆膜上有针尖大至米粒大或粟粒大小的结节。结节呈灰白色、黄白色或淡黄色,圆盘状,中间稍凹陷,切开时内容物呈干酪样,有的结节相互融合成大的团块。肺脏上有多个结节时,可使肺组织质地坚硬、弹性消失。严重的病例,在雏鸡的肺、气囊上有肉眼可见的成团的霉菌斑或近似于圆形的结节。病禽的鸣管中可能有干酪样渗出物和菌丝体,有时还有黏液脓性到胶冻样渗出物。脑炎型曲霉菌病其病变表现为在脑的表面有界限分明的白色到黄色区域。皮肤感染时,感染部位的皮肤出现黄色鳞状斑点,感染部位的羽毛干燥、易折。

3.诊断　根据流行特点、呼吸道症状及剖检变化即可做出初步诊断,但确诊需要进行实验室诊断。

病原的分离与鉴定:无菌采取肺脏结节的一小部分放在玻片上,用25%氢氧化钾浸泡将病料分离,盖上玻片,放在火焰上缓慢加热后可以检查渗出物是否有菌丝,为使菌丝清晰可见,氢氧化钾与墨汁染液混合。曲霉菌菌丝用墨汁染液染色后呈蓝色,有隔膜,二分叉结构,直径$2\sim4$ μm,菌丝互有相连,通常平行排列。根据镜检即可鉴定,培养细菌一般较为复杂,可以不做。

4.防治

(1)预防。加强饲养管理,搞好鸡舍卫生,注意通风,保持鸡舍干燥,经常检查垫料,不喂霉变饲料,降低饲养密度,防止过分拥挤是预防曲霉菌病发生的最基本措施。为防止饲料发霉,可以在饲料中加入多种有机酸如丙酸、醋酸、山梨醇、苯甲酸等。

(2)治疗。制霉菌素对本病有一定疗效,其用量为成鸡15~20 mg,雏鸡3~5 mg,混于饲料中连用3~5天。克霉唑对本病治疗效果也较好,其用量为每100只雏鸡用1 g,混饲投药,连用3~

5 天。也可用 1:(2 000~3 000)的硫酸铜溶液饮水,连用 2~3 天;或在每千克水中加入 5~10 g 碘化钾,连用 3~4 天。中药可用以下方剂治疗:鱼腥草 100 g,蒲公英 50 g,筋骨草 25 g,桔梗 25 g,山海螺 50 g,加水煎汁,供 100 只 10~20 日龄雏鸡 1~2 天饮用,连用 2 周。

第三节 寄生虫病

一、蛔虫病

鸡蛔虫病是由禽蛔科、禽蛔属的鸡蛔虫寄生于鸡小肠内引起的一种常见寄生虫病。本病遍及全国各地,常影响雏鸡的生长发育,甚至造成大批死亡,严重影响着养鸡业的发展。

1.生活史与流行病学 受精后的雌虫在鸡的小肠内产卵,卵随鸡粪排出体外。虫卵对外界环境因素和常用消毒药的抵抗力很强,在严寒冬季,经过 3 个月的冻结仍能存活,但在干燥、高温和粪便堆沤等情况下很快死亡。虫卵在适宜的温度和湿度等条件下,经 1~2 周发育成含感染性幼虫的虫卵,即感染性虫卵,其在土壤内 6 个月仍具有感染力。鸡因吞食了被感染性虫卵污染的饲料或饮水而感染,幼虫在鸡的腺胃和肌胃内脱掉卵壳进入小肠,钻入肠黏膜内,经过一段时间发育后返回肠腔发育为成虫。从鸡吃入感染性虫卵到在鸡小肠内发育成成虫,需 35~50 天。除了小肠外,在鸡的腺胃和肌胃内,有时也有大量虫体寄生。3~4 月龄的雏鸡最易感染和发病,1 岁以上的鸡多为带虫者。

2.症状 雏鸡常表现为生长发育不良,精神沉郁,行动迟缓,食欲不振,下痢,有时粪中混有带血黏液,羽毛松乱,消瘦,贫血,黏膜和鸡冠苍白,最终可因衰弱而死亡。成年鸡一般不表现症状,但严重感染时表现下痢、产蛋量下降和贫血等症状。

3.诊断 流行病学资料和症状可作为参考,饱和盐水漂浮法检查粪便发现大量虫卵,或剖检时在小肠、腺胃和肌胃内发现有大量虫体可确诊。

4.防治 搞好环境卫生,及时清除粪便,并堆积发酵,杀灭虫卵,做好鸡群的定期预防性驱虫,每年2～3次。发现病鸡,及时用药治疗。驱虫药可用:丙硫苯咪唑,每千克体重10～15 mg,一次内服;左旋咪唑,每千克体重20～30 mg,一次内服;噻苯唑,每千克体重500 mg,配成20%混悬液内服;枸橼酸哌嗪(驱蛔灵)每千克体重250 mg,一次内服。

二、绦虫病

寄生于家禽肠道中的绦虫,种类多达40余种,其中最常见的是戴文科赖利属和戴文属及膜壳科剑带属的多种绦虫,均寄生于禽类的小肠,主要是十二指肠。大量感染时,常引起贫血,消瘦,下痢,产蛋减少甚至停产。

1.病原

(1)棘盘赖利绦虫。寄生于鸡、火鸡和雉的小肠内。成虫体长25 cm。头节顶突上有2行小钩共200～240个,4个圆形吸盘,上有8～15圈小钩。每个成节内一套生殖器官,生殖孔开口于一侧或不规则地开口于两侧,睾丸20～40个。孕节子宫崩解为许多卵袋,每个卵袋内含6～12个虫卵,成熟孕节常沿中央纵轴线收缩而呈哑铃形,并在孕节与孕节之间形成小孔。中间宿主为蚂蚁。

(2)四角赖利绦虫。寄生于鸡、火鸡、孔雀和鸽的小肠内。成虫体长25 cm。头节顶突上有1～3行小钩共90～130个,4个卵圆形吸盘,上有8～10圈小钩,吸盘和顶突上的小钩均易脱落。颈节细长,每个成节一套生殖器官,生殖孔开口于同侧,睾丸18～35个。孕节近似方形,孕节中子宫分为很多卵袋,每个卵袋内含6～12个虫卵。中间宿主为蚂蚁和家蝇。

(3)有轮赖利绦虫。寄生于鸡、火鸡和珠鸡的小肠内。成虫体长 12 cm。顶突大而宽扁,形似车轮突出于前端,其基部有 2 圈小钩共 300～500 个,4 个圆形吸盘,无小钩,每个成节内一套生殖器官,生殖孔不规则地开口于虫体两侧,睾丸 15～30 个。

2.症状　患鸡消化不良,下痢,粪便稀薄或带有血液,饮欲增加,精神沉郁,双翅下垂,羽毛逆立,消瘦,生长缓慢。严重者出现贫血,黏膜和冠髯苍白,最后衰弱死亡。产蛋减少甚至停止。

3.病理变化　小肠内黏液增多、恶臭,黏膜增厚,有出血点,严重感染时,可阻塞肠道。棘盘赖利绦虫感染时,肠壁上可见中央凹陷的结节,结节内含黄褐色干酪样物。

4.诊断　在粪便中可找到白色米粒样的孕卵节片,在夏季气温高时,可见节片向粪便周围蠕动,取此孕节镜检,可发现大量虫卵。对部分重病鸡可作剖检诊断。

5.防治

(1)预防。改善环境卫生,加强粪便管理,随时注意感染情况,及时进行药物驱虫。

(2)治疗。丙硫苯咪唑(抗蠕敏),每千克体重 20～30 mg,一次内服;硫双二氯酚(别丁),每千克体重 150～200 mg,内服,隔4 天同剂量再服一次;氯硝柳胺(灭绦灵),每千克体重 100～150 mg,一次内服。

三、鸡羽虱

1.病原及其生活史　鸡羽虱是鸡体表常见的体外寄生虫。体长为 1～2 mm,呈深灰色。身体扁平,分头、胸、腹三部分。头部的宽度大于胸部,咀嚼式口器。胸部有 3 对足,无翅。常见的鸡羽虱有头虱、羽干虱和大体虱三种。头虱主要寄生在鸡的头、颈部,对幼鸡的侵害严重;羽干虱主要寄生羽毛的羽干上;鸡大体虱主要寄生在鸡的肛门下面,有时在翅膀下部和背、胸部也有发现。鸡羽虱的发育过程包括卵、若虫和成虫三个阶段,全部在鸡体上进行。雌虱产的卵常集合成块,粘着在羽毛的基部,经5~8天孵化出若虫,外形与成虫相似,在2~3周经3~5次蜕皮变为成虫。羽虱通过直接接触或间接接触传播,一年四季均可发生,但冬季较为严重。若鸡舍矮小、潮湿,饲养密度大,鸡群得不到沙浴,可促进羽虱的传播。

2.症状　羽虱繁殖迅速,以羽毛和皮屑为食,使鸡奇痒不安,因啄痒而伤及皮肉,使羽毛脱落,日渐消瘦,产蛋量减少。以头虱和大体虱对雏鸡危害最大,使雏鸡生长发育受阻,甚至由于体质衰弱而死亡。

3.防治

(1)用每吨水加入125 mL 10%溴氰菊酯或10~20 mL 10%杀灭菊酯直接喷洒或药浴,同时对鸡舍、笼具进行喷洒灭虫。

(2)烟雾法。20%杀灭菊酯(敌虫菊酯、速灭杀丁、氰戊菊酯、戊酸氰醚酯)乳油,按每立方米空间0.02 mL,用带有烟雾发生装置的喷雾机喷雾。喷雾后鸡舍需密闭2~3 h。

四、鸡球虫病

鸡球虫病是由一种或多种球虫寄生于鸡的肠黏膜上皮细胞而引起的一种急性流行性原虫病。该病分布广泛,发生普遍,危害十分严重。15~30日龄的鸡发病率最高,死亡率可达80%以上;耐过的病鸡长期得不到康复,生长发育受到严重影响;成年鸡多为带虫者,增重和产蛋能力降低。

1.病原及其生活史　鸡球虫属原生动物门,孢子虫纲,真球虫目,艾美耳科,艾美耳属。目前世界公认的有9种,即柔嫩艾美耳球虫、毒害艾美耳球虫、巨形艾美耳球虫、堆形艾美耳球虫、布氏艾美耳球虫、变位艾美耳球虫、和缓艾美耳球虫、早熟艾美耳球虫和哈氏艾美耳球虫。其中,致病作用最强的是寄生于盲肠的柔嫩艾美耳球虫和寄生于小肠的毒害艾美耳球虫，其他种球虫致病性较小，均寄生于小肠。球虫属直接发育型，不需中间宿主，须经过裂殖、配子生殖和孢子增殖三个阶段。前两个阶段在宿主体内进行，称内生性发育；孢子增殖在外界环境中完成，称外生性发育。

随宿主粪便排到自然界的是球虫卵囊，一般为卵圆形，内含一个圆形或近圆形的合子(或称卵囊质、成孢子细胞)。在适宜的温度和湿度条件下，卵囊内的合子分裂为4个孢子囊，每个孢子囊内含2个子孢子，此时的卵囊称孢子化卵囊，对宿主具有感染力，故也称感染性卵囊。当鸡进食或饮水时将孢子化卵囊吃入之后，卵囊壁被消化液溶解，子孢子逸出，侵入肠上皮细胞内，细胞核进行无性复分裂，形成多核的裂殖体，这一无性繁殖过程即裂体增殖。裂殖分裂形成数目众多的裂殖子，并破坏上皮细胞。从破溃上皮细胞释放出的裂殖子侵入新的上皮细胞内，并以同样的方式进行繁殖。裂体增殖进行若干代之后，某些裂殖子转化为有性的配子体，即大配子体和小配子体，一个大配子体发育成一个大配子，一个小配子体分裂成很多有活性的小配子，大配子和小配子结合，形成合子，合子分泌物形成被膜，即成为卵囊。最后，卵囊由宿主细胞内释出，落入肠道，随鸡粪排出体外。

2. 流行病学　各种品种和年龄的鸡都对鸡球虫具有易感性，3月龄以内，尤其是15～50日龄的鸡群最易暴发球虫病，且死亡率较高，成年鸡多因前期感染过球虫获得了一定的免疫力，当再感染时不表现临床症状而成为带虫者。球虫卵囊对自然界各种不利因素的抵抗力较强，在阴暗的土壤中可保持活力达86周之久，一般消毒剂不能杀死卵囊，但冰冻、日光照射和孵化器中的持续干燥环境对卵囊有抑制或杀灭作用。26～32℃的潮湿环境有利于卵囊发育。

鸡感染球虫的途径和方式是啄食感染性卵囊。凡被病鸡或带虫的粪便污染的饲料、饮水、土壤或用具等，都有卵囊存在；其他鸟类、家畜、某些昆虫以及饲养管理人员,都可以成为球虫病机械性的传播者。被苍蝇吸吮到体内的卵囊,可以在其肠道中保持生活力达24 h。

在分散饲养的条件下,本病通常在温暖的4～9月份流行,7～8月份最严重,但在集约化饲养条件下,本病一年四季均可发生。

饲养管理条件不良促进本病的发生。卫生条件恶劣、鸡舍潮湿、鸡舍拥挤、饲养管理不当时最易发生。此外,某些细菌、病毒或其他寄生虫感染及饲料中缺乏维生素A、维生素K,也可促进本病的发生。

3. 致病作用 球虫在鸡体内要经过裂殖和配子生殖阶段,其中当裂体增殖阶段的裂殖体在肠上皮细胞中大量增殖时,破坏了肠黏膜的完整性,肠管发炎,上皮细胞崩解,发生消化机能障碍,营养物质不能吸收,且大量失血。上皮细胞的崩解能产生毒素,引起自体中毒。由于肠黏膜的完整性破坏,细菌易于侵入而发生继发感染。

4. 症状

(1)急性型。多见于雏鸡。病初精神委顿,羽毛逆立,闭眼缩颈,呆立一旁,食欲减退,泄殖腔周围的羽毛被液体状排泄物粘在一起。以后由于肠上皮细胞的大量破坏和自体中毒加剧,病鸡共济失调,翅膀下垂,贫血,鸡冠苍白,嗉囊内充满液体,食欲废绝,粪便呈水样,稀薄,带血。若为柔嫩艾美耳球虫病则排血便。末期病鸡昏迷或抽搐。雏鸡自感染后4～7天出现死亡,死亡率可达50%～80%,甚至更高。

(2)慢性型。多见于4～6月龄的鸡。病程较长,持续数周到数月。症状较轻,间歇性下痢,逐渐消瘦,产蛋减少,很少死亡。

5. 病理变化 柔嫩艾美耳球虫引起的病变主要在盲肠,可见一侧或两侧盲肠显著肿大,可为正常的3～5倍,其中充满暗红色血液或凝固的血块,盲肠黏膜斑点状或弥漫性出血,盲肠上皮变厚,有严重的糜烂甚至坏死脱落,与盲肠内容物、血凝块混合凝固,形成坚硬的"肠栓"。

毒害艾美耳球虫损害小肠中段,可见肠壁扩张、松弛、肥厚和严重的坏死。肠黏膜上有明显的灰白色斑点状坏死病灶和小出血点相间,或呈弥漫性出血。小肠后段的肠腔中充满凝固的血液,使肠管在外观上呈淡红色或红褐色。

其他种球虫主要侵害小肠。可见肠壁扩张、增厚,肠内充气,黏膜发炎、充血或有小的斑点状出血。

堆型艾美耳球虫多在上皮表层发育,并且同一发育阶段的虫体常聚集在一起,在被损害的肠段(十二指肠和小肠前段)出现大量淡白色斑点,排列成行,外观呈阶梯样。

巨型艾美耳球虫损害小肠中段。肠管扩张,肠壁增厚,内容物呈淡灰色或淡褐红色,有时混有很小的血块。

哈氏艾美耳球虫损害小肠前段。肠壁上出现针帽大小的红色圆形出血点,黏膜有严重的卡他性炎症和出血。

6.诊断 生前用饱和盐水漂浮法或粪便涂片查到球虫卵囊,或死后取肠黏膜触片或刮取肠黏膜涂片查到裂殖体、裂殖子或配子体,均可确认为球虫感染。但由于鸡的带虫极为普遍,因此,是不是由球虫引起的发病和死亡,应根据临床症状、流行病学资料、病理剖检情况和病原检查结果进行综合诊断。

7.防治 成鸡与雏鸡分开喂养,以免带虫的成年鸡散播病原导致雏鸡暴发球虫病。

(1)加强饲养管理。保持鸡舍干燥、通风和鸡场卫生,定期清除粪便堆积发酵,以杀灭卵囊。保持饲料、饮水清洁,笼具、饲槽、水槽定期消毒,一般每周一次,可用沸水、蒸汽或3%~5%热碱水等处理。每千克饲料中添加0.25~0.5 mg硒可增强鸡对球虫的抵抗力。补充足够的维生素K和给予3~7倍于正常量的维生素A

可加速鸡患球虫病后的康复。

(2)免疫预防。据报道,应用鸡胚传代的虫株或早熟选育的虫株给鸡免疫接种,可使鸡对球虫病产生较好的预防效果。亦有人应用强毒株球虫采用多次感染的涓滴免疫法给鸡接种,可使鸡获得坚强的免疫力,但此法使用的是强毒株球虫,易造成病原散播,生产中应慎用。此外,有关球虫疫苗的保存、运输、免疫机制、免疫剂量及免疫保护性和疫苗安全性等诸多问题,均待进一步研究。

(3)药物防治。是目前鸡球虫病防治最为有效和切实可行的方法。具有抗球虫作用的药物有100多种,但防治效果较为理想、应用较广泛的有:

①氨丙啉。可混饲或饮水给药。混饲预防100～125 mg/kg,连用2～4周;治疗,250 mg/kg,连用1～2周,然后减半,连用2～4周。应用本药期间,应控制每千克饲料中的维生素 B_1 的含量以不超过 10 mg 为宜,以免降低药效。

②硝苯酰胺(球痢灵)。混饲预防 125 mg/kg。治疗,250～300 mg/kg,连用3～5天。

③莫能霉素。预防按 80～125 mg/kg 混饲。与盐霉素合用有累加作用。

④盐霉素(球虫粉、优素精)。预防,60～70 mg/kg 混饲,连用3～5天。

⑤地克珠利。以每吨饲料中添加 1 g 地克珠利(以纯药物计)拌料,连用3～5天。

⑥马杜拉霉素(抗球王、杜球、加福)。预防按 5～6 mg/kg 混饲,连用5～7天。

⑦常山酮(速丹)。预防按 3 mg/kg 混饲连用至蛋鸡上笼,治疗用 6 mg/kg 混饲连用 1 周,后改用预防量。

⑧磺胺类药。对已发生感染的鸡优于其他药物,故常用于球虫病的治疗。常用的磺胺药有:

复方磺胺-5-甲氧嘧啶(SMD-TMP)，按0.03%拌料，连用7天。

磺胺间-6-甲氧嘧啶(SMM，制菌磺)，混饲预防100~200 mg/kg；治疗按1 000~2 000 mg/kg混饲或600~1 200 mg/kg饮水，连用4~7天。与乙胺嘧啶合用有增效作用。

磺胺增效剂——二甲氧苄氨嘧啶(DVD)或三甲氧苄氨嘧啶(TMP)，按1∶(3~5)的比例与磺胺类药合用，对磺胺类药有明显的增效作用，而且可减少磺胺类药的用量，减少不良反应的发生。

因痢特灵、磺胺氯吡嗪、氯苯胍、克球粉等在临床上已经不允许使用，在生产中要注意不要使用含有这些成分的药物。

(4)使用抗球虫药应注意的问题。

①早诊断，早用药。鸡球虫病的致病阶段主要是裂体增殖期，当鸡发生死亡时，粪便中尚无卵囊排出，当粪便中检出卵囊确认后才用药治疗，为时已晚，所以，防止球虫病最为有效的方法是做好药物预防。平时密切注意鸡群，一旦发现鸡球虫病先兆或出现死鸡，应及时确诊，及时用药，才能获得较好的防治效果。

②防止球虫产生耐药性。若长时间、低浓度单一使用某种抗球虫药，很容易出现耐药虫株，会对与该药结构相似或作用机理相同的同类药物或其他药物产生交叉耐药性。随着养鸡业的发展和抗球虫药的大量、广泛使用，这种耐药现象会越来越严重。因此，在养鸡实践中，应在短时间内有计划地交替、轮换或穿梭使用不同种类的抗球虫药或联合用药，以防止或延缓耐药虫株和耐药性的产生。

③合理选用药物。除考虑抗球虫药的安全性、抗球虫效果、抗虫谱、适口性和价格等因素外，应根据抗球虫药作用于球虫的发育阶段和作用峰期，鸡的用途和用药目的合理选用适宜的抗球虫药。

④注意药物对产蛋的影响和预防残留。由于抗球虫药一般用药时间较长，有些药物如呋喃唑酮、氯苯胍、磺胺氯吡嗪等因其在肉蛋中出现药物残留现象，被人食用后直接危害人体健康，已经禁

止使用。要注意不要使用这些药物或含有这些成分的药物。

五、组织滴虫病

鸡组织滴虫病又称为传染性盲肠肝炎或黑头病。

1.病原及其生活史 组织滴虫寄生于鸡的盲肠和肝脏。为多形性虫体，大小不一，近似圆形或变形虫样，伪足钝圆。只有滋养体，无包囊阶段。盲肠腔中的虫体数量不多，有鞭毛。在组织细胞内的虫体，无鞭毛，虫体单个或成堆存在，呈圆形、卵圆形或变形虫样，大小为 $4\sim21\ \mu m$。

组织滴虫在鸡体内以二分裂方式繁殖，一部分虫体随粪便排出，污染饲料、饮水和土壤，鸡通过消化道感染。由于虫体非常嫩弱，对外界环境抵抗力很差，不能长时间存活，所以鸡直接吃进虫体引起发病的情况很少。如病鸡患组织滴虫病的同时有异刺线虫寄生时，组织滴虫可侵入异刺线虫体内，并转入其卵内，随异刺线虫卵一起排到外界，由于得到了卵壳的保护而存活较长时间，是本病的主要传染源。

2.流行特点 本病除鸡、火鸡外，其他多种禽类都能感染，但症状轻重不同。鸡在2周龄至3月龄发病率较高，以后渐低。康复后带虫、排虫持续数周至数月。成年鸡感染时一般不表现明显症状，但粪便含虫体，成为传染源。

发病多在春末到初秋。卫生良好的鸡场很少发生本病。反之，鸡舍和运动场污秽、潮湿、阴暗，堆放砖瓦杂物，以及鸡群拥挤、营养不良、维生素缺乏，均易导致本病发生。

3.症状 本病的潜伏期为8～21天，若鸡吃进的是裸露的组织滴虫，则发病较快，潜伏期有时仅3～4天。病初症状不明显，逐渐精神不振，羽毛蓬乱，翅下垂，缩颈，食欲减退，排淡黄、淡绿色稀便，继而粪便带血，严重时排出大量鲜血，有的粪便中可发现盲肠坏死组织的碎片，在出现血便后，病鸡全身症状加重。食量骤减，贫血,消瘦,陆续发生死亡。病后期由于血液循环障碍,病鸡面部皮肤(特别是火鸡)变成紫蓝色或黑色,故称为"黑头病"。临死前常常出现长期的痉挛。病程1～3周,如果及时治疗可较快停止死亡,转向康复,死亡率一般不超过30%。

4.剖检变化 剖检变化主要在盲肠和肝脏。病鸡一侧或两侧盲肠显著肿大,外面似腊肠样,内充满干燥、坚硬、干酪样凝固栓子,剥离时盲肠壁只剩下菲薄的浆膜层,黏膜层、肌层均遭破坏,有的病例可见盲肠黏膜出血、增厚及溃疡。肝脏肿大,质脆,表面有大小不一,圆形或不规则形,黄绿色或暗红色的坏死灶,有时散在,有时密布于肝脏表面。坏死灶中央下陷,边缘突起,呈火山口状。

症状较轻的病例,盲肠病变还没有达到上述程度,主要是黏膜有出血性炎症,肠腔内充满血液,在此时或更早些治疗,可能收到较好的疗效。

5.诊断 本病根据肝脏和盲肠的典型病变容易做出诊断。实验室诊断可刮取病变盲肠黏膜表面的黏液和粪便,放入适量40℃生理盐水中充分混匀后静置片刻,待粪渣中稍稍沉淀后取中层液体作悬滴标本,置于显微镜下观察有无组织滴虫。

6.防治

(1)保持鸡舍及运动场地面清洁卫生,或采用网上平养或笼养,可有效地预防本病。由于本病的发生与鸡异刺线虫有关,故应注意防治鸡异刺线虫病。

(2)发现病鸡应立即隔离治疗,重病鸡宰杀淘汰,鸡舍地面用3%火碱溶液消毒。

(3)药物治疗。二甲硝基咪唑(达美素),每天每千克体重40～50 mg,如为片剂、胶囊可直接投喂,粉剂可混料,连喂3～5天,之后改为25～30 mg,连喂2周;甲硝基羟乙唑(灭滴灵),按0.05%浓度饮水,连用7天,停药3天后再用7天。

六、住白细胞原虫病

鸡住白细胞原虫病,俗称鸡白冠病,是由卡氏住白细胞原虫或沙氏住白细胞原虫等引起的禽类的一种重要寄生虫病,对养禽业危害严重,常引起雏鸡大批死亡,死亡率可达90%以上。

1.病原及其生活史　本病病原有卡氏住白细胞原虫、沙氏住白细胞原虫和休氏住白细胞原虫三种,我国已经发现了前两种。卡氏住白细胞原虫是致病力最强的、危害最严重的一种。鸡住白细胞原虫的生活史包括裂体增殖、配子生殖和孢子增殖三个阶段。住白细胞原虫的配子生殖的一部分增殖是在中间宿主体内完成的,其中卡氏住白细胞原虫在库蠓体内完成的,沙氏住白细胞原虫在蚋内完成,因此这两种住白细胞原虫是分别通过库蠓和蚋来传播的。当带有住白细胞原虫的库蠓或蚋在鸡体吸血时,虫体的子孢子随库蠓或蚋的唾液注入鸡体内,经血流到达肝、脾、肺、心、脑等器官的组织细胞时进行裂体增殖,形成大量裂殖子。裂殖子进入白细胞发育成为配子体,随血液循环到达鸡的外周血液中,当库蠓或蚋叮咬吸食鸡血液时,配子体进入它们胃内,继续配子生殖,最后通过孢子增殖形成大量子孢子,聚集在库蠓或蚋的唾液腺内,当它们再去叮咬其他鸡时,又可重复上述过程。

2.流行特点　由于本病必须有库蠓和蚋才能流行,所以主要发生于温、湿季节,南方一般为4～10月份,北方7～10月份。各种年龄的鸡均可感染,成年鸡较雏鸡更易感,但雏鸡的发病率和死亡率较成年鸡高,采用药物防治可降低发病率及死亡率。

3.症状　雏鸡症状明显,死亡率高。病雏生长停滞,食欲减退,精神沉郁,体温升高,冠髯苍白,两翅轻瘫,流涎,下痢,粪便呈绿色。严重病例因咳血、出血、呼吸困难而突然死亡。死前口流鲜血是卡氏住白细胞原虫病的特异性症状。青年鸡和成年鸡一般死亡率不高,主要表现为发育迟缓,鸡体消瘦,冠苍白,贫血,拉水样白色或绿色稀便。产蛋鸡产蛋减少甚至停止,耐过或治愈之后可逐渐恢复。

4.剖检变化　本病的特征性病变为口流鲜血或口腔内积存血液,鸡冠苍白,血液稀薄,全身性出血,肌肉和某些器官有灰白色小结节以及骨髓变黄。

全身性出血包括:全身皮下出血,肌肉尤其是胸肌和腿部肌肉散在明显的点状或斑块出血,内脏器官亦呈现广泛性出血,多见于肺脏、肾脏和肝脏,严重的可见两侧肺脏都充满血液,肾脏周围常见大片血液,甚至大部分或整个肾脏被血凝块覆盖,其他器官如心脏、脾脏、胰脏和胸腺也有点状出血,腭裂常被血样黏液所堵塞,腺胃及肠道弥漫性出血,产蛋鸡胸腔中积有破裂的卵黄、腹水与血液形成的淡红色的混合液体。卵泡变形、出血。

灰白色小结节是裂殖体在肌肉或其他器官内增殖形成的,最常见于肠系膜、心肌、胸肌,也见于肝脏、脾脏、胰脏等器官,针尖至粟粒大,白色,与周围组织有明显的界限。

5.诊断　本病根据典型的临床症状和剖检变化,可做出初步诊断。

实验室诊断可采取病鸡静脉血、心血或肝、脾、肾等组织涂片,自然干燥用甲醇固定,姬姆萨染色,显微镜下观察成熟配子体寄生的宿主细胞。也可采取病变肌肉的小结节压片、染色、观察。

6.防治

(1)消灭中间宿主。在本病流行季节,清除鸡舍周围库蠓和蚋栖息的杂草,加强鸡舍通风。在蠓、蚋活动季节,每隔1周,在鸡舍及其周围用溴氰菊酯等杀虫剂喷洒,以杀灭库蠓和蚋等昆虫,减少本病的发生。

(2)药物治疗。可以使用磺胺-6-甲氧嘧啶(SMM,商品名称泰灭净)、复方磺胺-5-甲氧嘧啶(SMD-TMP,球虫宁)等磺胺类药及其复方制剂。对此病早期用药效果较好,晚期用药效果较差,及早发现及早治疗。

第四节　营养代谢病

一、鸡痛风病

痛风是以病鸡内脏器官、关节、软骨和其他间质组织有白色尿酸盐沉积为特征的疾病。可分为关节型和内脏型两种。

1.病因　有多种,常见的有以下几个方面:

(1)核蛋白和嘌呤碱饲料过多。豆饼、鱼粉、肉骨粉、动物内脏等含核蛋白和嘌呤碱较高。核蛋白是动植物细胞核的主要成分,是由蛋白质与核酸组成的一种结合蛋白。核蛋白消解时产生蛋白质及核酸,而核酸进一步分解形成单核苷酸、腺嘌呤核苷、次黄嘌呤核苷、次黄嘌呤、黄嘌呤,最后以尿酸的形式排出体外。若饲料中核蛋白及含嘌呤碱类饲料过多,核酸分解产生的尿酸超出机体的排出能力,大量的尿酸盐就会沉积在内脏或关节中,而形成痛风。

(2)可溶性钙盐含量过高。贝壳粉及石粉主要成分为可溶性碳酸钙,若饲料中贝壳粉或石粉过多,超出机体的吸收及排泄能力,大量的钙盐会从血液中析出,沉积在内脏或关节中,而形成钙盐性痛风。

(3)维生素A缺乏。维生素A具有维持上皮细胞完整性的功能。若维生素A缺乏,会使肾小管上皮细胞的完整性受到破坏,造成肾小管的吸收排泄障碍,导致尿酸盐沉积而引起痛风。

(4)饮水不足。炎热季节或长途运输,若饮水不足,会造成机体脱水,机体的代谢产物不能及时排出体外,而造成尿酸盐沉积,诱发痛风。

(5)中毒因素。许多药物对肾脏有损害作用,如磺胺类和氨基糖苷类等抗生素、感冒通等在体内通过肾脏进行排泄,对肾脏有潜在的毒性作用。若药物应用时间过长、量过大,就会造成肾脏的损伤。尤其是磺胺类药物,在碱性条件下溶解度大,而在酸性条件下易结晶析出。如果长期大剂量使用而又不配合小苏打等碱性药物,会使磺胺类药物结晶析出,沉积在肾脏及输尿管中,影响肾脏及输尿管的功能,造成排泄障碍,从而使尿酸盐沉积在体内形成痛风。霉菌和植物毒素污染的饲料亦可引起中毒,如桔霉素、赭曲霉素都具有肾毒性,并引起肾功能改变,诱发痛风。

2.症状与剖检变化 病鸡精神沉郁,贫血、鸡冠苍白,爪失水干瘪,排白色石灰渣样粪便,病鸡呼吸困难。关节痛风时,可见关节肿大,运动困难。内脏痛风时表现为病鸡的心脏、肝脏、肠道、肠系膜、腹膜的表面有大量石灰渣样尿酸盐沉积,严重者肝脏与胸壁粘连。肾脏肿大,有大量尿酸盐沉积,红白相间,呈花斑状。两条输尿管肿胀,输尿管中有大量白色的尿酸盐沉积,严重者形成尿结石,呈圆柱状,肾脏中的尿结石呈珊瑚状。关节痛风时,在关节周围及关节腔内,有白色的尿酸盐沉积,关节周围的组织由于尿酸盐沉着而呈白色。

因为当肾脏受损时,肾功能发生障碍时,正常由肾脏分泌排泄的尿酸蓄积在血液中,并沉积于血液循环可到达的全身任何部位。血液循环越是旺盛的器官,痛风的病变也就越明显。

3.防治

(1)预防。预防和控制本病的发生,必须坚持科学的饲养管理制度,根据鸡不同日龄的营养需要,合理配制饲料,控制高蛋白、高钙饲料。15周龄前后的后备鸡饲料中钙的含量不超过1%。大鸡16周龄到产蛋率为5%的鸡群,使用预产期饲料,其含钙量以控制在2.25%~2.5%为宜。碳酸氢钠能使尿液呈强碱性,这将为结石的形成创造条件,因此在改善蛋壳质量或其他用途时,只能使用推荐的剂量,应用时间不可过长。患痛风病的病鸡应禁止使用碳酸氢钠治疗,或喂强碱性的饲料。饲养过程中定期检测饲料中钙、磷及蛋白的含量,抽样检测饲料中霉菌毒素的含量。适当增加运动,供给充足的饮水及含丰富维生素 A 的饲料,合理使用磺胺类及其他药物。

(2)治疗。找出发病原因,消除致病因素。喂料量比平时减少20%,连续 5 天,并同时补充青绿饲料,多饮水,以促进尿酸盐的排出。使尿液酸化以溶解肾结石,保护肾功能。经试验表明在饲料加入氯化铵的量不超过每吨饲料 10 kg,硫酸铵不超过每吨饲料6 kg 时可以减少死亡。饮水中加入乌洛托品或乙酰水杨酸钠进行治疗。

二、鸡脂肪肝综合症

脂肪肝综合症,是指笼养蛋鸡摄入过高的能量而运动受到限制,导致能量代谢失衡,肝脏脂肪过度沉积的一种代谢性疾病。由于肝脏中脂肪的过度沉积,常致肝脏破裂,引起肝脏出血,导致鸡的急性死亡,故又称为脂肪肝出血综合症。此病主要发生于笼养蛋鸡,特别是在炎热的夏季。

1.病因　造成鸡脂肪肝综合症的具体因素主要有以下几个方面:饲粮中玉米及其他谷物比例过大,碳水化合物过多,而蛋白质,尤其是富含蛋氨酸的动物性蛋白质以及胆碱、粗纤维含量相对不足,失去平衡,造成能量过剩而导致的部分脂肪在肝细胞中蓄积;在鸡群营养良好、产蛋率处于高峰时,突然由于其他饲养管理的原因,产蛋量较大幅度地下降,于是营养过剩,转化为脂肪蓄积;鸡体营养良好而运动不足,导致过于肥胖,使肝细胞内蓄积脂肪。

2.症状　鸡脂肪肝综合症多发于高产鸡群。鸡群发病时,大多数精神、食欲良好,但明显肥胖,体重一般比正常水平高出20%～25%,产蛋率明显下降,可由产蛋高峰时的 80%～90% 下降到45%～55%。急性发病鸡常表现吞咽困难,精神委靡,伸颈,并出现瘫痪、伏卧或侧卧。口腔内有少量黏液,冠髯苍白、贫血。死亡率一般在5%左右,最高可达80%。

3.剖检变化　剖检可见皮下、肠管、肠系膜、腹腔后部、肌胃、肾脏及心脏周围沉积大量脂肪。肝脏肿大,呈灰黄色油腻状,质脆易碎,肝被膜下常有出血形成的血凝块。正常鸡肝脏含脂量为36%,患脂肪肝综合症时可高达55%。卵巢和输卵管周围也常见大量脂肪。

4.防治　对发病鸡所在鸡群未发现症状的鸡,要喂给低能量饲料,适当降低玉米的含量,增加优质鱼粉,提高蛋氨酸、胆碱、维生素E、生物素、维生素B_{12}等成分的含量。可适当限饲,一般根据正常采食量限饲8%～10%,产蛋高峰前限饲量要小,高峰过后限饲量可大些。发病鸡治疗价值不大,应及时挑出淘汰。

三、笼养鸡疲劳综合症

笼养鸡疲劳综合症是笼养蛋鸡特有的营养代谢性疾病,是由多种因素引起的成年蛋鸡骨钙进行性丧失,造成骨质疏松的一种骨营养不良性疾病。高产笼养蛋鸡在夏季发生本病最为普遍。

1.病因　笼养蛋鸡对钙、磷等矿物质和维生素D的需要量比平地散养鸡相对高些,尤其鸡群进入产蛋高峰期,如果饲料不能供给充足的钙、磷,或饲料中缺乏脂肪,影响了维生素D的吸收,或者钙、磷比例不当,满足不了蛋壳形成的需要,母鸡就要动用自身组织的钙,初期是骨组织的钙,后期是肌肉中的钙。这一过程常伴发尿酸盐在肝、肾内沉积而引起代谢机能障碍,影响维生素D的吸收,进而又造成钙、磷代谢障碍。另外,活动量小、鸡舍潮湿、舍温过高等,也是发生本病的诱因。

2.症状　病初无明显异常,精神、食欲尚好,产蛋量也基本正常,但病鸡两腿发软,不能自主,关节不灵活,软壳蛋和薄壳蛋的数量增加。随着病情发展,病鸡表现精神委靡,常侧卧于笼内,胸骨凹陷、骨质疏松脆弱。无症状的鸡,蛋壳也变薄、质量下降,有的鸡受到惊吓,突然挣扎而死,有的在夜间突然死亡。

3.病理变化 内脏器官无肉眼可见变化,卵泡发育正常。其特征是骨骼脆性增大,易于骨折,骨折常见于腿骨和翼骨,胸骨常凹陷、弯曲。在胸骨与椎骨的结合部位,肋骨特征性地向内卷曲,有的可发现一处到数处骨折,骨壁菲薄,在骨端处常发现肌肉出血或皮下瘀血。

4.防治 笼养蛋鸡的饲料中钙、磷含量要稍高于平养鸡,钙不低于3.2%～3.5%,有效磷0.4%～0.42%,维生素D要特别充足,其他矿物质、维生素也要充分满足鸡的需要。饲料中要含2%～3%的脂肪,保证饲喂均衡的日粮,促进机体对维生素D的吸收和利用。鸡的上笼时间宜在17～18周龄,在此之前平养,自由运动,增强体质,上笼后经2～3周的适应过程,可以正常开产。禁止使用劣质的鱼粉、骨粉、石粉。防止饲料被霉菌污染,控制饲料中锰的含量在正常范围内。一旦发现本病,要寻找原因,只有针对病因治疗,才能取得满意的治疗效果,重点应检查饲料的配合过程以及饲料原料的质量,有无漏配成分如 AD_3 粉和劣质原料如鱼粉、骨粉、贝壳等问题。如果使用石粉替代贝壳粉,要注意石粉的含钙量以及利用率的问题。及时调整饲料是治疗本病的关键。出现症状的鸡及时移出笼外,放于阳光充足的地方,并用钙片治疗,每只鸡两片,连用3～5天,并给予充足的饲料和饮水,病鸡常在4～7天恢复。

四、营养缺乏症

(一)维生素 B_1 缺乏症

1.症状 饲喂缺乏硫胺素的饲料,大鸡在3周后即表现出多发性神经炎,雏鸡则可2周前出现症状;雏鸡为突发性,成年鸡则较为缓慢。小公鸡发育缓慢,母鸡产蛋和孵化率降低,卵巢萎缩。鸡发病的最初表现为食欲降低,继而体重减轻,羽毛蓬乱,腿无力,步态不稳以及体温降低。成年鸡经常呈现蓝色鸡冠。随着缺乏症的继续,肌肉出现明显的麻痹。由于颈部肌肉麻痹,头部向后仰呈"观星"姿势。鸡很快失去站立和直坐的能力而倒在地上,头仍蜷缩着,最后因瘫痪、衰竭而死。剖检时可见皮肤发生广泛性水肿,生殖器官萎缩,胃肠壁萎缩。

2.防治　在正常情况下不会发生维生素 B_1 缺乏症,但雏鸡较易发生维生素 B_1 缺乏症。疾病严重的可以用药物治疗,应当给鸡口服维生素 B_1,在数小时后即可好转。在缺乏症尚未痊愈之前,仅在饲料中添加维生素 B_1 是不可取的,应同时经口给药。口服维生素 B_1 的量为:雏鸡每只每天 1 mg,成年鸡 2.5 mg/kg。

(二)维生素 B_2 缺乏症

1.症状　雏鸡摄取维生素 B_2(核黄素)缺乏的饲料时,生长极为缓慢,逐渐衰弱与消瘦,羽毛粗乱,食欲尚好,严重时出现腹泻。雏鸡不愿行走,强行驱赶时则借助于翅膀用跗关节运动。不论行走还是休息,脚趾均向内弯曲成拳状,中趾特别明显,足跟关节肿胀,脚瘫痪,以跗关节行走,这是维生素 B_2 缺乏的特征症状。雏鸡经常保持休息状态,翅膀经常下垂,不能保持正常的姿势。腿部肌肉萎缩、松弛,皮肤干燥、粗糙。后期雏鸡不能运动,两腿叉开,卧地。尽管病鸡食欲正常,但常因不能运动而无法接近食槽和水槽,最后因衰竭死亡或被其他鸡踩死。成年鸡缺乏时,产蛋率和孵化率均显著下降,胚胎死亡率增多。剖检时可见肠道内含有多量的泡沫状内容物。胃肠道黏膜萎缩,肠壁变薄。肝脏较大而柔软,脂肪含量增多,坐骨神经和臂神经肿大变软,有时其直径达到正常的 4~5 倍。

2.防治　动物性饲料和酵母中维生素 B_2 的含量很丰富,其他饲料中也含有一定量的维生素 B_2,要尽量采用含鱼粉和酵母的配

合饲料饲喂,另外要添加维生素 B_2。当出现缺乏核黄素而孵化出
壳率低时,给母鸡喂 7 天富含核黄素的饲料,蛋的孵化出壳率即可
恢复正常。对病情较重的,可用核黄素治疗,雏鸡每天每只喂
2 mg,成鸡喂 5~6 mg,连用 1 周可取得很好的治疗效果。但出现
的脚趾蜷曲,坐骨神经损伤的病鸡,往往难以恢复。

(三)泛酸缺乏症

1.症状 泛酸不足或缺乏将使机体代谢紊乱,致使鸡出现多
种缺乏症状。雏鸡表现为羽毛生长阻滞且粗糙。病鸡消瘦,骨变
短粗,口角出现局限性痂样病变。眼睑边缘呈颗粒状并有小痂形
成,眼睑常被黏性渗出物粘在一起而变得窄小,并使视力受到局
限。皮肤角化上皮慢慢脱落。脚趾之间及脚底部皮肤外层有时发
生脱落,并在此处形成小的破裂与裂隙。这些破裂与裂隙逐渐扩
大并加深,从而使雏鸡很少走动。有时患缺乏症雏鸡的脚部皮肤
角质化,并在跖球上形成疣状隆起。雏鸡不能站立,运动失调。泛
酸的缺乏对成年鸡的影响不像雏鸡那样严重,母鸡仍可正常产蛋,
但孵化率低,鸡胚常在孵化最后 2~3 天死亡,而且发育中鸡胚因
缺乏泛酸而皮下出血和严重水肿,育雏成活率低。剖检口腔内有
脓样物,腺胃中有不透明灰白色渗出物。肝脏肿大,呈浅黄色到
深黄色。脾脏轻度萎缩。脊髓的神经与有髓纤维呈现髓磷脂
变性。

2.防治 动物性饲料如鱼粉、酵母粉、肉骨粉及植物性饲料如
米糠、花生饼、优质干草中含有丰富的泛酸。因此,注意添加上述
饲料及维生素添加剂,具有较好的预防作用。

发病后,可在每千克饲料中添加 20~30 mg 泛酸钙,连用 2
周,治疗效果显著。

泛酸与维生素 B_{12} 之间有密切关系,在维生素 B_{12} 不足的情况
下,雏鸡对泛酸的需要量增多,就有可能发生泛酸缺乏症。所以,
在添加泛酸的同时,注意添加维生素 B_{12}。

(四)胆碱缺乏症

1.症状 鸡胆碱不足时,除表现生长缓慢或停滞外,雏鸡缺乏胆碱的明显症状是胫骨短粗。胫骨短粗病的特征最初表现为跗关节周围针尖状出血和轻度肿大,继而是胫跗关节由于跗骨的扭曲而明显地变平。跗骨进一步扭曲则会变弯或呈弓形,以至于和胫骨不成直线。进而腿失去支撑体重的能力,关节软骨变形,跟腱从所附着的髁脱落。病鸡跛行、瘫痪,该症状与缺乏锰和生物素相似。成年鸡产蛋率下降易出现脂肪肝,死亡率增加。

2.病因与防治 缺乏胆碱的原因多是因为以下几种:饲喂高能饲料,叶酸或维生素 B_{12} 缺乏,胆碱添加量不足。鱼粉、蚕蛹、肉粉、酵母等动物性饲料,花生饼、豆饼、菜子饼、胚芽等植物性饲料中含有丰富的胆碱。为预防该病的发生,可在饲料中添加上述饲料,同时在饲料中添加 0.1% 的氯化胆碱。发病后,在饲料中添加足够量的胆碱可以治愈缺乏症。但一旦发生脱腱症,其损害是不可逆转的。

(五)维生素 B_5 缺乏症

1.症状与病理变化 维生素 B_5(烟酸)缺乏造成雏鸡食欲不振,生长停滞,出现黑舌症,舌暗发炎,舌尖白色,口腔及食管前端发炎,黏膜呈深红色,羽毛生长不良,羽被蓬乱,脚和皮肤有鳞状皮炎,关节肿大,腿骨弯曲,趾底发炎,下痢,结肠与盲肠有坏死性炎症。产蛋鸡产蛋率及种蛋孵化率降低,羽毛脱落,胫骨畸形,胚胎死亡率高,出壳困难或出弱雏。

2.防治 因为玉米中含有抗烟酸的物质,饲料中玉米的用量过多,可造成烟酸缺乏;有的饲料中的烟酸是结合型,不易被吸收;色氨酸缺乏也可引起烟酸缺乏。发病后,应立即给予烟酸制剂进行治疗,或饲喂富含烟酸的饲料。如果腱发生脱落,或者跗关节增大,治疗效果极不显著。

(六)维生素 B_6 缺乏症

1.症状与病理变化 维生素 B_6 缺乏时,雏鸡表现为生长不良,食欲不振,骨短粗和特征性的神经症状。雏鸡表现异常兴奋,不能自控,并发出吱吱的叫声,听觉紊乱,运动失调,严重时甚至死亡。成年鸡盲目转动,翅下垂,腿软弱,以胸着地,伸屈头颈,剧烈痉挛以至衰竭而死。骨短粗,表现为一侧腿严重跛行,一侧或两侧爪的中趾在第一关节处向内弯曲。产蛋鸡产蛋率和孵化率降低,严重缺乏时成年产蛋母鸡的卵巢、输卵管和肉髯退化。成年公鸡发生睾丸、鸡冠和肉髯退化,最终死亡。此外,雏鸡与成年鸡还表现体重下降,生长缓慢,饲料转化率低,下痢,肌胃糜烂,眼睑炎性水肿等症状。

2.防治　维生素 B_6 在自然界分布较广。在酵母、禾本科植物中含量较多,在动物的肝脏、肾脏、肌肉中均含有。所以,注意添加上述饲料,能较好地预防本病的发生。发病后,可在每千克饲料中添加 4 mg 的吡哆醇,连用 2 周。

(七)生物素缺乏症

1.症状与病理变化　雏鸡及青年鸡表现为生长迟缓,食欲不振,生长速度下降,鸡的爪、胫、嘴和眼周围皮肤炎症、角化、开裂出血,生成硬壳性结痂,类似于泛酸缺乏症。但生物素缺乏的皮炎是从脚开始,而泛酸缺乏症的损伤是从嘴角、脸上开始,严重时才损害到脚。雏鸡还会在胫骨弯曲、脚底、喙边、眼圈、肛门部位发生皮炎。

种鸡缺乏生物素时,不影响产蛋率,但种蛋的孵化率降低,胚胎可发育形成并趾,即第 3 趾与第 4 趾之间形成延长蹼。不能出壳的许多胚胎表现为软骨营养不良,其特征是体形小,鹦鹉嘴,胫骨严重弯曲,跗跖骨变短或扭曲,翅膀与头颅变短,肩胛骨变短且弯曲。胚胎死亡可能有两个高峰,一个在第 1 周,另一个在孵化的最后 3 天。

剖检可见肝、肾肿大呈青白色,肝脂肪增多,肌胃和小肠内有黑色内容物。胫骨短粗,骨的密度和灰分含量增高,骨的构型不正常,胫骨中部骨干皮质的正中侧比外侧要厚。

2.防治　颗粒饲料在高温挤压下生物素会受到破坏,鸡发生腹泻或长期滥用抗生素,使肠道中合成生物素的细菌受到抑制等原因造成生物素的合成及吸收障碍时,注意补充青饲料和动物性蛋白质饲料,如鱼粉、肉骨粉或酵母粉。发病后可在每千克饲料中加入 0.1 mg 的生物素进行治疗。

(八)叶酸缺乏症

1.症状　在鸡常规饲料(玉米、豆饼)中,通常情况下都能供给充足的叶酸,而且鸡的肠道微生物能合成部分叶酸,但只靠肠道合成的叶酸不能满足其最大生长需要量和生产需要量。另外,当吸收不良、代谢失常及长期使用磺胺类药物时,鸡就会患叶酸缺乏症。鸡叶酸缺乏症的特征性症状是颈麻痹。初期颈前伸,如鹅样,站立不稳。随后颈麻痹,倒地,两腿伸直。若不及时治疗,2 天以内就会死亡。此外,叶酸缺乏时,鸡生长受阻,羽毛生长不良,有色羽毛退色。雏鸡还发生胫骨短粗症,贫血,伴有水样白痢等。种鸡则产蛋率与孵化率下降,胚胎死亡率显著增加。剖检时可见内脏器官贫血。

2.防治　叶酸广泛分布于植物和动物体内,在饲料中适当搭配黄豆粉、苜蓿粉、酵母等可防止叶酸缺乏。饲料中玉米的比例较大时,要注意补充叶酸。发病后可用叶酸治疗,每只每天 10 mg,连用 3 天。谷氨酸,每只每天 0.3 g,连用 3 天。

(九)维生素 B_{12} 缺乏症

1.症状　缺乏维生素 B_{12} 时,雏鸡发育迟缓,贫血、消瘦,羽毛粗乱,食欲降低,以至死亡。当同时缺乏胆碱和蛋氨酸时,雏鸡则易发生滑腱症,表现为腓肠肌从跗关节滑落,病鸡不能站立,小腿垂直外展,肌胃黏膜发炎、糜烂。成年鸡产蛋量下降,蛋的孵化率急剧下降,胚胎壳内死亡,死亡率以孵化的第 17 天左右最高。孵出的幼雏体质较弱,死亡率高。

2.防治　在饲料中补充鱼粉、肉屑、肝粉和酵母,或喂给氯化钴以及利用能合成维生素 B_{12} 的微生物来补充,均可预防维生素 B_{12} 的缺乏。对缺乏维生素 B_{12} 的鸡群,维生素 B_{12} 的用量可提高到正常用量的 $2\sim4$ 倍,连续使用 10 天,可明显改善鸡群状况。

(十)维生素 A 缺乏症

1.症状　本病发生于各种年龄的鸡。当维生素 A 严重缺乏时,一般 $2\sim3$ 个月出现明显症状。种鸡缺乏维生素 A 时,孵化后的雏鸡表现出明显症状,病鸡精神委顿,食欲不振,生长停滞,消瘦,衰弱,羽毛蓬乱,趾爪蜷缩,步态不稳,甚至不能站立,往往用尾支地。本病的特征性症状是病鸡眼中流出一种牛奶样渗出物,眼睑肿胀,被渗出物粘合,严重时眼有干酪样物沉积,眼球凹陷,角膜混浊呈云雾状,变软,严重者失明,最后因采食困难而衰竭死亡。种鸡缺乏维生素 A,公鸡的睾丸生殖上皮变性,采精量减少,精子活力低,母鸡的卵巢退化,产蛋率降低,孵化率降低,弱雏比例增多。由于肾小管上皮变性,滤过功能降低,造成尿酸盐沉积而排泄白色石灰渣样的粪便。初生雏可因种蛋缺乏维生素 A,出壳时就双目失明或患眼病。幼雏缺乏维生素 A 时,一般在 $6\sim7$ 周龄发病,主要表现为生长停滞,运动失调,鼻、眼发炎等症状,如不及时补充维生素 A,会造成大批死亡。

剖检时在消化道、呼吸道特别是食道、嗉囊、咽、口腔、鼻腔黏膜上有许多灰白色小结节,有时融合成片,形成假膜,这种病变成鸡比雏鸡更为常见。肾脏肿大,颜色变浅,表现为灰白色网状花纹,输尿管变粗,有尿酸盐沉积或尿结石。心脏等内脏器官有石灰渣样尿酸盐沉积,与内脏痛风相似。

2.病因与防治　维生素 A 缺乏的原因:饲料中维生素 A 或维生素 A 原不足,饲料中蛋白质水平过低,维生素 A 在体内不能很好的被利用,鸡的肝脏、肠道有疾病时,肝脏的贮存能力及肠道将维生素 A 原转化为维生素 A 的能力和吸收维生素 A 原的能力降低,当鸡群患病时,维生素 A 的需要量增加而又没有在饲料中及时地提高添加剂量。

在日粮中要搭配动物性饲料,饲料中的维生素 A 要现用现配,以防氧化破坏,在应激条件下,维生素 A 的需要量增多,因而维生素 A 的添加量要适当提高。对于发病鸡群,可给予 2~4 倍正常用量的维生素 A,症状较重的鸡可口服鱼肝油,每只 0.1~0.5 mL,每天 3 次,对眼部有病变的鸡,可用 3% 硼酸冲洗,每天1 次,效果良好。由于维生素 A 吸收较快,在鸡群呈现维生素缺乏症状时及时补充可迅速见效,病鸡恢复也较快。

(十一)维生素 D 缺乏症

1.病因　日粮中钙、磷比例以 2:1 为最佳,高于或低于这个最佳比例都将使维生素 D 的需要量增加。当饲料中含有可利用性差的磷时,需要增加维生素 D 的用量。舍饲鸡日照不足,饲料中含有霉菌毒素时维生素 D 的需要量大大增加。维生素 D 需要量增加而供给量不变,可导致缺乏症。

2.症状　雏鸡缺乏时,食欲尚好,但生长不良,甚至完全停止生长,腿部无力,步态不稳,以飞节着地,最后不能站立。骨骼变得柔软或肿大,喙和爪变软易弯曲,肋骨也变软,肋骨与肋软骨、肋骨与椎骨交接处肿大,形成圆形结节,呈"串珠状",脊椎在荐部和尾部向下弯曲,长骨质地变脆易折,胸骨侧弯,胸廓内陷,使胸腔变小。

产蛋鸡缺乏维生素 D 时,初期产薄壳蛋、软壳蛋,随后产蛋量下降,以至完全停产,种蛋孵化率降低。严重的胸骨变形、弯曲,肋骨和趾爪变软,胸骨和椎骨连接处内陷呈弧形,肿胀。长骨因脱钙变脆,易骨折,病鸡跛行,蹲坐在腿上。

3.防治

(1)预防措施。保证饲料中维生素 D 的含量:对散养鸡,可在饲料中加入晒制的青干草、鱼肝油,同时接受阳光的照射;集约化养鸡必须在饲料中加入维生素 D,雏鸡和后备鸡的添加剂量为每千克饲料 200 IU,产蛋鸡和商品鸡为每千克 500 IU。育雏期、育成期鸡只保持适当运动,促进骨骼发育,增强骨骼的功能,蛋鸡上笼不宜过早。保证饲料中钙、磷的含量,并维持适当的比例。

(2)治疗。出现缺乏症时,饲料中维生素 D 的添加剂量为正常添加剂量的 2~4 倍。对于症状严重的鸡,可口服鱼肝油,雏鸡每次 2~3 滴,每天 3 次,成鸡注射维丁胶性钙 0.5 mL,效果较好。

(十二)维生素 E 缺乏症

1.症状

(1)脑软化症。是微量元素硒或维生素 E 缺乏引起的。病雏表现共济失调,头向下弯曲或向一侧扭转,也有的向后仰,步态不稳,时而向前或向侧面倾斜。两腿阵发性痉挛和抽搐,翅膀和腿不完全麻痹,最后衰竭死亡。病变主要在小脑,其次是纹状体、延髓和中脑。小脑软化及肿胀,脑膜水肿,有时有出血斑点,小脑表面常有散在的出血点。严重病例可见小脑质软变形,甚至不成形,切开时流出糜状液体,轻者一般无肉眼可见病变。一般在脑软化症状出现后 1~2 天,脑内可见黄绿色混浊坏死点。一般发生于 2~5 周龄雏鸡。

(2)渗出性素质。常由微量元素硒和维生素 E 同时缺乏引起。病鸡的特征性病变是颈、胸部皮下组织水肿,呈蓝紫色或蓝绿色,腹部皮下蓄积大量液体,穿刺流出一种淡蓝色黏性液体,胸部和腿部肌肉、胸壁有出血斑点,心包积液扩张。有时病鸡突然死亡,发生日龄多在 5 周龄后。此病在诊断时应与葡萄球菌感染引起的皮肤及皮下组织坏死性炎症相区别。

(3)肌营养不良(白肌病)。由维生素 E 和含硫氨基酸同时缺乏引起,多发于 1 月龄前后,病鸡消瘦、无力、运动失调,病理变化主要表现在骨骼肌特别是胸肌、腿肌因营养不良而呈苍白色,并有灰色条纹。在维生素 E 和微量元素硒同时缺乏时,还可引起心肌和肌胃肌严重营养不良。

(4)繁殖率降低。种公鸡在缺乏维生素 E 时,性欲降低,排精量减少,精液质量下降,精子的活力降低,种母鸡在缺乏维生素 E 时,产蛋率基本正常,但孵化率降低,鸡胚从第 4 天就开始死亡,在出壳前达到高峰,孵出的雏鸡弱雏增多,头部特别是枕后部水肿有出血,皮肤缺水,不能站立或站立不稳,多数死亡。

2.防治　各种饲料中都含有维生素 E,但久存或经过加工处理的饲料维生素 E 含量减少,所以应注意饲料的贮存与加工,防止久贮和湿度过高,可以多喂一些新鲜的青绿饲料。在出现维生素 E 缺乏症时,可将维生素 E 添加剂量提高 1 倍,在鸡患渗出性素质及脑软化症时,应同时提高硒的添加剂量,要提高到每千克饲料 0.2 mg。在患有肌营养不良时,除提高维生素 E、硒的添加量外,还应及时提高含硫氨基酸的剂量,轻度缺乏 1~2 天见效,重者需要 3~5 天。在饮水中加入 0.005% 的亚硒酸钠维生素 E 注射液则见效更快,剂量为 20 kg 加水 10 mL。

(十三)维生素 K 缺乏症

1.病因　维生素 K 的合成与代谢受多方面因素的影响。例如,维生素 K 吸收所需要的胆盐不能进入消化道,饲料中脂肪水平低,长期服用磺胺类或抗生素药以致杀死了肠道内微生物等,都将影响肠道微生物合成维生素 K。再如肝脏疾病,维生素 K 抑制因子——双羟香豆素、丙醛苄羟香豆素等,饲料霉变及鸡的球虫、毛细线虫病等,均可影响维生素 K 的代谢和合成,影响维生素 K 的利用,使鸡出现维生素 K 缺乏症。

2.症状　雏鸡缺乏维生素 K 会出现凝血时间延长,皮下显现紫斑,病鸡蜷缩在一起,发抖,严重缺乏的鸡会因轻微擦伤或其他损伤而流血不止,导致死亡。临界缺乏常引起小的出血斑痕,可出现在鸡的胸部、腿部、翅膀、腹腔以及肠道的表面,使鸡表现为贫血。种鸡缺乏维生素 K 将导致孵化率降低。

3.防治

(1)预防。保证幼鸡有充足的维生素 K 供应,禁止长时间使用抗生素类,尤其是磺胺类药物。因为维生素 K 对日光作用抵抗力较弱,所以饲料应放置在日光晒不到的地方,以防维生素 K 破坏。

(2)治疗。在病鸡饲料中补充维生素 K,同时补充青绿饲料和动物性饲料。用药 4~6 h 后可使血液凝固时间恢复正常,但要制止出血、贫血和死亡,则需数天时间。

(十四)钙缺乏症

1.病因　饲料中钙含量不足,饲料中钙、磷两者比例不当,维生素 D 不足,导致钙的吸收和利用障碍,慢性胃肠疾病,引起消化功能障碍,光照不足以及缺乏运动。

2.症状　鸡缺乏钙的基本症状是骨骼发生疾病。雏鸡发生佝偻病,成鸡发生骨软病。当雏鸡缺钙时,由于骨基质钙化不足,造成骨骼柔软,表现为食欲降低,生长缓慢,腿骨弯曲,膝关节和跗关节肿胀,骨端粗大,跛行,瘫痪无力,行走不稳,喙和趾变软。当成鸡缺乏时,首先表现为产薄壳蛋和产蛋量低,而后随钙的进一步缺乏,血液中的钙水平降低,促进了骨骼中钙的释放,首先是髓质中的钙完全丢失,继而逐渐将皮质中的钙动员起来,最后骨变得菲薄,以致于可能发生自发性骨折,尤其是胫骨和股骨。此时病鸡表现为行走无力,站立困难或瘫痪于笼内,肌肉松弛,腿麻痹,翅膀下垂,胸骨凹陷、弯曲,不能正常活动,骨质疏松、脆弱,易于折断。

3.防治　根据鸡的不同阶段的营养标准进行日粮的配合,保证钙的含量和适当的钙、磷比例,添加适量维生素 D,并保持鸡的适当运动,严把饲料的质量及加工配合关。常用的钙补充饲料有骨粉、贝壳、石粉、磷酸钙、磷酸氢钙等,无论用哪一种钙补充饲料,均要以实际的含钙量进行科学的计算,确保准确的添加剂量。当发生缺乏时,要及时调整配方,同时给予钙糖片治疗,成鸡每只每天 1 片,雏鸡为 0.2~0.5 片。同时,要提高饲料中维生素 D 的添加剂量,为正常添加剂量的2倍,经3～5天,可收到良好的治疗效果。

(十五)硒缺乏症

1.病因 硒缺乏症的病因学比较复杂,它不仅与微量元素硒,而且也与含硫氨基酸、不饱和脂肪酸、维生素E和某些抗氧化剂的作用有关。

①含硫氨基酸是谷胱甘肽的底物,而谷胱甘肽又是谷胱甘肽过氧化物酶的底物,谷胱甘肽过氧化物酶保护细胞和亚细胞的脂质膜免遭过氧化物的破坏,因此含硫氨基酸的缺乏可促进本病的发生。

②维生素E和某些抗氧化剂可降低不饱和脂肪酸的过氧化过程,减少不饱和脂肪酸过氧化物的产生。维生素E和硒具有协同作用,从其抗氧化作用来讲,含硒酶可破坏体内过氧化物,而维生素E则减少过氧化物的产生,维生素E的不足也可导致本病的发生。

③不饱和脂肪酸在体内受不饱和脂肪酸过氧化物酶的作用,产生不饱和脂肪酸过氧化物,从而对细胞、亚细胞的脂质膜产生损害。脂肪酸特别是不饱和脂肪酸在饲料中含量过高则可诱导本病的发生。

④缺硒是本病的根本原因。硒是谷胱甘肽过氧化物酶的活性中心元素,当缺硒时,该酶的活性降低,对过氧化物的作用下降,使过氧化物积累,造成细胞和亚细胞结构的脂质膜的破坏。

机体的硒缺乏,主要是因为饲料中硒含量不足或缺乏。而饲料中硒的不足又与土壤中可利用硒水平相关。明显的地区性发病特点,提示硒缺乏症是受低硒环境所制约的,病情严重的缺硒地带,其自然地理环境的共同特点是地势较高。

2.症状 本病主要发生于雏鸡,表现为小脑软化症、白肌病及渗出性素质。

(1)脑软化症。病雏表现为共济失调,头向下弯曲或向一侧扭转,也有的向后仰,步态不稳,时而向前或向侧面倾斜,两腿阵发性痉挛或抽搐,翅膀和腿发生不完全麻痹。腿向两侧分开,有的以跗关节着地,倒地后难以站起,最后衰竭死亡。病理变化可见小脑软化及肿胀,脑膜水肿,有时有出血斑点,小脑表面常有散在的出血点。严重病例,可见小脑质软变形,甚至软不成形,切开时流出乳糜状液体,轻者一般无肉眼可见变化。

(2)渗出性素质。病雏颈、胸、腹部皮下水肿,呈紫色或蓝绿色,腹部皮下蓄积大量液体,穿刺流出一种淡蓝色黏性液体,胸部和腿部肌肉、胸壁有出血斑点,心包积液和扩张。

(3)肌营养不良(白肌病)。病鸡消瘦、无力、运动失调,病理变化主要表现在骨骼肌特别是胸肌、腿肌,因营养不良而呈苍白色,肌肉变性,似煮肉样,呈灰白色或黄白色的点状、条状、片状等形状,横断面有灰白色、淡黄色斑纹,质地变脆、变软,心内、外膜有黄白色或灰白色与肌纤维方向平行的条纹斑,有出血点。肌胃表面有蓝色胶冻样物,肌胃瘀血、出血,夹杂黄白色条纹。

3.防治 本病预防的关键是补硒。缺硒地区需要补硒,所在地区不缺硒但是饲料来源于缺硒地区也要补硒,各种日龄对硒的需求量均为每千克饲料 0.1 mg。硒的作用在很多方面与维生素E有密切的关系,饲料中维生素 E 含量与机体对硒的需求量密切相关,两者之一缺乏,对另一种的需要量就会提高。因此,要注意两者同时添加。

(十六)锰缺乏症

1.病因 某些地区为地质性缺锰,在低锰的土壤上生长的植物性饲料含锰量也低,家禽摄取这样的饲料就会发生锰缺乏症。饲料中锰含量不低,而机体对锰的吸收发生障碍时也会导致锰缺乏症。饲料中钙、磷、铁以及植酸盐含量过多,也可影响机体对锰的吸收利用。鸡的慢性胃肠疾病,妨碍锰的吸收利用。

2. 症状 本病以雏鸡多发,常见于 2～10 周龄的鸡,以 2～6 周龄的鸡最严重。病雏表现为生长受阻,骨骼畸形,跗关节肿大和变形,胫骨扭转、弯曲,长骨短缩,腓肠肌腱从踝部脱落,又称滑腱。腿垂直外翻,不能站立和行走,种鸡所产的蛋蛋壳硬度降低,孵化率下降,在孵化的最后 2 天出现死亡高峰,孵出的雏鸡骨骼发育迟缓,腿非常短粗,翅膀短,鹦鹉嘴,头呈球形,腹外突,雏鸡运动失调,特别是受到刺激时,头向前伸,向身体下弯曲或者缩向背后。

3. 防治 鸡对锰的需要量较多,鸡饲料大都需要额外添加锰,在正常情况下,各饲养阶段都需要锰,但其需要量不同,雏鸡为 55 mg/kg,育成鸡为 25 mg/kg,产蛋鸡为 33 mg/kg。由于大部分饲料原料缺锰,特别是玉米中,需要单独添加锰,每千克饲料中添加 0.1～0.2 g。出现锰缺乏症时,可用 1:3 000 的高锰酸钾溶液饮水,以满足鸡体对锰的需求量。

(十七)锌缺乏症

1. 症状 锌缺乏时禽类表现为体质衰弱,食欲减退,生长发育受阻,营养不良。羽毛生长不良,缺乏光泽,脆弱易碎。皮肤形成鳞片状结痂,主要在脚部发生皮炎,胫部皮肤容易成片脱落。软骨细胞增生引起骨骼变形,胫骨变短变粗,关节增大且僵硬,翅发育受阻,病鸡常蹲伏,母鸡产蛋率及孵化率降低,鸡胚死亡率升高,弱雏比例增多。

2. 防治 饲料中含锌量一般不足,通常将碳酸锌或硫酸锌加入饲料中补充,注意适当搭配,使饲料中含锌量达到生产的需要。治疗可用硫酸锌或碳酸锌,使日粮中含锌量达到 100 mg/kg,在症状消除后,将添加量改为正常。锌过多时会产生不良影响,对钙在消化道内的吸收,蛋白质的代谢,锰和铜的吸收都有影响,还会导致蛋鸡产蛋量急剧下降和换羽。因此,在治疗时要掌握锌的使用量及使用时间。

（十八）铜缺乏症

1.症状 鸡缺铜时主要表现为食欲不振,生长不良,贫血,骨和关节变形,运动障碍,羽毛无光,有色羽毛退色,产蛋量下降等。雏鸡的骨骼变脆,易于折断,骨骺处的软骨变厚。成年鸡产蛋量下降,蛋壳质量变差,蛋壳变厚,产无壳蛋、畸形蛋,蛋壳起皱,蛋重变小,种蛋的孵化率降低,胚胎在孵化过程中发生死亡,即使孵出,雏鸡也往往难以成活,有的雏鸡出现运动失调、痉挛性麻痹等症状。

2.防治 鸡对铜元素的正常需要量为每千克饲料 6～8 mg,因硫酸铜含铜 25.5%,每吨饲料中加入硫酸铜约 20 g 即可。发生铜缺乏症后,可用 0.05% 硫酸铜进行治疗。

第五节 中 毒 病

一、磺胺类药物中毒

磺胺类药物是一类抗菌谱较广的化学治疗药物,能抑制大多数革兰氏阳性和阴性细菌,而且有显著的抗球虫作用,是防治家禽疾病的常用药物。如果使用不当,会引起中毒。其毒性作用主要是损害肾脏,同时能导致黄疸、过敏、酸中毒和免疫抑制等。

1.病因 给药时,使用剂量过大,时间过长,或者混药过程中搅拌不均匀,饲料或饮水局部药物浓度过大而使某些鸡采食过量的药物,或者同时使用两种或两种以上的磺胺药物。

2.症状 若急性中毒,病鸡表现为精神兴奋,食欲锐减或废绝,呼吸急促,腹泻,排酱油色或灰白色稀粪,成年鸡产蛋量急剧减少或停产。后期出现痉挛、麻痹等症状,有些病鸡因衰竭而死亡。慢性中毒常于超量用药连续 1 周后发生,病鸡表现为精神委靡,食欲减退或废绝,饮水增加,冠及肉髯苍白,贫血,头肿大发紫,腹泻、排灰白色稀便,成年鸡产蛋量明显下降,产软壳蛋或薄壳蛋。

3.剖检变化 剖检病死鸡可见皮肤、肌肉、内脏各器官均表现贫血和出血,血液凝固不良,骨髓由暗红色变为淡红色甚至黄白色。腺胃黏膜和肌胃角质层下可能出血。从十二指肠到盲肠都可见点状或斑状出血,盲肠中可能含有血液。直肠和泄殖腔也可见小的出血斑点。胸腺和法氏囊肿大出血。脾脏肿大,常有出血性梗死。心脏和肝脏除出血外,均有变性和坏死。肾脏肿大,输尿管变粗,内有白色尿酸盐。

4.防治 严格按要求剂量使用磺胺类药物是预防本病的根本措施。无论是拌料还是饮水给药,一定要搅拌均匀。一般常用磺胺类药以3～5天为一个疗程,两个疗程之间要停药3～5天。无论治疗还是预防用药,时间过长都会造成蓄积中毒。

因为磺胺类药物的作用是抑菌而不是杀菌,所以在治疗过程中应加强饲养管理,提高鸡群的抵抗力。用药之后要仔细观察鸡群的反应,出现中毒立即停药,并给予大量饮水,可在饮水中加入5%的葡萄糖,在饲料中加入0.05%的维生素K,水溶性B族维生素(增加1倍),适量维生素C,以对症治疗出血。如此处理3～5天后,大部分鸡可恢复正常。

二、食盐中毒

食盐中含有鸡体所必需的两种矿物质元素钠和氯,有增进食欲、增强消化机能、保持体液的正常酸碱度等重要功能。鸡的日粮要求含盐量为0.25%～0.5%,以0.37%最为适宜。鸡缺乏食盐时食欲不振,采食减少,饲料的消化利用率降低。但过量的食盐会使鸡很快出现中毒反应,尤其是雏鸡很敏感。

1.病因 引起鸡食盐中毒的因素主要有几个方面:饲料搭配不当,含盐量过多;在饲料中加进含盐量过多的鱼粉或其他含食盐的副产品,使食盐的含量相对增多,超过了鸡所需要的摄入量;虽然摄入的食盐量并不多,但因饮水受到限制而引起中毒,如改用自动饮水器,一时不习惯,或冬季水槽冻结等原因,以致鸡连续几天饮水不足而食盐中毒。

2.症状 当雏鸡饲料含盐量达0.7%,成年鸡达1%时,引起明显口渴和粪便含水量增多;如果雏鸡饲料食盐量达1%,成年鸡达3%,则能引起大批中毒死亡;按鸡的每千克体重口服食盐4g,可很快致死。

鸡中毒症状的轻重,随摄入的食盐量多少和持续时间长短有很大差别。比较轻微的中毒,表现饮水增多,粪便稀薄或混有水,鸡舍内地面潮湿。严重中毒时,病鸡精神委靡,食欲废绝,饮欲强烈,无休止地饮水,口鼻流黏液,嗉囊胀大,腹泻,步态不稳或瘫痪,后期呈昏迷状态,呼吸困难,有时出现神经症状,头颈弯曲,胸腹朝天,仰卧挣扎,最后衰竭死亡。

3.剖检病变 剖检病死鸡或重病鸡,可见皮下组织水肿,腹腔和心包积水,肺水肿,消化道充血出血,脑膜血管充血扩张,肾脏和输尿管有尿酸盐沉积。

4.诊断 本病根据临床症状和剖检变化,分析饲料和饮水情况,一般可以做出初步诊断。实验室诊断可测定病死鸡肝脏中氯化物的含量。

5.防治

(1)严格控制食盐用量。尤其喂雏鸡时应格外留心。鸡味觉不发达,对食盐无鉴别能力,应准确掌握剂量。平时应供给充足的新鲜饮水。

(2)病鸡要立即停喂含盐量过多的饲料。轻度与中度中毒的,供给充足的新鲜饮水,症状可逐渐减轻。严重中毒的要适当控制饮水,饮水太多会促进食盐吸收扩散,使症状加剧,死亡增多,可每隔1h让其饮水十几分钟至二十几分钟,饮水器不足时分批轮饮。

三、黄曲霉毒素中毒

黄曲霉毒素是黄曲霉菌的代谢产物,广泛存在于各种发霉变质的饲料中,对畜禽具有毒害作用。鸡如果摄入大量黄曲霉毒素,可发生中毒。

1.病因 鸡的各种饲料,特别是花生饼、玉米、豆饼、棉仁饼、小麦、大麦等,由于受潮、受热而发霉变质,含有多种霉菌与毒素,一般说来,其中主要是黄曲霉菌及其毒素,鸡吃了这些发霉变质的饲料即引起中毒。

2.症状 本病多发于雏鸡,6周龄以内的雏鸡,只要饲料中含有微量黄曲霉毒素就能发生急性中毒。病雏精神委靡,羽毛蓬乱,食欲减退,饮欲增加,排血色稀粪。鸡消瘦,衰弱,贫血,鸡冠苍白。有的出现神经症状,步态不稳,两肢瘫痪,最后心力衰竭而死亡。由于发霉变质的饲料中除黄曲霉毒素外往往还含霉菌,所以3~4周龄以下的雏鸡伴有霉菌性肺炎。

青年鸡和成年鸡的饲料中含有黄曲霉毒素,一般引起慢性中毒。病鸡缺乏活力,食欲不振,生长发育不良,开产推迟,产蛋少,蛋形小,个别鸡肝脏发生癌变,呈极度消瘦的恶病质,最后死亡。

3.剖检病变 剖检病变主要在肝脏。急性中毒的雏鸡肝脏肿大,颜色变淡呈黄白色,有出血斑点,胆囊扩张。肾脏苍白,稍肿大。胸部皮下和肌肉有时出血。成年鸡慢性中毒时,肝脏变黄,逐渐硬化,常分布有白色点状或结节状病灶。

4.防治 黄曲霉毒素中毒目前无特效药物治疗,禁止使用发霉变质的饲料喂鸡是预防本病的根本措施。发现中毒后,要立即停喂发霉饲料,加强护理,使其逐渐康复。对急性中毒后的雏鸡喂给5%葡萄糖水,有微弱的保肝作用。

四、煤气中毒

煤气中毒的实质是一氧化碳中毒。冬春季节鸡舍及育雏室内烧煤取暖,煤炭燃烧不完全会产生大量一氧化碳,若通风不良或煤炉漏烟,使一氧化碳在舍内积聚,当空气中一氧化碳浓度达到 $70 \ mL/m^3$,即可造成鸡群发育不良,高发右心衰竭和腹水症,当空气中一氧化碳的浓度达到 $600 \ mL/m^3$ 时,30 min 可引起痛苦不安,$2\,000 \sim 3\,600 \ mL/m^3$,$1.5 \sim 2 \ h$ 可引起死亡。一氧化碳的毒性主要表现在它与血红蛋白的亲和力比氧大 $200 \sim 300$ 倍,而结合后解离速度比氧慢 $3\,000$ 倍,一氧化碳与血红蛋白结合成的碳氧血红蛋白,可使血液失去携氧能力,使机体组织缺氧。机体因大量缺氧而窒息死亡。

1.症状 急性中毒时,精神不安,嗜睡,呆立,呼吸困难,运动失调,侧卧并头向后仰,死前发生痉挛或抽搐。亚急性和慢性中毒,可见羽毛蓬松,精神沉郁,食量减少,生长缓慢,达不到应有的生长速度和生产能力,容易患其他疾病,右心衰竭和腹水症的发病率较高。

2.病理变化 急性中毒时血管及各脏器呈鲜红色或樱桃红色,肺组织也呈鲜红色。亚急性和慢性中毒病例缺乏明显的病理变化。

3.防治 本病预防的关键是保持舍内空气新鲜。应经常检查育雏室及鸡舍采暖设施,防止漏烟倒烟,鸡舍要设通风口,以保证通风良好,防止一氧化碳蓄积。若发生该病,应将鸡移置于空气新鲜的鸡舍,病鸡即可逐渐好转,同时打开门窗,通风换气,以排除室内蓄积的一氧化碳气体,并查明根源,消除隐患。

第六节 啄 癖

啄癖是鸡群中的一种异常行为,常见的有啄肛癖、啄趾癖、啄羽癖、食蛋癖和异食癖等,危害严重的是啄肛癖。

1.病因　引起鸡啄癖的因素主要有以下几个方面:

(1)营养缺乏。日粮中缺乏蛋白质或某些必需氨基酸,钙、磷含量不足或比例失调,缺少食盐或其他矿物质微量元素,缺少某些维生素,饮水缺乏,日粮中大容积性饲料不足,鸡无饱腹感。

(2)环境条件差。鸡舍内温度、湿度不适宜,地面潮湿污秽,通风不良,光照紊乱,光线过强,鸡群密集、拥挤,经常停电或突然受到噪声干扰。

(3)管理不当。不同品种、不同日龄、不同强弱的鸡混群饲养,饲养人员不固定,行为粗暴,饲料突然变换,饲喂不定时、不定量,鸡群缺乏运动,捡蛋不勤,特别是没有及时清除破蛋。

(4)疾病。鸡有体外寄生虫病,如鸡虱、蜱、螨等,体表皮肤创伤、出血、炎症,母鸡脱肛。

2.症状

(1)啄肛癖。成、幼鸡均可发生,而育雏期的幼鸡多发。表现为一群鸡追啄一只鸡的肛门,造成其肛门受伤出血,严重者将肠子全部啄出吃光。

(2)啄趾癖。多发生于雏鸡,它们之间相互啄食脚趾而引起出血和跛行,严重者脚趾被啄断。

(3)啄羽癖。也叫食羽癖,多发生于产蛋盛期和换羽期,表现为鸡相互啄食羽毛,严重者背毛被啄光,甚至有的鸡被啄伤致死。

(4)食蛋癖。多发生于平养鸡的产蛋盛期,常由一个软壳蛋被啃破或偶尔打破一个蛋开始,直到鸡群中某一只鸡刚产下蛋,就相互争啄。

(5)异食癖。表现为鸡群争食某些不能吃的东西,如砖石、稻草、石灰、羽毛、破布、废纸、粪便等。

3.防治

(1)合理配制饲料。饲料要多样化,搭配合理。最好根据鸡的年龄和生理特点,给予全价日粮,保证蛋白质和必需氨基酸(尤其是蛋氨酸和色氨酸)、矿物质(微量元素)以及维生素(尤其是维生素A和烟酸)的供给。

(2)改善饲养管理条件。鸡舍内要保持温度、湿度适宜,通风良好,光线不能太强。做好清洁卫生工作,保持地面干燥。环境要稳定,尽量减少噪声干扰,防止鸡群受惊。饲养密度不能过大,不同品种、不同日龄、不同强弱的鸡要分群饲养。更换饲料要逐步进行,最好有1周的过渡时间。喂食要定时定量,并充分供给饮水。平养鸡舍内要有足够的产蛋箱,放置要合理,定时捡蛋。

(3)适当运动。在鸡舍或运动场设置沙浴池,或悬挂青绿饲料,借以增加鸡群的活动时间,减少相互啄食的机会。

(4)食盐疗法。在饲料中增加1.5%~2.0%的食盐,连续喂给3~5天,啄癖可逐渐减轻乃至消失。但不能长时间饲喂,以防食盐中毒。

(5)生石膏疗法。食羽癖多由于饲料中硫元素不足所致,可在饲料中加入生石膏粉,每只鸡每天1~3g,疗效很好。

(6)遮光法。患有严重啄癖的鸡群,其鸡舍内要遮光,使鸡能看到食物和饮水即可,必要时可采用红光照明。

(7)断喙。对雏鸡或成年鸡进行断喙,可有效地防止啄癖的发生。

(8)病鸡处理。被啄伤的鸡要立即挑出,并用2%龙胆紫溶液涂擦伤处,然后隔离饲养。对患有啄癖的鸡要单独饲养,严重者应予以淘汰,以免扩大危害。由寄生虫、外伤、脱肛引起的相互啄食,应将被啄食的鸡隔离治疗。

第九章　蛋鸡场的环境卫生
设计与实施

家禽总是生活在一定的环境中,与环境不断地进行着能量和物质的交换,受着环境各种各样的影响。资料表明,家禽的生产力,大约20%取决于遗传,40%～50%取决于饲料,30%～40%取决于环境。大量事实也证明,畜禽的生产力能否发挥出来,决定于饲养水平和环境条件。因此,鸡场的设计是养鸡生产的基础和关键。设计合理,给鸡群创造一个科学的饲养环境,才能使其生产性能充分发挥,取得较高的经济效益。虽然以下所讲的是大型养鸡场的规划与设计,一般养殖户可能不能完全照搬,但同样应遵循这种设计原则,合理建造鸡舍。

第一节　鸡场场址的选择

场址的选择是筹建鸡场的首要问题,应当考虑到场地的地形、地势、水源、土壤、地方性气候等自然条件,饲料和能源供应、交通运输、与工厂和居民点的相对位置、产品的就近销售、鸡场废弃物的处理等社会条件。选择鸡场场址应当收集拟选场地地形图和气象、水文、地质资料,然后对所得资料进行综合分析。这些资料应当全面、详实、准确。

一、自然条件

1. 地势地形　地势是指场地的高低状况,地形是指场地的形状范围和地物、山岭、河流、道路、草地、树林、居民点等的相对平面位置状况。养鸡场的场地应选在地势较高、干燥平坦、排水良好和向阳背风的地方。在山区应建在坡度不超过25%,坡面向阳的地方,为方便建成投产后厂内运输和管理工作,建筑区坡度应在2%以下。除此之外,还应注意拟选场地有无地质断层、滑坡、塌方的地段,避开坡底、谷地以及风口,以免受山洪和暴风雪的袭击。地形不宜过于狭长,否则会增加管线、道路的长度,投资会因此而加大,人员来往距离加大,影响工效。

2.水源水质　因为水源水质关系着生产和生活用水与建筑施工用水,要详细了解拟建场地的各种水源的类型和能够提供水的数量能否满足鸡场的标准和需水量以及建筑需要。对于水的数量,要有一定的余量,方便以后的扩展。水质的指标可参考人的公共卫生饮水标准。每只存栏种用鸡昼夜用水量为2.5～3.0 kg,每小时用量为0.6～0.7 kg。每只蛋鸡昼夜用水量为1.2～1.5 kg,每只存栏鸡昼夜用水量为0.5～0.9 kg。

3.地质土壤　应主要收集当地附近地质的勘察资料,拟选场地内应当避免断层、陷落、塌方及地下泥沼地层,或对此进行加固处理,否则会造成基础下沉、房屋倾斜。如果进行加固处理的投资过大,则应放弃。

4.气候因素　要向气象部门详细了解拟建地区5～10年积累的有关气象资料,如年平均气温、最高气温、最低气温、土层冻结深度、积雪深度、夏季平均降水量、最大风力、常年主要风向、各月份的日照时数。鸡舍的热工计算可以参照当地的民用建筑的设计规范标准。气温资料对于鸡场的各种房屋的设计施工均有意义,风向风力决定了鸡舍的方位朝向,鸡舍排列的距离、次序,应使其有利于鸡场的排污、人畜环境卫生及防疫工作。

二、社会条件

1.环境疫情　要特别注意拟建场地与其周围有无兽医站、畜牧场、牲畜交易市场，距离远近，是否处于上风口，有无自然隔离条件。不要在旧鸡场上扩建和重建。忽视了这个问题，会给以后的防疫工作带来很大的困难，甚至失败。

2.交通条件　根据防疫要求，鸡场应距铁路、交通要道、车辆来往频繁的地方 500 m 以上，距次级公路也应在 200 m 以上。但为了生产物资、鸡场的产品、人员生活用品的运输，距交通干道不宜太远，这个距离应以当地的情况而论。离城镇的距离以一天内可以往返两次为宜，这样可以方便工作人员的生活和客户往来。

3.电力条件　现代化养鸡的孵化、育雏供暖、机械通风、照明以及生活都需要有可靠的供电条件。要了解电源的位置及其与鸡场的距离，最大供电量，是否经常停电，有无可能双路供电等。如果没有双路供电，可以自备发电机。

4.水源条件　要了解当地的供水排水能否满足鸡场的生产需要，要了解排水的方式、污水去向、纳污能力、纳污地点，能否与农田灌溉系统结合，是否需要处理。如果鸡场的污水处理不好，将严重影响鸡场的防疫。

5.要防止工业公害污染　因重工业、化工工业的工厂排放的废气中，含有重金属及有害气体，鸡群长期处于这种环境中，鸡产品中也会有残毒。所以，拟建鸡场场址应远离这些企业。

第二节　鸡场的总体设计

在场地确定后，就可以进行鸡场的总体设计了。总体设计包括场地规划和鸡场建筑物布局。应根据场地的地形、地势和当地主风向，计划和安排鸡场不同建筑功能区、道路、排水、绿化等地段的位置，这就是场地规划。鸡场建筑物布局就是根据场地规划方案和工艺设计对各种建筑物的规定，合理安排每栋建筑物和每种设施的位置和朝向。在进行总体设计时，要对场地规划和建筑物布局进行综合考虑,考虑不同功能区与建筑物之间的功能关系,鸡场的卫生防疫与环境保护,场区小气候的改善。特别是卫生防疫,如果不注意,建成后的鸡场会因疫病而难以取得较好的经济效益。综合以上情况,提出几种方案,反复比较分析,权衡利弊,最后,确定方案并绘出总平面图。

一、场地的规划

(一)功能区　　具有一定规模的鸡场,一般可分为五个功能区,即生活区、生产区、生产辅助、行政管理区和隔离区。生活区包括食堂、宿舍、医务室等,生产区包括孵化室、育雏舍、育成舍和成鸡舍等,生产辅助区包括饲料加工车间、蛋库、锅炉房、配电室、水塔等,行政管理区包括办公室、技术室、会议室、接待室、财务室、门卫值班室等,隔离区包括兽医室、化验室、隔离室、焚化炉、消毒更衣室、车库和鸡粪处理场等。应当考虑人、鸡卫生防疫和工作方便,按场地地势与当地全年主风向顺序安排以上各区。

行政管理区及生产辅助区是经营管理和对外联系的场区,应设在与外界联系方便的位置。可将消毒更衣室、料库设于该区与生产区隔墙处,场大门处设车辆消毒池,可允许车辆进入。如果有家属生活区,应单设生活区。生产区是进行畜牧生产的主要场所,应设于全场的中心。其他各区都是为生产服务的。对于生产区划分,可根据鸡场规模的大小,本着有利于防疫和便于管理的原则,进一步分为种鸡舍、育雏舍、育成舍、成鸡舍等。隔离区是各种污物、病死禽等集中之地,应处于全场下风向和地势较低处。为了运输隔离区的粪尿污物出场,应尽量单设道路通往隔离区。

(二)场内道路与排水　　生产区的道路分为净道和污道,净道运送饲料、产品,用于生产联系,污道运送粪污、病鸡和死鸡。为了有利于防疫,净道和污道不得混用或交叉使用。应设不同的道路与场前区和隔离区相通。场内的道路的路面材料根据自身的经济条件、道路用途而定。各种道路的两侧均应留有绿化和排水明沟所需的地面。

场区排水设施是为了排出雨、雪水，保持场地干燥、卫生。一般根据地势设暗沟、明沟皆可，但应注意场区的排水系统不应与鸡舍内的排水系统通用，以防污染周围的环境。

（三）绿化　鸡场周围及内部必须规划出绿化地，其中包括防风林、隔离林、道路绿化、遮阳绿化和绿地。绿化能够极大地改善场区的小气候。养鸡生产排出大量污浊的空气，而植物可以净化空气，减少空气中的病原体的数量，提供鸡所需的干净氧气，减少疾病的发生，夏季高大的乔木可以遮阳防暑。防风林应设在冬季上风向，沿围墙内外设置，最好是落叶树和常绿树搭配，高矮树种搭配，植树密度可稍大些，乔木行距和株距分别为 2～3 m，灌木绿篱株距以 1～2 m 为宜，乔木应棋盘式种植，一般可种植 3～5 行。隔离林主要设在各场区之间及围墙内外，夏季上风向隔离林，一般选择树干高，树冠大的乔木，行、株距应稍大些，一般植 1～3 行，隔离区的隔离林应按防风林设计。道路绿化起到路面遮阳和排水沟护坡作用。靠路面可植侧柏、冬青等做绿篱，其外栽植乔木。遮阳绿化一般设于鸡舍南侧和西侧。遮阳绿化一般应选择树干高而树冠大的落叶乔木，要注意树种的特点和当地太阳高度角，确定适宜的植树位置，以防夏季阻碍通风，冬季遮挡阳光。遮阳绿化也可以搭架种植藤蔓植物，但要穴栽，穴距 3～5 m。对于垂直爬茎蔓的植物应注意修剪，在夏季应防过密挡风，冬季应注意清除水平部位的枯叶茎蔓，以防遮光。

二、建筑物布局

（一）建筑物的排列　鸡场建筑物一般横向成排（东西）、竖向成列（南北）。在设计中应根据当地的气候和场地地形、地势，尽量做到合理、整齐、紧凑、美观。如果场地允许，应尽量避免将生产建筑物布置成横向或竖向狭长排列。

（二）建筑物的位置　确定每栋建筑物和设施的位置时，主要考虑它们之间的功能关系和卫生防疫要求。功能关系是指鸡舍及设施之间，在畜牧生产中的相互关系。也就是说，要尽量做到雏鸡舍、育成舍、成鸡舍三者依次相邻，三者之间建筑物面积比例一般为1∶2∶3，只有这样，才能使鸡群周转顺利进行。从卫生防疫方面考虑，尽量将办公和生活用房、种鸡舍、育雏舍安置在上风向和地势较高处，育成舍和成鸡舍可置于下风向和地势相对较低处，隔离区应安排在地势最低处和最下风向。如果地势和主风向并不一致，可以把与主风向垂直的对角线上的两个角放置防疫要求较高的建筑物，如主风向为东北，则西北和东南两个角均为安全角。

（三）鸡舍的朝向　鸡舍的朝向是指鸡舍长轴与门朝着的方向。朝向的确定主要与日照和通风有关。我国绝大部分地区处于北纬20°～50°，太阳高度角冬季低、夏季高，夏季多为东南风，冬季多为西北风，因而南向鸡舍较为适宜，也可根据当地的主导风向采取偏东南向或西南向。这种朝向的鸡舍，对舍内通风换气和保持冬暖夏凉比较有利。各地均应避免建造东、西朝向的鸡舍，特别是炎热的南方地区。

（四）鸡舍的间距　鸡舍的间距是指两栋鸡舍间的垂直距离，适宜的间距可有利于防疫、光照、通风、防火的需求。间距过大则鸡场占地过多，使基建投资增加。根据各方面的需要，一般密闭式鸡舍间距为10～15 m，开放式鸡舍间距一般为鸡舍高度的5倍左右。

第三节　鸡舍的设计与建筑

根据养鸡场的生产工艺和环境工程管理等设计参数设计出的鸡舍才能够为鸡群的生长、发育、产蛋创造出良好的环境，为工作人员创造一个舒适的工作环境。所以，鸡舍建筑是养鸡场环境工程的核心部分。

一、养鸡生产工艺方案

工艺方案设计包括鸡场饲养工艺流程、饲养方式、饲养密度、各种环境因素的设计参数、鸡舍建筑造型、养鸡设备的选型配套设计。

(一)饲养工艺流程 饲养工艺流程即研究如何将连续的饲养周期分为几个阶段饲养,才能最大限度地取得经济效益,并适应各种条件需要。在鸡场设计伊始,必须确定该场的饲养工艺流程才能确定鸡舍设计的主要环境因素及栋数。一般饲养工艺流程有二段式、三段式和一段式。二段式即为育雏—育成合并为一段饲养,或成鸡为一段饲养,或育雏为一段饲养,育成—成鸡为一段饲养。三段式即为育雏、育成、成鸡各为一段饲养。一段式即育雏、育成、成鸡皆在同一鸡舍内饲养,完成整个饲养周期。选定何种饲养工艺流程主要考虑因素有:

1.防疫因素 无论何种方式,皆要以防疫为首要因素。

一般一段式即全栋或全区鸡群同一日龄饲养,同一日期入舍与出舍,没有转群等,可以避免一栋或其他栋或区的交叉感染,即使发生了疫情也方便控制在同一栋或同一个区内。二段式与三段式则在每一饲养阶段完成后鸡群需转群进入下一个阶段的鸡舍内,从客观上由于鸡群流动运转增加了交叉感染的机会,但通过防疫制度、防疫措施可以避免这种客观上的不利,因此只要鸡场中具有对人流控制或地理因素的某种优势,从防疫因素考虑则可以任意选择各种工艺流程。

2.鸡舍利用率及经济效益 在鸡只不同的生长阶段,从建筑上满足最适应其生长的鸡舍环境,不仅能收到该阶段较好的饲养效果,同时可以提高鸡舍的利用率。一般三段饲养可以精确地按段设计鸡舍面积,故鸡舍利用率最高,二段饲养次之,一段饲养最差。鸡舍利用率的提高,既节省了每只鸡的建筑投资,也节省了设备投资,提高了设备的利用率,因此,减少建场资金投入、多产出,降低了生产成本,使经济效益提高。

3.管理操作的方便　饲养划分多,转群也多,给饲养人员带来劳动增多,同时也对鸡只有应激刺激,不利于管理。但是,通过转群可以筛选、淘汰病鸡和弱鸡分类分群饲养,提高整体均匀度。应激刺激也可以通过药物及操作降低到最小程度,可以做到不至于影响其正常生长或生产为准。

(二)饲养方式　鸡群饲养分落地散养和离地饲养两种方式。落地散养较为原始,鸡群接触粪便,有碍于卫生防疫,感染疫病的机会多,这是不利于生产的主要限制因素。离地饲养虽然在投资方面比落地散养费用高,但由于鸡群基本不接触粪便排泄物,有利于防疫管理,同时提高了饲养密度,减轻了人的劳动强度,提高了劳动生产率,为现代养鸡生产的主要方式。当前衡量企业的标准是要高产、高效益、投入产出比达到"三高"的要求,特别是人均利润为最关键的技术经济指标。

现代养鸡生产的离地饲养方式,主要有两种:一为笼养,二为平养。平养以网栅或高床为主要饲养面,离开了地面但仍摆脱不了平面的局限性。床面平养有全部床面和2/3床面(俗称"两高一低)之分。全床面多用于两段式的蛋鸡育雏育成阶段,2/3床面的平养方式多用于肉用种鸡,采食、饮水、产蛋在床面上,交配在有垫草的地面上。

笼养多用于蛋鸡,可以从育雏、育成到成年鸡,无论商品蛋鸡、蛋用型种鸡均可全程笼养。

二、鸡舍建筑是环境工程

鸡舍建筑是环境工程的体现,涉及到鸡舍通风、保温防热、供暖、给排水、光照等环境工程设施的合理配置和安装工程等有关技术问题,故在鸡舍建筑设计中,需要鸡舍环境工程设施、环境工程设计参数等作为依据。

(一)通风换气参数 通风是衡量鸡舍环境的第一要素,鸡舍通风的目的有换气、排湿、升温、降温、散热等,只有通风性能良好的鸡舍建筑,才能保证鸡群的体质健康和正常生产,发挥鸡群的产蛋、增重,种鸡的繁殖性能,才能为工作人员提供良好的工作环境。鸡舍良好的通风功能的衡量主要有三个指标,即气流速度、换气量和有害气体含量。这三项指标均非我国统一制定的国家标准,而是参照国外标准经过实践证明在生产中可以使用,逐渐形成公认的设计参数。鸡舍通风换气量计算应按夏季最大需要量计算,每千克体重平均为 $4\sim5$ m^3/h,鸡舍周围气流速度为 $1\sim1.5$ m/s,有害气体最大允许量:氨(NH_3)为 20 mL/m^3,硫化氢(H_2S)为 10 mL/m^3,二氧化碳(CO_2)为 0.15%。

(二)鸡舍通风方式 鸡舍通风方式有两种,一种为自然通风,另一种为机械通风。选用哪种通风方式要看鸡舍的类型和供电情况,封闭型鸡舍必须采用机械通风,开放式鸡舍则可靠窗洞、通风带、地窗等自然通风。

1. 自然通风 自然通风是指不需机械动力,而依靠自然界的风压和热压,产生空气流动,通过鸡舍外围护结构的开口和缝隙形成空气交换。就舍内气流而言,自然通风可列为横向通风的范畴。风压是指大气流动时,作用于建筑物表面的压力。风压换气是当风吹向建筑物时,迎风面形成正压,背风面形成负压,气流由正压区开口流入,由负压区开口排出,所形成的风压作用的自然通风。热压换气亦即空气密度差异通风,当舍内不同部位的空气因温热不均而发生密度差异时,热空气上升,在舍内高处形成高压区,如在屋顶有孔隙,空气就会逸出,与此同时,鸡舍下部冷空气由于受热不断上升,成了空气稀薄的空间,舍外较冷的空气不断渗入舍内。如此周而复始,形成自然通风。

自然通风开放型卷帘鸡舍通过长出檐、地窗、檐下出气缝以及卷帘或通风窗的开启来调节舍内通风。在炎热季节,卷帘全部卷上,地窗打开,这样在上部可形成较宽的通风带,下部可形成"扫地风",加速了舍内空气的流动。又由于有长出檐,这样就更充分利用了"亭檐效应"的原理,增强气流,降低鸡的体温。在炎热地区,还可以采取以下措施来加强通风降温效果:

(1)全长式通风屋脊。在高温高湿地区,屋顶中部设置全长式通风屋脊,屋脊两侧设挡风板,顶部设防水罩,雨水从任何角度均不能进入舍内,在排风时不致紊乱或受阻。由于屋顶坡度大,通风屋脊起到了"烟囱效应",屋顶下被加热的气流由屋脊排出,通风屋脊缝小,又是通长的,不但加速了气流的排出,而且无气流死角,经测试表明通风屋脊的对流通风和热压通风效果都十分明显。当舍外风速为 1.5 m/s 时,上、中、下层鸡笼顶平均风速分别为 0.7,0.7~1.2,0.5~1.2 m/s,因为出气口在鸡舍的上部,因而温暖体轻的空气不能在舍内滞留,而迅速外流,使舍内形成负压区,从而有效地排除余热。

(2)透气屋顶。高温高湿地区如港台、两广、海南等地,采用不隔热而易于散热的材料如单层镀锌瓦楞铁皮做屋顶,白天屋顶经太阳照射后,向屋内散发热量,近屋顶空气被加热,产生热压,加速了通风。夜晚屋顶不蓄热而散热,舍内热量通过屋顶大量向外散发,使鸡舍很快凉下来。这种透气屋顶鸡舍的四周没有围护,并且笼底高出地面 1 m 左右,以避开地面积热的影响。

(3)侧壁通风带。是自然通风鸡舍构造的关键部位。不同地区通风带的宽窄和形式是不同的。南方高温高湿地区,鸡舍侧壁可无围护结构,有时为了调节等压区才用塑料编织布围一圈,加强空气在舍内的上下流动。有一种开放型双层中旋窗式通风带,其特点是两面侧墙除勒脚外,全部做成可自由开启的窗,在夏季既遮光又便于通风,阻挡太阳的辐射,使热气流在屋檐及百叶窗的遮阳状态下降温。再有一种形式,就是节能鸡舍,鸡舍两面侧壁在距地面0.5 m的垂直高度设置侧壁护板,其上下方全部敞开,以金属丝围护利于通风和防止鸟兽危害,以双覆膜塑料编织布做成的卷帘或双层玻璃钢通风窗来调节开启程度,这样在夏季通过鸡舍内壁两面相对敞开的上下两条通风带,组织气流形成"穿堂风"和"扫地风"。

自然通风系统是一种不需专门设备,不需电力,基建费低,维修费少,简单易行的鸡舍通风装置。如果能合理地设计、安装和管理,可以收到良好的效果。尤其是炎热地区和华北等地,使用效果会好些。但在寒冷地区、寒冷季节,由于保温的需求,减少了通风量,造成舍内氨气、微生物增加。据测定,夏季自然通风鸡舍内空气中细菌数为2万个/m^3,而冬季则骤增至16万个/m^3。开放型可封闭的鸡舍,结合纵向通风等技术,可以解决这一问题。

(4)采用自然通风注意事项。

①鸡舍造型。宜选用开放型、半开放型或有窗鸡舍。有窗鸡舍可打开前后窗,组织通风。

②门窗管理。门窗或卷帘启闭自如,并可以关闭严密。冬季尽量避免缝隙冷风渗透以利保温。夏季门窗、卷帘全部打开,开春、晚秋早、晚关闭或半闭,其他时间打开,便于组织自然通风。

③设出气口。自然通风鸡舍需要在向阳背风面下设通气口,或在舍顶设出气管。下通气口按"风斗"的做法,舍内开口在下部,舍外开口在上部,换气通路形成"S"状。屋顶出气管上应设风帽,下设调节板。"S"状通路和出气管下口调节板防止冷风倒灌。

2.机械通风 详见设备的选择。

采用机械通风应注意的几件事:

(1)鸡舍类型。以封闭型或半封闭型鸡舍为宜。封闭型鸡舍又称无窗鸡舍,完全依靠风机强制通风。在供电有保证的地区可以采用。

(2)组织气流。应有意识引导舍外新鲜空气形成对鸡群有益的气流流向和气流速度,做到舍内空气净、污分布有序,通风效果良好。鸡舍内笼具设施的布置,进气口、出气口的位置及其配套装置安装的是否合理,会影响舍内气流。因此,科学地组织鸡舍内气流的方向和速度,是通风设计的技术关键。不同类型、不同地区的鸡舍对通风设计均有其不同的目的和侧重,高寒地区的鸡舍通风必然是将冬季通风作为侧重,使通风与保温协调统一,长江中下游地区的鸡舍则在通风降温技术上要求完善,育雏舍则要求通风结合供暖的可调控性能。大流量低风速的大型农用风机的国产化,为通风技术的实行创造了有利条件。纵向通风对舍内滞流的克服,净污分布均优于横向通风。但要注意,组织气流须因地制宜,具体分析,并非纵向通风可以完全取代横向通风。高分子的纸垫和软形风筒制造工艺的出现,高效热交换器的问世,以及微型计算机与通风技术的结合,使通过通风技术解决供热、升温、降温、空气过滤等项环境工程技术,成为可能。

(3)合理安装。关键在于进气口与出气口的安装位置,是否设置管道和导风装置,需要根据通风压力和流量来考虑。

(4)设应急窗。无论正压通风或负压通风,纵向或横向通风均需备有"应急窗",以防电源中断或风机故障时鸡舍内空气过于闷热而致死鸡只。"应急窗"的开口总面积为鸡舍总面积的3%～5%,机械通风的鸡舍在风机运转时,必须将门、窗、"应急窗"关严,否则鸡舍进气口失效,气流走近道在风机与门窗开口处短路循环。

机械通风需要设备投资较大,耗电较多,增加了日常管理开支。在选择通风方式时,应结合鸡舍类型。

(三)光照 鸡对光照是十分敏感的,光照时间的长短,光照强度的大小,对鸡都会有明显的影响。鸡的各个生长发育阶段,对光照时间和光照强度都有不同的要求。

1.光照时间 不同生长发育阶段的鸡群,需要不同的光照时间,应区别对待,从不同阶段鸡群的光照管理上加以解决。由于鸡舍墙面受到太阳照射,对鸡舍的温热环境有较大影响。冬季日照时间短,太阳斜射,夏季日照时间长,太阳直射,故出檐大小要因地而异,冬季多利用日照,夏季避开日光直射。一般以北京为代表的华北地区出檐长度以 700~800 mm 为宜,长江流域以南京、上海为代表,以 1 200 mm 为宜,而华南地区以广东为代表,以 1 500 mm 为宜。

2.光照强度　鸡群的适宜照度为 10 lx,相当于每平方米鸡舍面积 4 W 白炽灯的照明。

3.光害问题　光照过强则会发生光害问题,可引起啄癖,严重时会因啄肛造成较高的死亡率。此外,光的颜色对鸡群产蛋有影响,蓝色光可降低产蛋率 10%,红色影响蛋重,鸡蛋变小,一般影响率也为 10% 左右。因此,在卷帘式开放型鸡舍,双覆膜卷帘不宜选用蓝色或红色帘,应选银灰色帘。

(四)保温隔热　鸡舍温度对鸡的生长发育、产蛋和饲料消耗都有直接影响,鸡群在适宜温度范围内生理状况良好,可以充分发挥生产潜力,达到较高的生产水平,消耗较少的饲料,获得高的经济效益。

1.鸡舍温度设计参数　鸡舍内温度参数应按冬季计算,舍外气温各个地区设计规范有统一规定,如北京地区为 -9℃。对于舍内温度我国尚无统一标准。温度设计参数并非鸡群最适温度,一般鸡舍内温度设计参数低于鸡群最适温度,如按最适温度 18~24℃,采用我国的常用建筑材料就要加宽加厚或特别处理,会大大提高鸡舍的建筑造价,在实践中往往是做不到的。按民用建筑常规做法,虽然达不到最适温度的指标,但使温度在鸡的生理调节范围之内,还是可以达到的。一般鸡舍内设计参数定在略低于鸡群适宜温度(13~23℃)的下限,即 10℃ 左右。实践证明,从实际经济效益来看这样的参数还是可行的。

2.鸡舍的隔热　大部分墙壁和屋顶都必须采用隔热材料或装置,这对开放型和封闭型鸡舍都是必不可少的。大多数隔热材料或装置用于屋顶，因为它是失热最大的地方，而在炎热天气中，这又是阳光直接照射的地方。半隔热处理的屋顶可因阳光直射而导致舍内高温，这对鸡生产性能有非常不利的影响。

保温隔热措施：一方面北墙、屋顶和顶棚采用保温性能好的建筑材料，以取得较好的隔热性能。另一方面加强门窗或卷帘的管理，防止冷风渗透。如采用玻璃钢多功能通风窗，由于窗面为整块无缝的玻璃钢，窗扇与窗口接触处、窗扇四周设"飞边"，可以封堵窗缝，故这种窗的整体无缝性也好。窗或卷帘打开时可通风换气，关闭时便可封严，窗为双层，利于保温隔热。防热则主要靠加强通风，夏季将所有窗子或卷帘打开，特别是地窗或下部风口，南北对流形成"扫地风"，这对降低舍内温度有着十分明显的作用。另外，在鸡舍外面种草种树，增加绿色植物覆盖率，降低舍外气温，对鸡舍防热也有明显的作用。此外，结合通风技术，利用湿帘降温也是行之有效的技术措施，近年来各大鸡场均有采用。在通风供热方面也已有配套的工程技术措施，多采用热风炉或热交换器以正压供热的通风方式，解决鸡舍供暖。

关于鸡舍整体增温供热和局部增温供热的技术设施办法很多，可以利用专用设备完好解决。

(五)饲养密度　饲养密度与鸡舍环境有着密切的关系，它对鸡舍内温度、湿度的状况，光照、通风的效果，平养鸡舍内空气尘埃、微生物(细菌、真菌、病毒)，都有影响。因此，饲养密度是鸡群环境卫生的一项重要指标。

饲养密度过大的危害主要表现在平养的鸡舍中，密度大则水槽、食槽的分布密度也相应加大(或分层布放)。有水槽、食槽的地方鸡群密集，饲养面潮湿污秽，容易污染鸡体，羽毛蓬乱，鸡群互相梳羽时造成损伤进而引起啄癖，死亡率很高。密度大，鸡群的活动、跳跃产生的灰尘多，各种微生物附着在灰尘上，随空气流动，传播污染。因此，饲养密度大的鸡群，鸡只容易染病，生长发育不良。

密度大,容易造成通风不良。饲养面潮湿污秽、灰尘传染、通风不良互为因果,造成恶性循环,可造成大批死亡。

　　饲养密度的确定,取决于饲养方式,而饲养密度又为确定鸡舍建筑面积的依据。鸡群的饲养密度,应按鸡群转群前的体重决定,随着鸡日龄的增大,体重增长得很快,4周龄的肉鸡比初生雏鸡体重增加19倍,8周龄时可达48倍。

　　成年鸡笼养密度与鸡笼的类型、笼具布置以及鸡笼层数有关。叠层笼的饲养密度最大,半阶梯或混合笼的饲养密度次之,全阶梯与平置饲养密度较小。笼养饲养密度变化幅度较大(10~25只/m²)。不同饲养方式和鸡种的饲养密度见表9-1和表9-2。

表 9-1　育雏、育成期平养饲养密度

鸡的品种类型	育雏		育成	
	占地(m²)	密度(只/m²)	占地(m²)	密度(只/m²)
轻型蛋鸡	0.07	14.3	0.12	9
中型蛋鸡	0.08	12.7	0.15	8
轻型蛋种鸡(母)	0.08	12.7	0.16	6.3
轻型蛋种鸡(公)	0.09	10.8	0.16	6.3
中型蛋种鸡(母)	0.09	10.8	0.18	5.6
中型蛋种鸡(公)	0.12	8.6	0.20	5.0

表 9-2　成年鸡平养饲养密度

平养类型	商品蛋鸡				蛋用种鸡			
	白壳蛋鸡		褐壳蛋鸡		白壳蛋鸡		褐壳蛋鸡	
	占地(m²)	密度(只/m²)	占地(m²)	密度(只/m²)	占地(m²)	密度(只/m²)	占地(m²)	密度(只/m²)
地面垫料	0.16	6.2	0.19	5.4	0.19	5.4	0.21	4.8
棚条和垫料	0.14	7.2	0.16	6.2	0.16	6.2	0.19	5.3
全棚条	0.09	10.8	0.11	8.6	0.12	8.3	0.14	7.2
全金属网	0.09	10.8	0.11	8.6	0.12	8.3	0.14	7.2

三、鸡舍建筑设计

(一)鸡舍建筑类型

1. 封闭型 又称无窗鸡舍。鸡舍四壁无窗,杜绝自然光源,采用机械通风。这种鸡舍的通风、光照均依赖电源,为耗能型的鸡舍建筑。选用封闭型鸡舍的养鸡场,需要考虑当地的供电条件。

2. 开放型 为利用自然环境因素的节能型鸡舍建筑。开放型鸡舍不供暖,靠太阳和鸡体热能来维护舍内温度,以组织自然通风为主,采用自然光照。调节舍温和组织通风,主要靠鸡舍南北两面围护结构的窗洞或通风带。围护结构有两种类型:一种是用双覆膜塑料编织袋做的卷帘;另一种是设置透明或半透明通风窗和由此多功能通风窗发展而成的大型多功能玻璃钢通风窗。通风窗与鸡舍长度相同,形若一面可以开关的半透明墙体,从而使鸡舍具有开放—封闭兼备的多功能鸡舍。无论是卷帘或窗体,控制启闭、调节开关程度均需要机械装置。

(二)建筑设计

1. 鸡舍建筑设计要求 满足鸡舍功能要求,为鸡群创造良好的生长发育和繁殖生产的环境条件;适合工厂化生产的需要,有利于集约化经营管理,提高经济效益;减轻饲养管理体力劳动强度,满足机械化、自动化所需条件或留有余地;符合建筑模数,便于选用建筑构件,便于讯息工期,有利于节约建材,降低造价;符合总平面布置要求,与周围建筑物、构筑体和场区环境协调,符合总体环境美学效果。

2. 鸡舍建筑的平、剖、立面设计

(1)平面设计。鸡舍平面设计,是在养鸡工艺平面布置方案的基础上进行的。它既受养鸡工艺的制约,又可促进养鸡工艺的合理布局。由于建筑平面比较集中地反映了建筑功能的情况,故在鸡舍建筑设计时首先从平面设计的分析入手。在平面设计时,源于建筑整体组合效果的需要,始终要结合剖面和立面的可能性和合理性来考虑平面设计。

(2)剖面设计。鸡舍剖面设计解决垂直空间的安排,即根据生产工艺需要,研究剖面形式,确定鸡舍剖面尺寸、鸡舍空间的组合利用以及鸡舍剖面和结构关系等。

(3)立面设计。平面、剖面设计确定时,建筑立面的形体轮廓也已基本确定。立面设计即鸡舍形体外观平视的图示,包括正立面、背立面和两个侧立面。立面设计除了要符合经济实用的要求外,还要尽可能注意美观性及与周围环境的协调。

(三)简易节能开放型鸡舍建筑

简易节能开放型自然通风鸡舍,是针对我国当前工厂化养鸡场鸡舍建筑标准高、日常管理耗费能源大、鸡舍内空气环境差等问题,根据温室效应、亭檐效应、热压通风动力和生物应激补偿作用的原理,运用生物环境工程技术设计而成的。鸡舍侧壁上半部全部敞开,以半透明的或双覆膜塑料编织布做的双层卷帘或双层玻璃钢多功能通风窗作为南北两侧壁围护结构,依靠自然通风、自然光照,利用太阳能、鸡体热和棚架蔓藤植物遮阳等自然生物环境条件,不设风机,不采暖,以塑料编织卷帘或双层玻璃钢两用通风窗,通过卷帘机或开窗机控制其启闭开度和檐下出气缝组织通风换气。通过长出檐的亭檐效应和地窗扫地风以及上下通风带组织对流,增强通风效果,降低鸡群体感温度,达到鸡舍降温的效果。通过南向的薄侧壁墙接收太阳辐射热能的温室效应和内外两层卷帘或双层窗,达到冬季增温和保温效果。从而创造适宜的鸡舍环境,获得良好的养鸡效果,发挥各种鸡群品种的生产性能。

(1)这种技术的意义。突破了工厂化养鸡只能采用封闭型鸡舍的传统认识,证实了开放型有利于节约能源节省投资;首次将植物生产技术中的"温室效应"及民用建筑中的"亭檐效应"等项技术应用到了动物环境工程;成功地利用太阳能、鸡群体热,组织自然通风,采用自然光照和利用植物遮阳吸收光热等自然环境因素运用于鸡舍环境工程设施,把生物技术和工程技术有效地结合;鸡舍采用轻钢结构,复合保温板装配,工程工艺采用节能设施,把建筑、畜牧两方面的工艺、技术、设施有机地结合起来。

(2)适用范围。全国各地大、中、小型鸡场和养鸡专业户均可采用,尤以太阳能资源充足的地区冬季应用最佳。

(3)效益情况。与传统的封闭型鸡舍相比,土建投资节约$1/4 \sim 1/3$,节电幅度大,为封闭型鸡舍的$1/15 \sim 1/20$。

(4)鸡舍建筑结构及发展。鸡舍建筑基本上有两种构造类型,即砌筑型和装配型。砌筑型开放鸡舍,结构多种多样,如轻钢结构大型波状瓦屋顶,钢混结构平瓦屋顶,砖拱薄壳屋顶,混凝土结构梁、板柱、多孔板屋顶,还有高床、半高床,多跨多层和连续结构的开放型鸡舍。近年来也研制出了适用于装配结构的鸡舍等。装配式鸡舍复合板材的材料有多种:面层有金属镀锌板、金属彩色板、玻璃钢板、铝合金板、玻璃钢板及高压竹篾板等。保温层有聚氨酯、聚苯乙烯等高分子发泡塑料以及岩棉、矿渣棉、矿石纤维材料等。

(5)几项关键技术设施。为保证开放型鸡舍的环境调节控制系统能做到保温隔热、通风换气、防暑降温、光照防风等环境功能,鸡舍环境工程应设有长出檐、排气缝、防风扣门、防风卡楞、卷帘及卷帘机配套系统、保温防风防雨多功能双层通风窗及多窗联动开窗机等。

第四节　蛋鸡场设备的选择

一、孵化设备

孵化设备是养鸡机械化成套重要设备的组成部分,主要包括孵化器、照蛋器、倒盘工作台等。

(一)孵化器

1.孵化器的类型　孵化器可大致分为平面孵化器和立体孵化器两大类,立体孵化器又可分为箱式孵化器、房间孵化器和巷道式孵化器等。

(1)平面孵化器。有单层和多层之分,一般孵化和出雏在同一地方,也有上部孵化下部出雏的,热源多为热水式、煤油灯式,也有少数是电力式的,能自动启闭,用棒状双金属片调节器或胀缩饼等进行自动控温。此种类型孵化器没有恒温和自动转蛋设备,孵化量小。

(2)箱式孵化器。箱式立体孵化器按出雏方式分为下出雏孵化器、旁出雏孵化器、单出雏孵化器等类型。按活动转蛋架分为滚筒式孵化器、八角式孵化器和跷板式孵化器。

①下出雏孵化器。孵化器上部为孵化部分,约占总容量的3/4,下部为出雏器部分,约占总容量的1/4,孵化部分与出雏部分之间没有隔板。这种类型的孵化器热能利用较合理,可以充分利用"老蛋"及出雏时的余热,但出雏时雏鸡绒毛污染孵化器和上部胚蛋,不利于卫生防疫。

②旁出雏孵化器。这种孵化器在一侧出雏,由隔板将孵化器分为孵化室与出雏室两室,各有一套控温、控湿和通风系统,因而卫生防疫条件有了较大改善。

③单出雏孵化器。即孵化机和出雏机两机分开,分别放置在孵化室和出雏室。其优点是有利于卫生和防疫,但需孵化器和出雏器配套使用,一般两者的配套比例为4:1。出雏机的结构和使用与孵化机大体相同,所不同的是没有翻蛋结构,用出雏盘代替了蛋盘,用出雏车代替了蛋架车。目前,大中型孵化厂均采用这种形式的孵化器。

(3)房间孵化器。这种孵化器用砖砌成外壳,没有底,内部为蛋架车。其优点是孵化量大,占地少,经久耐用,但需有空调及冷却设备。

(4)巷道式孵化器。该类型孵化器为大孵化量设计。孵化器容量达8万~16万枚,出雏器容量1.3万~2.7万枚。孵化器和出雏器两机分开,分别置于孵化室和出雏室。孵化器用跷板式蛋车,出雏器用平底车及层叠式出雏盘或出雏车。

2.孵化器的构造 电孵化器是利用电能做热源孵化的机器,根据不同时期胚胎发育所需条件不同,分孵化和出雏两部分,统称孵化器。孵化部分是从种蛋入孵至出雏前3~4天胚胎生长发育的场所;出雏部分是胚蛋从出雏前2~3天至出雏结束期间发育的场所。两者最大的区别是出雏部分没有转蛋装置,温度也低些,但通风换气比孵化部分要求严格。

孵化器质量好坏的首要标准是孵化器内部的左右、前后、上下、边心各点的温差。如果温差在±0.28℃范围内,说明孵化器质量较好。温差主要受孵化器外壳的保温性能、风扇的匀温性能、热源功率大小和布局、进出气孔的位置及大小等因素的影响。

(1)主体结构。

①机壳。机壳由机顶、机底、前后壁和左右侧壁6面组成。对机壳总的要求是隔热(保温)性能好,防潮能力强,坚固美观。一般壳厚50~60 mm,中间为框架,内外面钉彩塑钢板、胶合板或纤维板,夹层填隔热材料,如泡沫塑料、玻璃纤维、短纤棉、珍珠岩粉等。为了防止机底受潮,可用0.5~0.7 mm的镀锌铁皮铺底。

②种蛋盘。种蛋盘分孵化蛋盘(移盘前用)、出雏盘(移盘后用)两种。目前蛋盘有铁丝木框栅式、木质栅式、塑料栅式等几种,出雏盘主要是木质、钢丝及塑料制品。现以塑料孵化盘和出雏盘为主。

(2)控湿系统。控湿系统种类繁多,较早采用的是滴水式或槽式水分蒸发器,因其管理不便,易出故障,现已很少使用。目前一些大型孵化厂多采用叶片式供湿轮或卧式圆轮供湿,即通过水银导电表及电磁阀对水源进行控制,当孵化器内湿度不足时,电磁阀门打开,水经喷嘴喷到转动的叶片轮的叶片上,加速水分的蒸发,提高湿度。对一般小型孵化厂来说,多在孵化器底部放置4~8个高4~5 cm的镀锌浅水盘,令水分自然蒸发供湿。

(3)通风换气系统。孵化器的通风换气系统由进气孔、出气孔、匀温电机和风扇叶等组成。顶吹式风扇叶设在机顶中央部内侧,进气孔设在机顶中央位置左右各1个,出气孔设在机顶四角;侧吹式风扇叶设在侧壁,进气孔设在靠近风扇轴处,由风扇叶转动产生负压吸入新鲜空气,出气孔设在机顶中央位置,在进气孔设有通风孔调节板,以调节进气量;后吹式风扇叶设在后壁,进气孔设在靠近风扇轴处,出气孔设在机顶中央;巷道式孵化器进气孔设在孵化器尾部机顶,出气孔设在孵化器入口处机顶。

(4)转蛋系统。滚筒式孵化器的转蛋系统,由设在孵化器外侧壁的连接滚筒的扳手及扇形厚铁板支架组成,人工扳动扳手,使"圆筒"前或后转45°。八角式活动转蛋的孵化器,转蛋系统由安装在中轴一端的90°的扇形蜗轮装置组成。可采用人工转蛋,将可卸式摇把插入蜗轮轴套,摇动把手,使固定在中轴上的八角蛋盘架向后或向前倾斜45°~90°的角时,蜗轮碰到限制架而停止转动。若采用自动转蛋时,需增加1台0.4 kW微型电机、1台减速箱及定时自动转蛋仪。蛋车跷板式的转蛋系统,均为自动转蛋。设在孵化器后壁上部的转蛋凹槽与蛋车上部的长方形转蛋扳手相配套,由设在孵化器顶部的电机转动带动连接转蛋的凹槽移位,进行自动转蛋。固定架跷板式转蛋系统,可采用蜗轮蜗杆式。

(5)机内照明和安全系统。为了观察方便和操作安全,机内设有照明设备及启闭电机装置。一般采用手动控制,有的将开关设在孵化器门框上,当开门时,机内照明灯亮,电动机停止转动;关门时,机内照明灯熄灭,电动机转动。

(6)报警系统。用温度调节装置控制,但控制的不是热源,而是报警器。一般多设高温报警,也有的是高低温报警。

(二)照蛋器 照蛋器又称验蛋器,用来检查入孵蛋的受精和胚胎发育情况,以便及时挑出无精蛋和死胚蛋。照蛋器的样式繁多,用户可以因地制宜选用或自己制作。

二、育雏设备

育雏器是使雏鸡在育雏阶段处于特定的适宜温度环境下的必需设备,一般分为育雏笼和育雏伞两大类型,前者适用于笼养,后者适用于平养。

(一)育雏笼 9YCH四层电热育雏笼是由加热笼、保温笼、活动笼三部分组成的,各部分之间为独立结构,可以进行各部分的组合,如在温度高或采用全室加温的育雏舍,可专门使用活动笼组,在温度较低的情况下,可适当减少活动笼组数,而增加加热和保温笼组,因此该设备具有较好的适应能力。

总体结构采用四层重叠笼,每层高度为 333 mm,每笼面积 700 mm×1 400 mm,层与层之间有两个 700 mm×700 mm 的粪盘,全笼总高度为 1 720 mm。该育雏器的配置常采用一组加热笼、一组保温笼、四组活动笼,外形尺寸为 4 400 mm×1 450 mm×1 720 mm,总占地面积 6.38 m²,可育 15 日龄雏鸡 1 600 只,30 日龄雏鸡 1 200 只,45 日龄雏鸡 800 只,总功率 1.95 kW,并配备料槽 40 个,饮水器 12 个,加湿槽 4 个。

现将各笼组的结构分述如下:

1.加热笼组 在每层笼的顶部装有 350 W 远红外加热板一片,在底层粪盘下部还装有一只辅助电热管,每层均采用乙醚膨胀饼自动控温,并装有照明灯和加湿槽。该笼除一面与保温笼相接外,其他三面基本采用封闭的形式,以防热量散失,底部采用底网,以使鸡粪落入粪盘。

2.保温笼组　使用时必须和加热笼组连接,而在与活动笼组相接的一面装有帆布帘以便保温,同时也可使小鸡自由出入。

3.活动笼组　没有加热和保温装置,是小鸡自由活动的笼体,主要放有料槽和饮水器,各面均由钢丝点焊的网格组成,并且是可以拆卸的,底部采用筛网和承粪盘。

(二)育雏伞　也称为伞形育雏器,是养鸡场给幼雏保温广泛使用的常规设备。

育雏伞以电热做热源,并与温度控制仪配合使用,效果较好。但热源的取材和安装部位的不同,其耗电差异很大。有的育雏伞的电热丝安装于伞罩内,使热量从上向下辐射,而有的育雏伞则是将"电热线"埋藏于伞罩地面之下,形成温床。根据热传播的对流原理,加热时应将热源放在底部最为合理。

红外线育雏器为使用红外线作为热源的伞形育雏器,分为红外线灯泡和远红外线加热器两种。

1.红外线灯泡　普通的红外线取暖灯泡,可向雏鸡提供热量。红外线灯泡的规格为250 W,有发光和不发光两种,使用时用4个灯泡等距连成一组,悬挂于离地面40~60 cm高处,随所需温度进行保温伞的高度调节。

用红外线灯泡育雏,因温度稳定,垫料干燥,育雏效果良好,但耗电多,灯泡容易老化,以致成本较高。

2.远红外线加热器　应用远红外加热是20世纪70年代发展起来的一项新技术。它是利用远红外发射源发出远红外辐射线,物体吸收而升温,达到加热的目的。

远红外线加热器是通过电热丝的热能激发红外涂层,使其发出一种波长为700~1 000 000 nm不可见的红外光,而这种红外光也是一种热能。应用远红外线加热器作为畜牧生产培育幼畜、雏禽的必需设备,目前已被普遍推广。它不仅能使室内温度升高,空气流通,环境干燥,并且具有杀菌及增加动物体内血液循环,促进新陈代谢,增强抗病能力的作用。加热板由金属氧化物或碳化物远红涂层、碳化硅基材、电热丝、硅酸铝保温层、铝反射板及外壳组成。

三、环境控制设施

禽舍内环境控制,包括通风、温度、湿度、空气净化和照明等。其中主要是通风装置,它与温度、湿度和空气的新鲜程度等有密切关系。

禽舍的通风方法,分为自然通风、强制通风和混合通风三种,机械通风还可分为正压、负压和零压通风三种。根据舍内气流方向分为横向通风与纵向通风。

(一)风机类型

1.轴流式风机　这种风机吸入和送出的空气流向与风机叶片轴的方向平行。轴流式风机的特点是,叶片旋转方向可以逆转,旋转方向改变时气流方向随之改变,而通风量不减少。轴流风机可以设计为尺寸不同、风量不同的多种型号,并可在鸡舍的任何地方安装。

目前用于我国鸡舍的通风风机型号较多。低压大流量轴流风机采用了扭面挠曲叶型,转子径向分力与轴向分力的比值随叶片长度的增加而升高,与集风器小圆弧进气口结合,可形成半球面均匀进气气流模型。动压较小,静压适中,噪声较低。除可获得较大的流量、节能效果显著外,风机之间整个进气气流分布也较均匀,这对生产工艺和气流组织来说是很可贵的。作为与风机配套的百叶窗,现在可以进行机械传动开闭,选用玻璃钢制作百叶,不易变形,防腐。叶轮直径为 1 400 mm 的 9FJ-140 型风机,风量大于 5×10^4 m³/h。

风机的叶片数、叶片角度以及转速,都影响风量和风压。国内许多厂家多生产 6 个叶片的轴流风机,但有的厂家生产的风机叶片为2,3,4个。叶片角度也不相同,空气流量越大,配套电机的功率越大。轴流风机传动方式有三种:电动机直联传动、联轴器直联传动、皮带传动,其机械效率依次为1.00,0.98,0.95。皮带传动的效率相对低些,但电机的位置可变性大,并可选择转速,转速低,噪声小。直联传动效率高,但由于转速高,因而噪声较大。

2.离心式风机　这种风机运转时,气流靠带叶片的工作轮旋转时所形成的离心力驱动。故进入风机时和离开风机时变成垂直方向的特点自然地适应通风管道90°的转弯。

离心式风机由蜗牛形外壳、工作轮、带有传动轮的机座组成。离心式风机不具逆转性,压力强,在鸡舍通风换气系统中,多半在送热风和冷风时使用。

3.吊扇和圆周扇　吊扇和圆周扇置于顶棚或墙内侧壁上,将空气直接吹向鸡体,从而在鸡只附近增加气流的速度,促进蒸发散热。

吊扇所产生的气流型适合于鸡舍的空气循环。首先,气流直冲地面,吹散了上下冷热空气的层次,从而使垂直方向的温度梯度缩小了许多。其次,径向轴对称的地面气流可以沿径向吹送到鸡只所处的每个位置。调节气流速度,冬夏均可使用。功率较大的吊扇能产生高效的冷却系统。低速情况下,暖气流在鸡只所处的地方循环,使垫料保持干燥,驱除氨气。冬季废热的再利用也节约了能耗。圆周扇的工作原理与吊扇相似,但圆周扇进行旋转形成的气流与自然风相近,这样鸡感觉会好些。

(二)进气装置　进气口的位置和进气装置,影响舍内气流速度、进气量和气体在舍内的循环方式。在夏季将进气口全部打开,舍内气流可充分循环,而在冬季,进气装置可以使空气由屋顶上方逐渐向下,避免了冷风直吹对鸡造成的应激。进气装置有窗式导风板、顶式导风装置、循环进气装置。

(三)横向通风工艺及风机选择　所谓横向通风,是指舍内气流方向与鸡舍长轴垂直。根据风机类型和舍内压力大体可分为横向负压通风、横向正压通风和零压通风三种形式。横向通风必须缩短进、排气口的间距才能减少舍内气流死角。国内封闭型鸡舍大都采用轴流风机进行负压通风。

1.横向负压通风 这种通风工艺是将风机安装在鸡舍的纵墙或屋顶,通过风机抽出舍内污浊气体,使舍内压力小于舍外,新鲜空气就通过进风口或进风管流入舍内,从而形成舍内外空气交换。

横向负压通风鸡舍,排风机可置于屋顶,这种屋顶排风形式,由于气流路线短,所需克服的空气阻力相对小些,因此可选用风压值不太大的风机。对于上进下排鸡舍和地势较低鸡舍,风机安装位置较低,因此要严格采取切实的隔水措施,否则积水过多,会完全破坏通风换气。

2.横向正压通风 也叫进气式通风或送风,指通过风机将舍外新鲜空气强制送入舍内,舍内压力增高,舍内污浊空气经风口或风管自然排走的换气方式。由于排气气流方向与纵墙垂直,故为横向正压通风。正压通风的优点在于可对进入的空气进行加热、冷却以及过滤等预处理,从而可有效保证鸡舍内适宜的温湿度和清洁的空气环境。横向正压通风系统必须使用风压较高的风机。由于运行费用高,管理费用大,因而使用较少。

3.零压通风 也称联合式通风,是一种同时采用机械送风和机械排风的方式,由于可保持舍内外压差接近于零,所以叫零压通风。大型鸡舍,尤其是无窗鸡舍,单靠机械送风或机械排风往往达不到应有的换气效果,可采用零压通风。零压通风有利于风机发挥最大功率,但由于风机台数增加,设备投资加大。

(1)下进上排式。进气口设在鸡舍较低处,排风机装在鸡舍的高处,将聚集在鸡舍上部的污浊空气抽走。显然这种方式有助于通风降温,故适用于温暖和较热地区。

(2)上进下排式。与前者相反,进气口安装在鸡舍的上部,风机由高处向舍内送新鲜空气,排风机设在较低处,由下部抽走污浊空气。这种方式既可避免在寒冷季节冷空气直接吹向畜体,也便于预热(冷却)和过滤空气,故对寒冷季节和炎热地区都适用。

零压通风,其送风机与排风机风量及风压都要相同,风机直径不要过大,以免影响舍内气流的均匀度。

(四)混合通风工艺及风机选择 在温暖季节下,自行调节的自然通风要优于机械通风,而且在这段时间内可最大幅度降低耗电量,同时在有风的情况下,可以获得高于设计的通风速率。在寒冷季节里,所需的空气交换速度较小,进气口的空气流动量较小,在自然通风条件下空气不能很好地混合,寒冷空气直接吹至鸡体上,而在机械通风系统中,只要调整一下进风口就可以解决了。高温季节,需要使用降温措施,此时可以关闭通风窗,开启降温系统,这样可以弥补单纯的自然通风形式的局限性。混合通风系统集中了自然通风和机械通风的双重优点。除了寒冷季节,一年中的大部分时间可以采取自然通风,当舍内外温差达到预先设定的值时,机械通风系统开始运转。关键是维护一个好的温度条件及气流方式。

混合通风系统的设计包括自然通风和机械通风以及两者之间的转换配合。由于机械通风系统寒冷季节使用,所以由机械通风提供的风量只是夏季通风量很少的一部分,且风机容量的设计取决于舍外气温,由舍外气温决定机械通风与自然通风的相互转换。

混合通风系统带来鸡舍建筑形式上的变革,要求鸡舍兼备开放和封闭功能,在进行自然通风时,鸡舍为开放型,采用机械通风时,鸡舍呈封闭状态。

(五)纵向通风工艺与设备 纵向通风,是指将大量风机集中在一处,造成舍内气流与鸡舍长轴平行的通风方式。同样,纵向通风根据舍内外压力差可分为纵向正压通风和纵向负压通风。

1.纵向正压通风 正压通风可对进入的空气进行加热、冷却和过滤等预处理。

(1)正压过滤通风。正压过滤通风有两种形式:一种是先将空气过滤,然后压入舍内;另一种是由风机将空气直接吹过过滤网。后者由于风速大,一些尘埃颗粒可以穿透过网,达不到理想的过滤效果,同时,由于风阻加大,增加了电机的负荷。根据季节的不同,通过冷热交换器可控制进风口的温度。通风管道是透明的 PVC 管,架设在屋顶下方,空气射流孔在上方,这样舍内气流循环能够很好混合。鸡舍内 PVC 管的数量视鸡舍跨度、舍饲密度和 PVC 通风管的数量的需要而定。正压过滤通风,因其送风距离长,需压力较大的风机。这种工艺自动化程度好,比较容易实现自动控制。

(2)高密度饲养舍内通风调控。随着环境控制技术的发展,养鸡技术设施不断更新,为多层重叠式高密度笼养提供了可行的技术保证。高密度养鸡对环境调控要求较高,通风需求量很大,仅靠屋顶的正压通风管道很难满足通风换气、除湿降温的要求。同时,由于笼层增多,通风阻力加大,因而保持舍内温度均匀、气流均匀是十分困难的。通风集粪带的通风方法能够解决这一问题:在平行相邻的两组笼的中间设置通风管道,每个笼位上有小出气孔,新鲜空气被送到每只鸡附近。通过鸡的体热循环,暖空气还可风干鸡粪,这一方面减少了舍内氨气的含量,另一方面减少了鸡粪的体积和水分,给后期鸡粪处理带来方便。

2. 纵向负压通风 纵向负压通风就是通过集中布置的排风机,使舍内空气纵向流动,从而达到舍内气流分布均匀的目的。纵向负压通风主要利用位流原理,即风机排风时造成位能差,迫使大量空气流动而在舍内形成一定的风速。进气口阻力越小,风机排风量就越大,舍内风速也越高。因此,在纵向通风系统设计和运行中,如果不考虑光照控制,其进气口面积应接近鸡舍的横断面积,至少也应大于 2 倍的风扇面积。在不设湿帘的鸡舍,可打开风机对面一端山墙上的门,作为进气口使用。

　　关于纵向通风鸡舍进风口的位置,一般认为理想的设计是把进气口设在一端的山墙(净道一侧),而所有的排气扇设在对面一端山墙上(污道一侧)。有时由于实际条件的限制,可将进气口或风机安装于靠近端部的两侧墙上。

　　另外,侧墙上均匀布置进气口的纵向通风方案也是比较可行的。进气口可以是可调节开度的进气窗,也可以是通长的条缝进气口,这种方式的优点是室内气流分布均匀,也适宜于老鸡舍的改造。由于纵向通风系统的阻力一般较小,因此采用低压大风量风机可得到较高的运行效率。冬季需密闭的鸡舍,因冬季通风时风阻较大,因此要求风机的压力高,较小直径的风机压力高,故可选用2台小风机冬季通风使用。为兼顾不同季节要求,可大小风机配套使用。

附录 1 营养缺乏症

营养成分	缺乏症状
维生素 A	血液循环系统障碍,孵化 48 h 发生死亡,肾、眼和骨骼异常
维生素 D	在孵化的 18~19 天时发生死亡,骨异常突起
维生素 E	由于血液循环障碍及出血,在孵化的 84~96 h 发生早期死亡现象
维生素 K	在孵化 18 天至出雏期间因各种不明出血产生死亡现象
硫胺素(维生素 B_1)	应激情况下发生死亡,除了存活者表现神经炎外,其他无明显症状
核黄素(维生素 B_2)	在孵化的 60 h,14 天及 20 天时死亡严重,随缺乏程度加深更为严重
烟酸	胚胎可以从色氨酸合成足够的烟酸,当有拮抗物存在时骨和喙发生异常
生物素	在孵化的 19~21 天发生较高死亡,胚胎呈鹦鹉嘴,软骨营养障碍,骨骼异常
泛酸	在孵化第 14 天出现死亡,各种皮下出血,水肿等
吡哆醇	当使用抗生素制剂时发生胚胎死亡
叶酸	在孵化 20 天左右发生死亡,死胎表现似乎正常但颈骨弯曲,并趾及下腭异常,孵化的 16~18 天发生循环系统异常等
维生素 B_{12}	在孵化约 20 天发生死亡,腿萎缩,水肿出血,器官脂化,头、部等异常形状
锰	突然死亡,软骨营养障碍,侏儒,长骨变短,头畸形,水肿,羽毛异常
锌	突然残废,股部发育不全,眼、趾等发育不良等
铜	在早期血胚阶段死亡,但无畸形
碘	孵化时间延长,甲状腺缩小,腹部收缩不全
铁	低红细胞压积,低血红蛋白
硒	孵化早期胚胎死亡率较高

附表 1-2　与生长禽类各种营养缺乏相关的营养物质

项 目	描述	品种	营养物质
皮肤损伤	眼和喙结痂	雏鸡、小鸡	生物素、泛酸
	爪底粗糙,伴有出血裂痕	雏鸡、小鸡	生物素、泛酸
	爪部结痂	雏鸡	锌、烟酸
	眼部受伤,眼睑结节	雏鸡、小鸡	维生素 A
	喙及口腔黏膜炎症(小鸡黑舌症)	雏鸡、小鸡	烟酸
羽毛异常	羽毛异常生长,主翼羽异常变长,羽毛光滑	雏鸡、小鸡	蛋白、氨基酸不平衡
	卷曲、粗糙	雏鸡、小鸡	锌、烟酸、泛酸、叶酸、赖氨酸
	种禽黑色素沉积、羽毛呈红色或棕色	雏鸡、小鸡	维生素 D
	色素沉积失调	雏鸡、小鸡	铜、铁、叶酸
神经失调	头背后、惊厥	雏鸡、小鸡	维生素 B_1
	过度兴奋,惊厥	雏鸡、小鸡	吡哆醇
	极易怒	雏鸡、小鸡	镁、氯化钠
	惊吓而强直痉挛	小鸡	胆碱
	痉挛性颈部麻痹、向下弯曲	雏鸡	叶酸
	曲趾麻痹,坐骨神经和翼神经肿大,髓鞘退化	雏鸡	维生素 B_2
	脑软化,强直痉挛,头后仰,小脑出血	雏鸡	维生素 E
血浆和血管系统	巨红细胞性贫血	所有家禽	维生素 B_{12}
	巨红细胞性贫血、增色	所有家禽	叶酸
	小红细胞性贫血、增色	所有家禽	铁、铜
	小红细胞性贫血	所有家禽	吡哆醇
	肌肉间、皮下主动脉内壁出血	雏鸡、小鸡	维生素 K、铜
	渗出性素质	雏鸡、小鸡	硒、维生素 E
	心脏肿大	雏鸡、小鸡	铜

续附表1-2

项　目	描述	品种	营养物质
肌肉	肌肉营养障碍,骨骼肌降解成白色区域	雏鸡、小鸡	硒、维生素E
	心肌病	雏鸡、小鸡	硒、维生素E
	肌胃病	小鸡	硒、维生素E
骨骼失调	佝偻病	所有家禽	维生素D、钙、磷缺乏或比例失调
	跗关节肿大	雏鸡、小鸡	烟酸、锌
	骨短粗病	雏鸡、小鸡	烟酸、锌
	腿弯曲	鸭	烟酸
	腿骨短粗病	雏鸡	锌、锰
	曲趾	雏鸡	维生素B_2
腹泻			生物素

附录 2 产蛋下降的病因及诊断

附表 2-1 引起鸡产蛋下降的原因

项目	传染性疾病 （能量过低）	营养因素 （主要是高温或强应激,低温影响较小）	环境因素与各种强应激 （各种病原）
产蛋下降幅度	5%～10%,缓慢下降,多为换料后7～10天出现	5%～60%	10%～80%
蛋壳质量、颜色	不变(维生素A、维生素D、钙、磷缺乏时除外)	高温变白,其他因素蛋壳没有变化	变白、畸形、沙壳、软壳(禽脑炎例外)
传染性	缺乏传染性	缺乏传染性,在同一鸡场或同一地区,所有鸡群都同时发生	具有传染性
死淘率	少或无	多与环境变化呈正相关	多
采食量	不变或略有增加	下降,与环境变化呈正相关	下降
粪便	正常	绿便或水样稀粪	黄色稀便,黄绿色稀便
呼吸道	无	与环境变化呈正相关	多有
异食	掉毛严重、啄毛	少	热性病后掉毛
病理变化	无明显病变	多死亡胖鸡,输卵管有蛋,其他病理变化与发生应激有关,药物使用引起下降,有中毒病理变化	多种多样,不同疾病有不同病理变化
实验室	检测全价料及部分原料		抗体检测,细菌分离,病毒分离

附表 2-2　引起产蛋下降的几种常见传染病的鉴别诊断

项目	鸡新城疫	产蛋鸡变异传支	禽脑脊髓炎	鸡传染性鼻炎	大肠杆菌病
多发日龄	180~350	160 日龄	发生于各种日龄的产蛋鸡群	易发生于产蛋鸡群	各种日龄都可感染
临床症状	产蛋鸡(180~350 日龄)发病,以呼吸道症状为主,采食量下降20%左右,产蛋量下降20%~40%,蛋壳退色,大群鸡精神正常,少数鸡精神沉郁,拉黄绿色稀粪。死淘率正常或略高。生病鸡群未见眼睑肿胀、冠和肉垂发紫等现象	发病鸡群出现咳嗽、呼噜、甩鼻、拉稀,产蛋下降20%~30%。产蛋下降初期蛋壳质量变化不大,恢复期出现较多的畸形蛋、沙皮蛋、软皮蛋,且蛋清稀薄如水,且恢复不到原来水平	主要表现产蛋下降,一般下降在20%左右,蛋重变小,发病期间采食量、粪便、精神、蛋壳质量没有任何变化,一般经过7天左右可恢复到原来的水平	大群精神不振,闭眼缩颈,发高烧,流鼻液,肿脸,大多为单侧性浮肿,采食量下降20%左右,产蛋量下降10%~30%不等	发病后,大群精神、采食、产蛋和蛋壳质量基本正常,但每天都有一定数量的死亡。死亡鸡一般体重正常,尾部羽毛沾有黄白粪便。当有应激时,如人工授精,死亡率会更高。药物治疗有效
解剖变化	气管充血、出血,腺胃乳头出血,十二指肠远端有淋巴样结构突起或溃疡,扁桃体肿胀出血,卵泡变形,后期输卵管萎缩	气管黏膜、卵泡变形	无明显病理变化,卵泡变形、稀少	卵泡变形,鼻黏膜水肿、充血	肝肿大、变形,表现肝周炎,心包炎症状,腺胃变软,乳头流出褐色分泌物;卵泡变形,蛋黄呈半固状,卵泡间覆盖有白色分泌物,恶臭
实验室诊断	抗体测定和病毒分离	抗体测定和病毒分离	抗体测定和病毒分离	细菌分离	细菌分离和药敏试验
防治	加强饲养管理,注重环境消毒,做好疫苗免疫	疫苗免疫	疫苗免疫	疫苗免疫	疫苗免疫,药物预防

附录 3　蛋的品质测定

蛋的品质优劣不仅影响蛋的种用价值,而且还影响其食用价值。蛋的品质测定包括的项目主要有:

1. 蛋重　受品种(品系)、开产日龄、产蛋阶段、营养水平、气温等影响。国际市场蛋以 58 g 为标准。取不超过 24 h 的新鲜蛋称重。

2. 蛋形指数　正常鸡蛋为椭圆形,蛋形指数在 1.32～1.4 或 70%～80%(标准蛋型为 1.35)。测定方法是,是游标卡尺测量蛋的纵径与最大横径,以蛋形指数表示:

$$蛋形指数 = \frac{长径}{短径} 或 \frac{短径}{长径} \times 100\%$$

也可用蛋形测定仪直接得出蛋形指数。

3. 蛋壳强度　指蛋对碰撞和挤压的抵抗能力,为蛋壳坚固性的指标。用蛋壳强度测定仪测定。新鲜蛋经检查无裂纹、破损,大端朝上小端朝下,测定得出结果,单位为 kg/cm^2。

4. 蛋壳变形度的测定　是评定蛋壳质量指标的较好的方法。蛋壳变形度是指蛋壳在某点上经受一定压力后的弯度变化,以微克表示,蛋壳厚度与弹性变形呈负相关。

5. 蛋壳厚度　用蛋壳厚度仪测定,测量时需剥去蛋的内外壳膜,用吸水纸吸去蛋白,分别测量蛋的大、中和小端的蛋壳厚度。求其平均值,单位为 mm。

6. 哈氏单位　为衡量蛋白品质的指标,由蛋重按蛋白高度加以校正后计算而得。用蛋白高度测定仪测定。方法是:将玻璃板校正水平位置和仪器校正后,将新鲜蛋打开倒在板上,测定时离开蛋黄1 cm并躲开系带,测定浓蛋白最宽部分的高度,测两点求其平均值,精确到0.1 mm。测出蛋重和蛋白高度后用速查仪或查表,哈氏单位计算公式如下:

$$Hu = 100 \lg(H - 1.7W^{0.37} + 7.6)$$

式中:Hu 为哈氏单位;H 为浓蛋白高度(mm);W 为蛋重(g)。

哈氏单位的范围从100(最好)到30(最差),随着保存时间延长,母鸡年龄的增长和温度的升高而降低。

7.蛋黄指数 以蛋黄高度与蛋黄直径的比值表示。一般鸡蛋黄的直径约为42 mm,高度在18~20 mm,蛋黄指数平均在0.4~0.5,蛋黄指数越小,蛋越陈旧。

8.蛋黄比色 用比色扇由浅到深进行比色一般分为15级,有的国家分为12级。

9.蛋壳的颜色 鸡蛋蛋壳的颜色有白色和褐色两种,褐色又分为多种。蛋壳颜色测定的方法有主观鉴定与仪器鉴定两种方法。主观鉴定是用人的眼睛主观鉴定和比较,受测定者本身及环境因素的影响,因而误差较大。仪器鉴定的原理是不同深度颜色对光的反射率不同,即浅色蛋壳吸收光少,反射率高,深色蛋壳的反射率低,利用色度计测定光反射率的大小,即可确定蛋壳颜色的深浅。

10.血斑和肉斑 它们分别存在于蛋黄及蛋白内,通过照蛋透视可看出,血斑和肉斑都影响蛋的分级,降低商品价值。

参 考 文 献

1.B·W·卡尔尼克主编.禽病学.高福,苏敬良译.北京:中国农业出版社,1999

2.杨秀女,路广计.简明禽病防制手册.北京:中国农业大学出版社,2002

3.廖纪朝,等.科学养鸡指南.北京:金盾出版社,1998

4.蔡辉益,文杰,杨禄良,等译.家禽营养需要.北京:中国农业科技出版社,1994

5.席克奇,王长青.蛋鸡笼养技术大全.北京:中国农业科技出版社,1998

6.中国饲料成分及营养价值表1999年10版修订说明.中国饲料数据情报网,1999

图书在版编目(CIP)数据

蛋鸡生产技术指南/郝庆成主编 . —北京：中国农业大学
出版社，2003.7

（全方位养殖技术丛书）

ISBN 978-7-81066-625-1

Ⅰ. 蛋…　Ⅱ. 郝…　Ⅲ. 卵用鸡-饲养管理　Ⅳ. S831.4

中国版本图书馆 CIP 数据核字(2003)第 032273 号

出　版	中国农业大学出版社
发　行	
经　销	新华书店
印　刷	北京时代华都印刷有限公司
版　次	2003 年 7 月第 1 版
印　次	2009 年 1 月第 4 次印刷
开　本	32　　10 印张　　243 千字
规　格	850×1 168
定　价	17.00 元

社址　北京市海淀区圆明园西路 2 号　　**邮政编码** 100193

电话　010-62732633　　**网址**　www.cau.edu.cn/caup

致 读 者

为提高"三农"图书的科学性、准确性、实用性，推进"三农"出版物更加贴近读者，使农民朋友确实能够"看得懂、用得上、买得起"的优秀"三农"图书进一步得到市场的认可、发挥更大的作用，中央宣传部、新闻出版总署和农业部于 2006 年 6～7 月份组织专家对"三农"图书进行了认真评审，确定了推荐"三农"优秀图书150 种（套）（新出联〔2006〕5 号）。我社共 6 种（套）名列其中：

无公害农产品高效生产技术丛书

新编 21 世纪农民致富金钥匙丛书

全方位养殖技术丛书

农村劳动力转移职业技能培训教材

科学养兔指南

养猪用药 500 问

这些图书自出版以来，深受广大读者欢迎，近来一次性较大量购买的情况较多，为方便团体购买，请客户直接到当地新华书店预购，特殊情况可与我社联系。联系人董先生，电话 010－62731190，司先生，010－62818625。

中国农业大学出版社

2006 年 9 月